西北民族大学校级规划教材

工业催化概论

庞少峰　苏琼　张玉景　主编

化学工业出版社

·北京·

内 容 简 介

《工业催化概论》共分为六章，首先对工业催化的发展历程进行了概述；然后，对催化的基础化学体系进行了介绍；随后，对酸碱催化及配位作用机制、多相催化及其化学基础、催化剂的制备及催化反应器和催化剂的表征进行了重点介绍。全书内容以工业催化中所涉及的重要理论探讨为主，以案例分析为辅。其目的是使读者能够通过本书的阅读和学习，由浅入深地快速进入工业催化的研究领域中。本书内容编排既考虑实用性、创新性及趣味性，又保持科学性及理论构架的完整性，适合多专业、多学科学生使用。

《工业催化概论》可作为应用化学、化学工程与工艺、制药工程、材料科学与工程等专业本科生的教学用书，也可用作材料与化工类专业研究生的教学用书，还可以作为催化科研人员的参考用书。

图书在版编目（CIP）数据

工业催化概论/庞少峰，苏琼，张玉景主编．—北京：化学工业出版社，2022.10

ISBN 978-7-122-42490-7

Ⅰ.①工… Ⅱ.①庞…②苏…③张… Ⅲ.①化工过程-催化-高等学校-教材 Ⅳ.①TQ032.4

中国版本图书馆 CIP 数据核字（2022）第 206567 号

责任编辑：李 琰　　　　文字编辑：葛文文
责任校对：杜杏然　　　　装帧设计：韩 飞

出版发行：化学工业出版社（北京市东城区青年湖南街 13 号　邮政编码 100011）
印　　装：大厂回族自治县聚鑫印刷有限责任公司
787mm×1092mm　1/16　印张 10¾　字数 253 千字　　2024 年 11 月北京第 1 版第 1 次印刷

购书咨询：010-64518888　　　　售后服务：010-64518899
网　　址：http://www.cip.com.cn
凡购买本书，如有缺损质量问题，本社销售中心负责调换。

定　　价：35.00 元

《工业催化概论》

编写人员名单

主　　编： 庞少峰　苏　琼　张玉景

参编人员（按姓氏拼音排序）：

陈　奇　段志英　庞少峰
邱一峰　苏　琼　田　霞
田　雨　王　青　王继雪
王瑞娜　郤晓婷　杨晓梅
袁航空　张玉景

前言

目前，催化过程占据了现代化学工业过程的80%以上，而工业催化技术所产生的相应经济总量约占全球GDP总量的20%～30%，工业催化技术的持续发展已成为推动石油化工行业快速发展的核心原动力。随着“中国制造2025”规划的深入推进和战略性新兴产业的快速发展，加快新工科建设，积极培养适应战略性新兴产业需要的卓越专业人才，是当前高等教育改革的重要任务。因此，打好催化理论的基础功底，为我国催化科研领域培养基础扎实的储备军具有重要的意义。由于工业催化所涉及的知识面比较宽泛和庞杂，而一般本科院校针对该类课程通常只有24或36学时。因此，学生在有限的学习时间内往往很难抓住学习重点，进行有的放矢的学习。

基于本书编写人员多年来在工业催化领域的科研经历及我院“工业催化”课程十多年的开设历程，我们在自编讲义的基础上，结合时代发展特色与新工科背景下“工业催化”课程的思政探索与实践，有选择性地将新的知识体系及课程思政内容融入授课讲义中，编成本书。本书从工业催化的发展历程引出催化的基础化学体系，并由此过渡到酸碱催化及配位作用机制和多相催化及其化学基础，最后对催化剂的制备、催化反应器及催化剂的表征进行了介绍。书中去除了一些晦涩难懂的催化研究理论，并将一些重要的催化理论尽可能地用通俗易懂、简明扼要的方式进行表述。同时，本书将一些生动有趣的工业催化研究案例与新兴发展理论相结合，使读者能够在阅读的过程中加深对学科的了解。此外，本书还将课程思政与催化案例有机结合，希望这种案例穿插、层层递进的写作方式，能够让读者对工业催化理论学习实现真正意义上的快速入门及系统化掌握，并持续激发他们学习的热忱和激情，努力实现个人自身价值和社会价值的协调统一和自觉实践。

西北民族大学的庞少峰、苏琼及西北师范大学的张玉景担任本书主编，并负责全书的统稿。参加编写的还有西北民族大学的田雨、邵晓婷、陈奇及王青（参与编写本书第1章、第3章及第4章），西北师范大学的王继雪、田霞及杨晓梅（参与编写本书第2章、第5章及第6章）。西北民族大学的段志英、王瑞娜与西北师范大学的袁航空、邱一峰负责本书内容的校对。最后，由西北民族大学的田雨对书稿格式进行整理及编排。从初稿讨论到定稿始终得到我院应用化学教研室及西北师范大学实验室老师的大力支持，我院陈丽华院长及张平副院长在百忙之中审阅了此稿，并提出诸多宝贵意见。在本书的编写过程中，参阅了大量国内外有关书籍及期刊，从中获得很多灵感和思路，在此一并致谢。

由于编者水平有限，加之成稿时间仓促，本书疏漏及不足之处在所难免，希望读者在阅读过程中予以批评指正。

编者 于西北民族大学化工学院

2024 年 4 月

目录

第1章

绪　论

唐代《黄帝九鼎神丹经诀》中提到“化丹砂，即须石胆[1]”，丹砂实际上就是汞的硫化物（HgS），在这个过程中，丹砂在醋和硝石的混合液中难以溶解，若加入 $CuSO_4$，可以使其溶解。如果从化学的角度来分析这个现象，$CuSO_4$ 很可能起到了催化作用。直到 19 世纪初期，才出现了“催化”这一名词，最早是由瑞典化学家 J. J. Berzelius（1779—1848）于 1836 年在其著名的“二元学说”的基础上，提出了“催化力（catalytic force）”的概念，并引入了“催化作用（catalysis）”一词。自此，各国化学家广泛开展催化研究。纵观整个化学工业的发展史，催化剂在其中起到了重要的作用，催化剂的研究和开发已成为当代化工行业的核心问题之一。

1.1　催化科学的发展史

1.1.1　催化科学的萌芽期

在我国，关于催化技术的应用可以追溯到夏商时期，人们利用微生物和它们产生的酶酿酒、腌酸菜，这是对催化技术的最古老、最朴素的应用。但是，当时并没有形成催化的概念，相关的应用也只是凭借经验。瑞典化学家 J. J. Berzelius 在一次宴会上，偶然将白金粉末洒落在自己的酒杯中，香甜的美酒瞬间变成酸涩的酸醋，这个“神杯”拉开了人们对催化剂认知的序幕。这种能将美酒变为酸醋的神奇力量源于白金粉末，它加快了乙醇和空气中氧气的反应。后来，人们将这种作用称为触媒作用或者催化作用，把这种只改变反应速率但不改变化学反应平衡的物质叫作催化剂（固体催化剂也称触媒）。1836 年，J. J. Berzelius 在《物理学与化学年鉴》杂志上发表的一篇论文中，正式提出了化学反应中使用的“催化”与“催化剂”概念。

人类最初接触化工行业中的催化现象是在创建于 1746 年采用铅室法制备硫酸的工厂。铅室法是硫酸工业发展历程中最原始的工业生产方法，由于其生产是在方形的铅制空室中

---

[1] 石胆主要成分为 $CuSO_4$。

进行而得名[1]。铅室法主要利用高价的氮氧化物（主要为 N_2O_3）使 SO_2 氧化成硫酸，生成的 NO 又迅速被重新氧化成 N_2O_3。因此，从结果上来看，氮氧化物只是发挥着传递氧的作用，而在反应前后自身并未消耗，可以认为是催化剂。工厂通常采用多个串联的铅室，耗铅量大，而且用铅室法制备的硫酸浓度低且含有多种杂质，用途常受到限制。基于此，各国化学家都致力于研究和开发更经济、更高效的催化体系。

1.1.2 催化科学的起步期

19 世纪末到 20 世纪初，催化科学正式进入了起步期。1868 年，氯化铜首次被用于催化氧化氯化氢制备氯气，这种工艺被称为 Deacon 工艺[2]，至今仍在使用。1875 年发明了 Pt 催化氧化 SO_2 制备硫酸工艺，此工艺奠定了硫酸工业乃至整个化工行业的基础。随后不久，以 Ni 作为催化剂将甲烷与水蒸气催化转化制成合成气（$CO+H_2$）的工艺也应运而生，该催化剂后来发展为著名的雷尼镍（Raney Ni）催化剂。20 世纪初，德国化学家 F. Wilhelm Ostwald 研究并开发了铂金属催化剂，将 NH_3 氧化为 NO 并提取，这就是著名的奥斯特瓦尔德过程。同一时期，法国科学家 Paul Sabatier 发现镍（Ni）可以催化有机物氢化，由此发展了催化加氢工艺，他几乎探索了整个有机化学中的催化合成过程，亲自研究了数百种氢化和脱氢反应，同时还研究了特定反应的可行性和各种催化剂的一般活性，并获得了 1912 年的诺贝尔化学奖。1905 年 Ipatieff 使用白土作为催化剂从低价值原料中制造高辛烷值的汽油。1909 年，德国化学家 Fritz Haber 将氮气与氢气在催化剂作用下直接合成氨，几年后，他的同胞 Carl Bosch 使用催化剂和高压反应器，实现了化学合成氨的工业化生产。Fritz Haber 和 Carl Bosch 也因合成氨的相关研究分别获得诺贝尔化学奖，这种合成氨的生产工艺也以他们的名字命名——Haber-Bosch 工艺。事实上，Haber-Bosch 工艺也是 20 世纪最重要的科技突破之一。因此，合成氨的历史与工业催化的历史息息相关。

1.1.3 催化科学的发展期

20 世纪初到 20 世纪 80 年代属于催化科学的蓬勃发展时期。合成氨工业化需要使用大量的 H_2 作为合成原料，因此带动了合成气的生产，并使得催化剂的工业生产、压缩机的工业生产以及其他相关化工行业得到了迅猛发展，同时为 1923 年高压合成甲醇工艺的研究开发奠定了基础，对整个化学工业的现代化发展起到了巨大的推动作用。同样，在这个时期，石油、天然气的发现使得催化裂解工艺也有了长足进步，Ipatieff 与他的学生 Haensel 创建了催化重整工艺，推动了炼油工业的快速发展。20 世纪 20 年代，德国化学家 Franz Fischer 和 Hans Tropsch 开发的费托合成（F-T）工艺过程利用合成气为原料，在催化剂存在的适当条件下合成液态的烃或碳氢化合物。后来，南非利用煤炭气化的 F-T 合成技术来获得大量碳氢化合物燃料和化学品，自此，该项技术得以在催化剂开发和反应器设计等方面得到了进一步的改进。根据合成气的来源，F-T 合成产品通常被称为煤制油（CTL）或气制液（GTL）。目前，最常见的费托合成催化剂是过渡金属钴、铁和钌[3]。

1937 年，Ipatieff 与他的学生 Haensel 创建了催化重整工艺。催化裂解和催化重整工艺的创建，极大地推动了炼油工业的快速发展。

催化科学不仅促进了石油工业的蓬勃发展，在其他化学工业的发展上同样起到了至关重要的作用，高分子材料合成工业就兴起于此时。1953 年，德国化学家 K. Ziegler 在实验中惊奇地发现反应器壁上沾满了白色固体，经过进一步深入研究，发现这种白色固体其实是聚乙烯，但反应过程并不需要传统制备方法的高温和高压环境，而是金属 Ni 在反应中起到了关键的催化作用。这一发现一方面带动了利用金属有机化合物作为催化剂的研究；另一方面，他所发现的聚烯烃合成新方法直接奠定了工业生产聚乙烯的基础。仅仅几个月后，金属催化合成聚乙烯的过程，就成功实现了从实验室到工业生产的转化，高分子材料工业由此诞生。聚烯烃工业最为关键的一次变革发生在 1980 年，德国科学家 Kaminsky 和 Sinn 发现 Cp_2ZrCl_2/MAO 催化体系对乙烯聚合具有较高的催化活性，从而发明了一种烯烃聚合的茂金属催化剂，这种新型催化剂比经典的 Ziegler-Natta 催化剂活性提高了 10～100 倍，含 1g 锆金属的催化剂每小时可催化生产 4000 万 g 的聚乙烯。

1.1.4 催化科学的新兴期

20 世纪 90 年代以来，绿色环保成为世界发展的新主题，虽然催化科学的发展已经趋于成熟，但各国政府及科学家仍致力于开发研究环境友好的新型催化剂，我国“十四五”国家重点研发计划“催化科学”重点专项中就包括了可再生能源转换的催化科学、化石资源转化的催化科学和环境友好与碳循环的催化科学。众所周知，我国的能源结构是典型的富煤少油贫气，因此开发可再生能源开发和化石资源转化具有重要的战略发展意义。

从合成氨工业开始，氢气成为整个化工行业不可或缺的原料，同时，氢的燃烧产物只有水，是世界公认的清洁能源。因此，世界各国都在积极研究探索如何以低廉的成本大量生产氢。其中，利用太阳能分解水已成为主流的研究方向，而在光的作用下将水分解成氢和氧的关键是找到合适的催化剂。如今，世界各地许多实验室都在研究这一技术，并取得了一定进展，但距离实现工业化生产尚有较大差距。

汽车排放的尾气中的一氧化碳（CO）、碳氢化合物 C_xH_y 以及氮氧化合物（NO_x）是污染大气环境的主要气态污染物，近年来，这类污染物的源头控制已经得到了很大改善，主要方法是通过在汽车发动机排气系统中加装三效催化剂（TWC）转化装置，在排放前将上述气态污染物催化转化为无污染的 CO_2、N_2 和水蒸气。20 世纪 60 年代美国加州颁布了第一个汽车排放标准，由于当时的排放标准只限定了 CO 和 C_xH_y 的排放，所以对应的氧化型催化剂也被称为二效催化剂，后来随着人们意识到 NO_x 对环境同样具有严重危害，铂、铑、钯（Pt/Rh/Pd）组成的三效催化剂被研发出来并投入使用。表 1-1 为三效催化剂的作用原理。

表 1-1 三效催化剂的作用原理

反应类型	反应方程式
氧化反应	$CO+O_2 \longrightarrow CO_2$ $H_2+O_2 \longrightarrow H_2O$ $C_xH_y+O_2 \longrightarrow CO_2+H_2O$
还原反应	$NO+CO \longrightarrow CO_2+N_2$ $C_xH_y+NO \longrightarrow CO_2+N_2+H_2$ $H_2+NO \longrightarrow H_2O+N_2$
水蒸气重整反应	$C_xH_y+H_2O \longrightarrow CO+H_2$
水煤气变换反应	$CO+H_2O \longrightarrow CO_2+H_2$

1.1.5 催化科学的未来趋势

自20世纪中叶以来，不论是从学科发展还是生产应用的角度来看，催化化学都得到了显著发展。截至21世纪初，我们身边80%以上的日用品在制造过程中都使用了催化剂。新技术正在以不断加速的势头诞生和发展，那么催化剂将在其中发挥什么作用？催化剂正在被全球多种行业广泛使用，基于催化剂的科学理论研究、清洁能源的开发与利用以及人类生存环境的治理与保护等方面都具有极大的发展潜力。简而言之，催化剂及其发展对人类的生存发展都有着极大的影响。我国作为世界大国，“十四五”国家重点研发计划中也涉及环境的问题，如何有效提高可再生资源的利用效率，提高化石资源的转化率，这将成为催化领域的新挑战。虽然传统石油化工技术、天然气与煤化工技术都趋于成熟，但新型催化剂的研究开发和催化技术的革新一直是优先发展的重点科研方向。因此，以环境治理和环境保护为目的的催化技术将受到更加广泛的重视。

1.2 重要工业催化历程的发展

1.2.1 硫酸工业

硫酸的应用领域极为广泛，在冶金工业，尤其是有色金属的生产过程中需要用到硫酸对金属进行酸洗，达到精炼的目的；在石油工业中，硫酸被用来去除硫化物杂质和不饱和的碳氢化合物；硝酸生产过程中，浓硫酸可作为工艺中的脱水剂；氯碱工业中，浓硫酸被用来干燥氯气等。硫酸最初的应用是与军用炸药紧密相连的，这些炸药的生产虽然主要用到了硝酸，但浓硫酸和发烟硫酸也是生产过程中必备的原料。综上来看，硫酸工业的发展与人类生产生活息息相关，它不但用于解决人们衣食住行的问题，在两次世界大战期间，硫酸工业发展水平更成为一个国家军事力量的具体体现。

生产硫酸的原料除了硫铁矿之外，一些含硫的化合物也可以作为原料，例如硫黄、冶炼金属之后的废气、硫化氢等[4]。主要制备过程是在沸腾炉中通过高温或者直接燃烧得到 SO_2，然后在接触室中与氧气在催化剂（一般为五氧化二钒）的作用下氧化为 SO_3，这个过程是一个可逆反应，所以需要在接触室上端加装循环管路。生成的 SO_3 经冷却后进入吸收塔，一般用98%的浓硫酸吸收可得到焦硫酸（$H_2S_2O_7$），焦硫酸用水稀释之后得到硫酸（H_2SO_4），再经过蒸馏提纯的方式便可得到我们所需要的不同浓度（95%～98%）的商品硫酸。其反应原理如表1-2所示。

表 1-2 硫酸工艺反应原理

反应器	作用原理	反应条件
沸腾炉	$S+O_2 \longrightarrow SO_2$	燃烧
	$4FeS_2+11O_2 \longrightarrow 8SO_2+2Fe_2O_3$	高温
接触室	$2SO_2+O_2 \longrightarrow 2SO_3$	催化剂 V_2O_5
吸收塔	$SO_3+H_2SO_4 \longrightarrow H_2S_2O_7$	
稀释	$H_2S_2O_7+H_2O \longrightarrow 2H_2SO_4$	

1.2.2 硝酸工业

硝酸是一种常用的强酸，化学式为 HNO_3。纯净的硝酸是无色的，但随着时间的推移，它会变成黄色。最初的制备方式是通过硝石和浓硫酸混合来获得硝酸，但是这种方法对硫酸的需求量巨大，且会对设备造成腐蚀。目前制备硝酸的主要方法是氨的催化氧化[5]。20 世纪初，德国化学家 Wilhelm Ostwald 将氨气通过 Pt/Rh 合金网催化剂，氨气被空气或氧气连续氧化成一氧化氮和二氧化氮。二氧化氮被水吸收形成硝酸。所得的水包酸溶液（约 50%～70%的酸）再经过硫酸蒸馏脱水，制得硝酸。该策略至今仍是硝酸工业的核心。Wilhelm Ostwald 对催化作用、化学平衡和反应速率等方面的研究做出了卓越贡献，且对氨氧化生成一氧化氮和二氧化氮以及产物提取进行了深入的研究，奠定了合成氨工业的发展基础，于 1909 年获得诺贝尔化学奖，并得到了世界各国科学家的广泛认可。1913 年，合成氨工业的出现使硝酸工业以氨氧化法为主要工艺的生产进入了工业化阶段，时至今日，该方法仍是硝酸生产的主要方法。

1.2.3 合成氨工业

1898 年，德国科学家 Frank 等发现空气中的氮能够被碳化钙固定生成氰氨化钙（又称石灰氮），然后与过热水蒸气进一步反应发生水解可获得氨，这也是早期（Haber 合成氨工艺发明之前）合成氨工业的基础[6]。1909 年，德国化学家 Fritz Haber 用 Os 作为催化剂，在 17.5～20MPa 和 500～600℃的条件下将氮气与氢气直接反应成功合成了氨。1918 年，Fritz Haber 因对从氮气合成氨的研究而获得诺贝尔化学奖。1912 年，德国 BASF 公司的 Alwin Mittasch 和 Carl Bosch 用 2500 种不同的催化剂进行了 6500 次实验，成功开发出含有钾、铝氧化物作助催化剂的铁基催化剂，这也是现代合成氨工业催化剂成分的雏形。这种合成氨法被称为 Haber-Bosch 法，它是工业上实现高压催化反应的里程碑。Bosch 因发明与发展了化学高压技术而获得 1931 年诺贝尔化学奖。Gerhard Ertl 因在固体表面化学过程研究中做出的贡献及利用表面科学手段阐明合成氯机理，再获诺贝尔化学奖。Gerhard Ertl 为人工固氮技术的原理提供了详细的解释：首先是氮分子在铁催化剂金属表面上进行化学吸附，使氮原子间的化学键减弱进而解离；接着是化学吸附的氢原子不断地跟表面上解离的氮原子作用，在催化剂表面上逐步生成—NH、—NH_2 和 NH_3；最后氨分子在表面上脱附而生成气态的氨。Gerhard Ertl 还确定了原有方法中化学反应中最慢的步骤——N_2 在金属表面的解离，这一突破有利于更有效地利用和控制人工固氮技术。

1.2.4 煤制烃工业

煤加氢制油技术（煤液化）在第二次世界大战前就已经出现了，然而，生产与石油价格相匹配的液体还具有相当的难度。在煤液化生产过程中，提高产率的有效手段在于开发和应用合适的催化剂系统。1913 年，德国化学家 Friedrich Bergius 发现了煤炭在高温高压条件下加氢液化的反应（催化剂主要成分为 Fe），发明了生成燃料的煤炭直接液化技术，并获得世界上第一个煤直接液化的专利。1927 年，德国燃料公司 Pier 等开发了以硫化钨和硫化钼作为催化剂的工艺，大大提高了煤液化过程中加氢的速度，并把加氢分成气相和液相两步，初步实现了煤液化的直接工业化。因此，煤直接液化工艺也被称为 Bergius-Pier 工艺。

费托合成多用于合成气（合成气，$CO+H_2$）的转化，生产出不同的碳氢化合物馏分（柴油燃料、汽油、低等烯烃等），煤制油这项工作使没有天然石油储备的国家可以生产液体燃料，用于取代煤炭运输。液体燃料显然更适合用于运输，因为它们具有比煤炭更高的能量密度，而比气体的储存更容易、更安全。1923 年，Franz Fischer 和 Hans Tropsch 以 CO 和 H_2 作为原料，在 400～455℃、10～15MPa 的条件下，以碱性铁屑作为催化剂成功制备了烃类化合物，煤间接液化技术由此诞生。人们将合成气在铁和钴作用下合成烃类或者醇类燃料的方法称为费托合成法。直到目前为止，费托合成仍是多相催化中非常热门的研究领域[3]。

1.2.5 合成气制甲醇工业

合成气可以通过多种工艺进行生产而得到，包括天然气的蒸汽重整和煤的高级气化等。合成气催化合成甲醇传统上是在两相反应器中进行的，合成气和产物为气相，催化剂构成固相。目前，商业应用的低压催化剂大部分为铜基催化剂。铜基催化剂的主要特点是活性温度低，对生产甲醇的平衡有利，选择性好，允许在较低的压力下操作。影响催化剂寿命的主要因素是由中毒和热烧结引起的催化剂失活。铜基催化剂的主要毒物是硫化物（阻断活性位点）和氯化物（加速烧结）。工业应用中除了硫化物和氯化物外，还有其他的一些物质也能对催化剂产生毒性，例如砷或羰基（在特种钢材高 CO 浓度下形成）会促进费托合成的副反应发生，从而影响催化剂的选择性。而这些杂质通常是在预处理阶段进行清洁去除。此外，通常还需要安装保护床（例如针对硫的 ZnO）以保护催化剂。

1.2.6 烯烃聚合工业

1950 年，德国科学家 Karl Ziegler 开发了以氢气、乙烯和铝为原料直接合成三乙基铝的工艺。随后，发现在常温常压下，$TiCl_4$ 或 $ZrCl_4$ 与三乙基铝组合的催化体系催化乙烯聚合后得到高分子量聚乙烯后依然保持较高的活性，该催化剂后被称为 Ziegler 催化剂。1954 年，意大利科学家 Natta 通过使用 $AlEt_3$ 还原 $TiCl_4$ 得到了 $TiCl_3/AlEt_3$，将 $TiCl_3/AlEt_3$ 作为催化体系中的主催化剂，AlEtCl 作为助催化剂，第一代 Ziegler-Natta 催化剂由此诞生。在该催化体系下，成功制备出了高等规度的聚丙烯，开创了等规聚合物合成的先河[7]。由于 Ziegler 和 Natta 在高聚物的化学性质和技术领域中做出的巨大贡献，两人同获 1963 年诺贝尔化学奖。

经过几十年的发展，Ziegler-Natta 催化剂已经成为目前最成熟的烯烃聚合催化剂，据统计，Ziegler-Natta 催化剂被应用于全球 90%以上聚烯烃产品生产中，对全人类社会的发展起到了巨大的推动作用。利用 Ziegler-Natta 催化剂所生产出来的聚烯烃产品被广泛应用于科技、军事、日常生活的方方面面。对于人们日常吃穿用住行均产生了极其深远的影响。

1.3　化学工业中的经典均多相催化历程

1.3.1　均相催化剂（络合催化剂）

1.3.1.1　Wilkinson 催化剂

如今，对于均相催化的研究绝大部分都是由早期的氢化研究演变而来，而最熟知的氢化均相催化剂是 Wilkinson 催化剂。下面为该催化剂的反应机理，已被大部分科学家认可。

$$RhCl(L)_3 + S \rightleftharpoons RhCl(L)_2S + L$$
$$RhCl(L)_2S + H_2 \rightleftharpoons RhH_2Cl(L)_2S$$
$$RhH_2Cl(L)_2S + H_2C{=}CH_2 \rightleftharpoons RhH_2Cl(L)_2(H_2C{=}CH_2) + S$$
$$RhH_2Cl(L)_2(C_2H_4) + S \rightleftharpoons RhH(C_2H_5)Cl(L)_2S$$
$$RhH(C_2H_5)Cl(L)_2S \rightleftharpoons H_3CCH_3 + RhCl(L)_2S$$

其中，L 代表三芳基膦，S 代表溶剂（乙醇、甲苯），乙烯代表烯烃。这个反应的第一步是均相催化剂 $RhCl(L)_3$ 中的一个配体 L 的解离，它被一个溶剂分子取代。在配体解离后，发生二氢的氧化加成反应，这通常以顺式方式发生，并可由铑配合物上更多富电子的磷化氢取代。然后氢化物迁移形成乙基。插入/迁移过程的配体效应（配体的系统变化对催化剂某方面性能的影响）不像对氧化还原过程的影响那样明确。最后进行乙烷的还原消除，完成整个循环。显然，这个步骤的速度可以通过采用电子撤回配体方法来提高。

1.3.1.2　异构化均相催化剂

异构化是一个只涉及一种基元反应的催化循环的简单过程，因为只需要迁移/插入和其对应物 β-消除。因此，可以通过优化金属配合物，尽可能快地精确地进行这种反应。由于烯烃络合和 β-消除需要空位，所以实际情况稍微复杂一些。过量的配体，包括 CO，通常会抑制异构化。$HCo(CO)_4$ 是一种不稳定的氢化物-羰基复合物，是典型的在 CO 气氛中也有活性的催化剂。高级烯烃可作为其末端异构体或内部异构体的混合物，主要通过氢甲酰化技术转化为醛/醇。自 1990 年以来，人们发现了几种以铑、铂和钯为基础的催化剂，它们也能将内部产物氢甲酰化成末端醛。

1.3.2　多相催化剂

1813 年，有学者在研究氨分解反应时发现，氨气通过红热金属可以被分解为氮气和氢气，这可能是人类首次注意到非均相催化过程。后续的实验表明，铁、铜、银、金、铂等金属均可催化这一反应。1831 年，人们认识到催化现象可以被应用到工业生产中。Peregrine Phullips 申请了接触法生产硫酸技术的专利：铂丝或铂屑被加热到黄热状态，用来氧化被空气携带的二氧化硫。1875 年改进为采用负载的铂催化剂，而现在一般采用含钒的氧化物材料进行催化生产。1906 年，Haber 通过催化剂成功合成了氨，开辟了催化工业发展的新篇章。1909 年 11 月，另一研究发现利用磁铁矿（主要成分为四氧化三铁）制备的铁基催化剂参与的催化合成氨反应也具有很高的收率。1910 年，另一有关合成氨反应的专利指出，在催化剂中加入氢氧化钠和氢氧化钾有利于提高催化性能。不久之后，氧化镁和氧化铝也被证明是有效的催化助剂，这为后来催化剂改性技术的发展埋下了伏笔。1923 年，Fischer 和 Tropsch 开发了一种由水煤气制取合成醇的工艺。所谓合成醇，即某些高分子量的含氧碳氢化合物的混合物。这一工艺最初所采用的催化剂为铁屑，后逐步发展为使用铁和钴作催化剂，利用从煤制取的合成气生产液态烃，也就是我们熟知的费托合成。1923 年，从煤制取水煤气生产甲醇的工艺过程得以商业化。

1.4 新型催化剂的发展

目前，催化剂应用行业的形势为：传统的石油化工技术日趋成熟，但随着原料质量的恶化和环保要求的日益提高，需要新的催化剂来实现产品的更新换代；天然气化工和煤化工以及石油化工都是当前社会不可或缺的化工行业，虽然前两者在经济上无法与石油化工行业直接竞争，但是所涉及的催化技术却十分相似，主要用于制备高附加值化学品和药物中间体的精细化学催化技术相对分散、发展缓慢。目前，用于环境治理和保护的催化技术的研究工作，已经引起了社会各界广泛的重视。

1.4.1 石油工业催化剂

据统计，近年来全世界有关催化剂的研究中，近一半的研究工作是围绕新型催化剂的开发来展开的，且研究投入还在逐渐增加。另一个显著特点是新型催化剂的开发与环境友好密切联系。固体酸催化剂是近年来开发的一类新型催化剂，因其可在酯化、烷基化、异构化等重要反应中替代传统硫酸催化剂，从而在源头上解决了污染问题，进而发展成为最具研究价值的一类新型催化剂。均相碱催化在化学品合成中占有相当大的比例，如环氧化物开环加成合成表面活性剂、酯交换制备精细化学品等，但由于严重的污染问题而对环境造成了负面影响。近年来，以固体碱替代传统氢氧化钠等液碱催化剂已成为必然的发展趋势。

1.4.2 汽车尾气净化催化剂

随着工业水平和生活水平的提高，汽车已经成为当前社会最主要的交通工具，但随之而来的是汽车尾气排放所造成的环境污染问题。随着汽车发动机新技术的应用和环境保护法规的出台，研究人员也开始开发新的技术手段，试图从源头解决汽车尾气排放的污染问题。首先，汽车发动机可采用贫燃技术以提高汽车燃料的燃烧效率，减少 CO 的排放量。据相关报道，贫燃发动机比传统发动机的燃料经济性高出 20%～25%。由于氧气过剩，因而 NO_x 的还原脱除过程就成为一大技术难题。其次，在汽车发动机排气系统中加装三效催化剂（TWC）转化装置也是解决该问题的主要途径之一，目前三效催化剂主要是以贵金属 Pt、Rh 和 Pd 为活性组分，成本较高，因此，汽车尾气转化催化剂生产商正致力于减少催化剂中的贵金属含量。然而，刚装上转化装置的汽车在行驶途中会产生刺激性气味，这是由于在转化装置中存在的硫以 H_2S 的形式排出。目前正在寻求该问题合适的解决方案。

1.4.3 光催化剂

目前，光催化的应用领域十分广阔，在降解有机污染物、光催化制氢、太阳能电池、抗菌材料和自清洁材料等方面都有着独特的性能，光催化被认为是解决未来环境问题和能源问题的一种极具潜力的方法。

光催化的第一步是对光进行吸收，所以高性能的吸光材料将会对未来光催化研究起到关键作用。事实上，许多科学家已经发现了多种无机材料并将其应用到光催化领域当中，如：TiO_2、ZnO、$SrTiO_3$、Si、WO_3、Fe_2O_3 以及 Ta_3N_5 等材料。然而，在一种材料上满足光催化的所有条件几乎是不可能实现的，因此除了需要寻找高性能的吸光材料之外，对吸光材料进行改性，在材料上引入多功能层也是未来光催化领域的发展方向。例如：在 Si 上引入薄的过渡金属层可有效提高 Si 光催化剂的稳定性和活性，在这种方法中，金属层为整个催化剂提供了保护，而且表面的金属氧化物可作为助催化剂以提高催化活性。

现阶段限制光催化技术发展的关键是光催化材料，光催化作为光电子学和催化科学两门学科的结合，面对的挑战是复杂的，这些挑战中同样也隐藏着一个可观的发展前景。

1.4.4 生物催化剂

生物催化剂是化学生物技术的一部分，也是一种越来越重要的合成手段或工具。与非生物催化剂相比，生物催化剂有着得天独厚的优势。生物催化剂能在常温常压下进行高效率的催化反应，且催化作用专一。同时，生物催化剂的缺点也十分明显，例如受温度变化的影响较大，在受到其他杂质污染时催化剂容易失活以及稳定性较差等。目前，许多生物催化领域获得突破，并且已经有新的生物催化工艺用于工业化生产。在今后十年内，预计会有更多的新型生物催化工艺被成功研发出来，生物催化剂在精细化学品市场中将呈现出更高的增长率。

1.5 催化与诺贝尔奖

诺贝尔奖现在已经成为学术界个人的最高荣誉，也是权威性最高的国际性大奖。下面简单介绍部分在催化领域做出主要贡献的诺贝尔化学奖获得者的主要贡献[8]。

德国物理化学家 Wilhelm Ostwald 因其在催化作用与化学平衡和反应方面做出了卓越贡献，获得 1909 年的诺贝尔化学奖。

法国有机化学家 Paul Sabatier 发明的加氢金属催化剂，使油脂中不饱和脂肪酸可加氢到任何一种饱和程度，从而获得 1912 年的诺贝尔化学奖。

德国化学家 Fritz Haber 因在从氮气合成氨的研究中做出重大贡献而获得 1918 年的诺贝尔化学奖，虽然 Fritz Haber 在第一次世界大战中的一些研究活动受到指责，但他对整个合成氨工业甚至是整个催化科学的贡献是不可估量的。

德国化学家 Carl Bosch 和 Friedrich Bergius 创造了化学高压方法，开发了氧化铁型催化剂，使合成氨生产工业化，同时还利用化学高压法对合成汽油、合成甲醇方面进行了相应的研究，1931 年，Carl Bosch 和 Friedrich Bergius 同时获得诺贝尔化学奖。

1963 年，诺贝尔化学奖授予德国化学家 Karl Ziegler 和意大利化学家 Giulio Natta，以表彰他们发明和改进了一种用于单体聚合的有机金属催化剂（Ziegler-Natta 催化剂）。该催化剂由四氯化钛和三乙基铝［$TiCl_4$-$Al(C_2H_5)_3$］组成。Ziegler-Natta 催化剂还促进了与不同金属的配位聚合催化剂的发展。这些催化剂是定向催化剂，可以严格控制聚合物的化学结构，适用于结构化聚合物的合成。

英国化学家 John E. Walker 与美国化学家 Paul D. Boyer 在研究 ATP 合成酶是如何催化 ATP 形成的工作中建立了酶的结构，对生物酶催化科学做出卓越贡献，因而获得 1997 年的诺贝尔化学奖。

2001 年诺贝尔化学奖授予美国有机化学家 K. Barry Sharpless、William S. Knowles 以及日本有机化学家 Noyori Ryoji，以表彰他们在不对称有机合成方面所取得的成绩，尤其是在手性催化氧化反应方面的工作推动了很多化学品、药物和新材料的制造，促进了其在工业上的应用。

法国科学家 Yves Chauvin 解释了烯烃复分解反应的环加成机理，直到目前为止，该理论仍是各国科学家广泛接受的反应机理。美国化学家 Robert H. Grubbs 开发出的催化剂是应用最广泛的烯烃复分解反应催化剂。美国化学家 Richard R. Schrock 研究了新的亚甲基混合物，他试验了含有不同金属（如钽、钨和钼）的催化剂，最终在 1990 年研制出第一种实用的金属钼的卡宾化合物烯烃复分解催化剂。Yves Chauvin、Robert H. Grubbs 和 Richard R. Schrock 在烯烃复分解方面做出卓越贡献，并发展了有机合成中的复分解法，因此获得了 2005 年的诺贝尔化学奖。

2021 年诺贝尔化学奖授予德国科学家 Benjamin List 和美国科学家 David W. C. MacMillan，以表彰他们对不对称有机催化的发展所做出的贡献。

参考文献

［1］ 蒋本文．化工时刊，1989（3）：2-6.
［2］ 倪啸，陈斌武．聚氯乙烯，2014， 42（5）：9-12.
［3］ 代小平，余长春，沈师孔．化学进展，2000，12（3）：268-281.
［4］ 张振全，张曼曼．广东化工，2012，39（16）：97-98.
［5］ 张夕专．科技视界，2013（19）：203-204.
［6］ 刘化章．化工进展，2013，32（9）：1995-2005.
［7］ 汪洁．石化技术，2007，14（3）：62-65.
［8］ 王毓明．大学化学，2018，33（2）：47-59.

第2章 催化的基础化学体系

1836年，贝采里乌斯总结前30年的催化经验，率先提出了“催化”一词之后，大量利用催化方法实现的化学反应体系逐渐涌现出来。然而“催化”作为一门学科却是近百年才出现的，特别是化学热力学和化学动力学方面的理论发展为催化化学打下了坚实的理论基础。为了更加系统地研究催化这门学科，需要掌握其基本原理以及研究手段。于是，20世纪以来，基于大量的实验事实相继诞生了一些派生理论，比如活性中心理论、催化电子理论等。上述理论对于深入探讨催化的本质、提高催化的性能以及研发新型的催化剂起到了重要的推动作用。本章重点讲述催化反应和催化剂的有关基础知识，详细阐明催化的相关理论。

2.1 催化反应和催化剂

2.1.1 催化反应的分类

2.1.1.1 按催化体系中各组分状态进行分类

催化反应种类多样，根据催化剂与反应物所处状态的不同，催化反应可以分为均相催化反应和多相催化反应两大类型。

(1) 均相催化反应[1]

当反应物和催化剂处于均一相时，反应为均相催化反应。例如Wilkinson型催化剂 $RhCl(PPh_3)_3$ 催化的烯烃加氢反应，金属铑催化的羰基化反应（图2-1）。此外，人们还可以按照化学反应中的具体情况，把均相催化反应分为气相均相催化反应和液相均相催化反应。气相均相催化反应中的催化剂与反应底物通常都处在同一气相中，比如气态二氧化硫（SO_2）与氧（O_2）的氧化反应。液相均相催化反应则是指催化剂与反应底物均处在同一液相中所发生的均相催化反应，如过二硫酸根（$S_2O_8^{2-}$）与碘离子（I^-）在铁离子作用下的反应。

均相催化主要包括酸碱催化、金属离子催化、有机金属配合物催化和复杂酶催化等。均相催化反应涉及的物质易于识别，在实验室中对这类反应进行研究比较容易，但是实现工业化有较多的困难。液相反应易受温度和压力的限制，反应设备复杂，催化剂的分离和

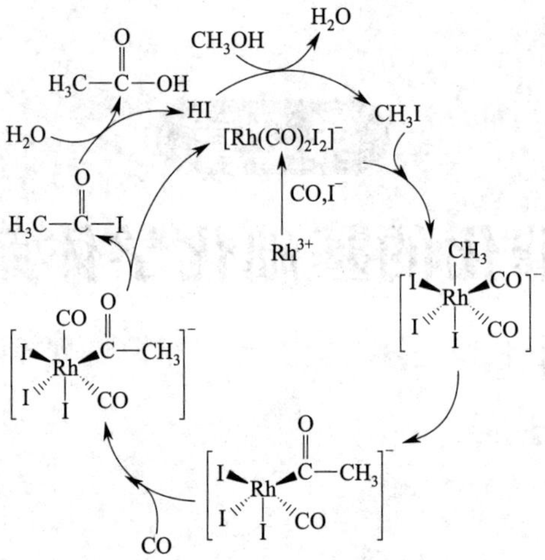

图 2-1 甲醇羰基化合成乙酸机理图

回收成本较高。

(2) 多相催化反应

反应物与催化剂处于非均一相的化学反应。与均相催化一样，按照反应物和催化剂在反应中所处的状态，可把反应分成气固多相催化反应和液固多相催化反应。气固多相催化反应是由气体反应物与固体催化剂形成的体系，例如 V_2O_5 催化 SO_2 转化成 SO_3。如果反应物为液体催化剂为固态时，反应为液固多相催化反应，如醇的选择性氧化等。多相催化反应的最大优势在于催化剂分离很简单甚至不需要分离，这在生产中能够节约很多的成本，可以不间断地进行流水作业。但是，它的弊端在于催化剂仅能利用其表面部分的催化活性位点。研究者一般通过增大催化剂的比表面积来克服这一缺点。

上述分类只是简单地根据反应体系中的各组分状态进行的，并不是绝对的。例如，高压聚乙烯是在压力大于 2000atm（1atm＝101325Pa）的超高压且无溶剂的条件下合成的，该反应在超临界条件下以气相均相反应开始，然而一旦形成聚合物，反应就变为在液态聚合物中进行的液相均相催化反应。

(3) 酶催化反应

与上述两种催化反应类型相比，酶催化反应比较特殊，兼有均相催化和多相催化的特性。酶是胶体大小的蛋白质分子，这种催化剂既可以小到与所有反应物分子分散在同一个相中，又可以大到足以论及它表面上的许多活性位点。酶催化反应是从反应物在酶表面上积聚开始（多相）的，所以酶催化是介于均相催化和多相催化之间的一种催化方式。

2.1.1.2 按反应机理进行分类

固体催化剂催化的多相催化反应与均相催化反应以及酶催化反应相比存在着一定的特殊性。固体催化剂属于聚集体，因此固体多相催化剂催化的反应是在催化剂表面进行的，而在均相催化反应或酶催化反应中，无论催化剂（酶）本身多么复杂，它都以分子的形式存在于体系中。尽管如此，反应物和催化剂之间相互作用的本质仍然是相同的，从这个角度来看，均相催化反应与非均相催化反应是一样的，因此，可以根据催化剂的作用机理进行分类。

（1）氧化还原催化反应

在这类催化反应中催化剂可以使反应物分子中的键发生均裂，出现未配对电子，形成的未配对电子就会在催化剂电子的参与下与催化剂形成均裂键。这类反应中的一个重要步骤是催化剂与反应物之间的单电子交换。例如，在加氢反应中，H_2 在金属催化剂表面分裂形成活性氢原子[2]，如图 2-2 所示，其中 M 代表金属。

对这类反应具有催化活性的固体拥有接受和给出电子的能力，例如过渡金属和它们的化合物。这类化合物中的阳离子能够轻易地改变价态，还包括非化学计量的过渡金属化合物，如氧化物和硫化物。这类催化反应包括加氢、脱氢、氧化、脱硫等。

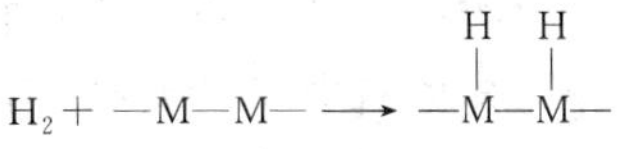

$$H_2 + \text{—M—M—} \longrightarrow \text{—}\overset{\displaystyle H}{\overset{|}{M}}\text{—}\overset{\displaystyle H}{\overset{|}{M}}\text{—}$$

图 2-2　加氢反应示意图

（2）酸碱催化

通过催化剂和反应物的自由电子对或在反应过程中由反应物分子的键发生异裂形成的自由电子对，反应物与催化剂形成非均裂键。例如，在催化异构化反应中，反应物烯烃与催化剂的酸中心反应形成活性碳正离子中间体化合物（图 2-3）。

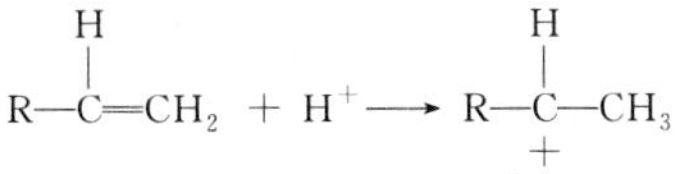

$$R\text{—}\overset{\displaystyle H}{\overset{|}{C}}{=}CH_2 + H^+ \longrightarrow R\text{—}\underset{+}{\overset{\displaystyle H}{\overset{|}{C}}}\text{—}CH_3$$

图 2-3　烯烃与催化剂的酸中心形成活性碳正离子中间体化合物示意图

这类反应属于离子机制，催化剂的作用可以从广义的酸和碱的概念来理解。这类催化反应的催化剂一般是主族元素的简单氧化物或它们的复合物和具有酸性质的盐。这些催化反应包括水合、脱水、裂化、烷基化、异构化、歧化、聚合等。

（3）配位催化

催化剂和反应物分子发生配位作用后活化反应物分子。该反应所使用的催化剂为有机过渡金属化合物。这些催化反应包括烯烃氧化、烯烃氢甲酰化、烯烃聚合、烯烃加氢、烯烃加成、甲醇羰基化、烷烃氧化、芳烃氧化、酯交换等。

表 2-1 对两种主要反应催化机理进行了对比归纳。

表 2-1　酸碱催化反应及氧化还原催化反应的比较

比较项目	酸碱催化反应	氧化还原催化反应
催化剂与反应物之间的作用	电子对的接受或电荷密度的分布发生变化	单个电子转移
反应物化学键变化	非均裂或极化	均裂
生成活性中间物种	自旋饱和的物种(离子型物种)	自旋不饱和的物种(自由基型物种)
催化剂	自旋饱和分子或固体物质	自旋不饱和的分子或固体物质
催化剂举例	酸,碱,盐,氧化物,分子筛	过渡金属,过渡金属氧(硫)化物,过渡金属盐,金属有机配合物
反应举例	裂解,水合,酯化,烷基化,歧化,异构化	加氢,脱氢,氧化,氨氧化

有的催化过程能够包含上述两类或两类以上不同反应机理的反应，并且所用的催化剂具有不同类型的活性位点，这种催化剂被称为双功能或多功能催化剂。例如，用于催化石油重整的催化剂 Pt-酸性 Al_2O_3，其中 Pt 是氧化还原类型反应的催化剂，酸性 Al_2O_3 是酸碱催化类型反应的催化剂。同样，在许多复杂的反应中也用到过这样的催化剂，例如由

丙烯氨氧化合成丙烯腈中，为了提高丙烯腈的收率而制成了一系列的多功能催化剂，它们在使用过程中可以同时催化几个反应。

2.1.1.3 按反应类型进行分类

此种分类方法是基于催化反应的类型进行分类的，如加氢反应、氧化反应、裂化反应等。分类的方法不再基于催化剂的催化机理，而是侧重于特定的化学反应，因为相同类型的化学反应具有某些共性，催化剂的功能也有一定的相似性。例如，$AlCl_3$ 催化剂可以用来催化苯与乙烯的烃化反应，而用于苯和丙烯的烃化反应也具有良好的催化效果。表 2-2 显示了按反应类型分类的反应和常见催化剂。

表 2-2 某些常见的催化反应和催化剂

反应类别	反应举例	催化剂举例
加氢	$C_6H_6+3H_2\xrightarrow{Ni}C_6H_{12}$	Ⅷ族金属
脱氢	$C_4H_8\xrightarrow{Cr_2O_3/Al_2O_3}C_4H_6+H_2$	Cr_2O_3，Fe_2O_3
氧化还原	$C_3H_6+O_2\xrightarrow[Bi_2O_3/MoO_3]{Cu_2O}H_2C{=}CHCHO$	V_2O_5，CuO，Fe_2O_3-MoO_3 等
聚合	$nCH_2{=}CH_2\longrightarrow[CH_2-CH_2]_n$	$TiCl_4$，$VOCl_3$
酸催化的裂化，歧化，异构化，烷基化，聚合，水合，脱水等	2 $C_6H_5CH_3$ ⟶ C_6H_6 + $C_6H_4(CH_3)_2$	分子筛，SiO_2-Al_2O_3，SiO_2-MgO，沸石分子筛，活性白土，酸性 $AlCl_3$，H_3PO_4，Pd/沸石
	C_6H_5R ⟶ C_6H_6 + R	
	p-$C_6H_4(CH_3)_2\rightleftharpoons m$-$C_6H_4(CH_3)_2$	
	C_6H_6 + C_2H_5Cl ⟶ $C_6H_5C_2H_5$ + HCl	
羰基化	$CH_3OH+CO\xrightarrow{RhCl(CO)[P(C_6H_5)_3]_2+CH_3I}CH_3COOH$	$Co_2(CO)_8$
水煤气交换	$CO+H_2O\xrightarrow{Cu\text{-}Zn\text{-}Al_2O_3}CO_2+H_2$	低温变换催化剂 Cu-ZnO-Al_2O_3
合成气反应	$CO+2H_2\xrightarrow{Cu\text{-}Zn\text{-}Al_2O_3}CH_3OH$	Cu-ZnO-Al_2O_3

上述几种从不同角度进行的分类，反映了催化科学的一定发展水平，随着催化科学的发展，它的分类也会进一步发展与完善。

2.1.2 催化剂的组成

德国化学家奥斯特瓦尔德（F. Wilhelm Ostwald，1853—1932）在 1894 年首先提出催化剂的现代的定义，他认为催化剂是一种物质，可以改变化学反应的速率，却不存在于产物中。通常用化学反应方程式表示化学反应时催化剂并不出现在其中，似乎催化剂并不参与化学反应，然而事实并非如此，近代实验技术的测试结果表明，催化反应中的许多活性中间体都有参与反应，即催化剂和反应物在催化反应过程中不断地进行相互作用。催化剂将反应物转化为产物，同时不断地再生和回收，在使用过程中却变化很小。因此，现代对催化剂的定义是：催化剂是一种能够改变化学反应的反应速率，但不改变化学反应的热力学平衡位置且在化学反应中不被明显消耗的化学物质。

一些实际应用的催化剂，无论是多相的还是均相的，总是由多个组分组成，很少有由单一物质组成的催化剂。这些组成催化剂中各组分分别为：

（1）活性组分

活性组分是催化剂的主要组分，它是多组分催化剂中的主体，一般是一种物质或几种物质的组合。例如研究者经常将活性组分 Pd 负载于硅胶上作为催化剂来催化乙烯与氧气生成乙醛的反应。活性组分十分重要，如果催化剂中只有硅胶而没有 Pd 那么催化剂对反应则毫无催化活性。活性组分分为主催化剂和共催化剂，主催化剂是起催化作用的根本物质，共催化剂是一种与主催化剂同时起作用的成分。在 MoO_3-Al_2O_3 型脱氢催化剂中，MoO_3 和 Al_2O_3 本身几乎没有活性，但将它们二者结合起来就能够形成一种高活性的催化剂，因此，MoO_3 和 Al_2O_3 是彼此的共催化剂。在氨合成反应中，铁催化剂可以单独作为主催化剂使用，并已成功应用于工业生产几十年。然而最近的研究证明，使用 Mo-Fe 合金催化剂合成氨的效果会更好。当合金中 Mo 的含量为 80％时，催化剂的催化活性会高于单独使用 Fe 或 Mo 时的催化活性。在这里，Mo 就是主催化剂，Fe 成了共催化剂。

（2）助催化剂

助催化剂是加入催化剂中的少量物质，含量一般为 5％～10％。它是催化剂的辅助组分，无催化活性或活性极低，通过改变催化剂的化学成分、结构、价态等来提高主催化剂的抗毒性、活性以及选择性等。助催化剂按机理的不同可以分为结构型助催化剂和电子型助催化剂两种[3]。

① 结构型助催化剂：通过改变活性组分的物理性能（如几何状态、孔结构、比表面积等）使催化剂不易烧结。例如，在合成氨的铁催化剂中加入少量的 Al_2O_3 就可以提高其活性，延长使用寿命。

② 电子型助催化剂：通过改变活性组分的电子结构（化学性能）来提高催化剂活性组分的活性和选择性的物质。它不同于结构型助催化剂，结构型助催化剂通常不影响活性组分的性质，而电子型助催化剂可以改变催化剂活性组分的性质，包括结构和化学特性。对于金属和半导体催化剂，调变型助催化剂可以改变其电子因素（d 带空穴数、导电性、电子逸出功等）和几何因素。例如在催化剂 V_2O_5-K_2O-CaO/SiO_2 中，CaO 的加入使 V_2O_5 微晶分散度提高，高温下延缓了微晶长大、烧结，所以 CaO 起到了结构型助催化剂的作用；而 K_2O 的加入使 V_2O_5 能级发生变化，改变了它的电子结构性能，提高了活性，所以 K_2O 起到了电子型助催化剂的作用。

（3）载体

载体是固体催化剂特有的组分。载体作为活性组分的分散剂、黏合物或支撑体，是负载活性组分的骨架。例如，乙烯氧化制环氧乙烷时用到的催化剂就是将 Ag 负载在 α-Al_2O_3 上的。载体的主要作用是提供孔结构和高比表面积，维持活性组分的高度分散，增强催化剂的机械强度，使催化剂具有一定的形状和尺寸。因此需要根据催化剂的强度要求来选择合适的载体。载体的种类很多，有天然的和人工的，可分为低比表面积和高比表面积两类。载体的结构和性能不仅关系到催化剂的活性和选择性，还关系到催化剂的热稳定性、机械强度及传递特性等。例如：Cu、Pd 催化剂在 200℃下很容易熔融并烧结失活，但是将其负载在 Al_2O_3 或 SiO_2 上之后，即使在 500℃的条件下催化剂仍能长时间使用。

因此选择载体时必须弄清其结构、性质。表 2-3 总结了一些常见的催化剂载体。

表 2-3 一些常见的催化剂载体

类别	载体		比表面积/(m^2/g)	孔容积/(mL/g)
低比表面积	非孔隙性	刚玉	0～1	0.33～0.45
		碳化硅	<1	0.4
低表面积	粗孔性	浮石	0.04	—
		硅藻土	2～30	0.51～0.61
		石棉	1～16	—
		耐火砖	<1	—
高比表面积	经过处理的天然无机产物的骨架产品	铁钒土	150	0.25
		白土	150～280	0.3～0.5
		氧化铝(牌号 AlcoaXF-10)	100	0.3
		氧化铝(牌号 AlcoaXF-21)	200	0.3
		氧化镁	30～140	0.3
	合成凝胶	氧化硅、氧化铝	350	0.5
		催化裂化催化剂	400～600	0.6～0.9
		硅胶	400～800	0.4～4.0
	碳材料	活性炭	900～1200	0.3～2.0

2.1.3 催化剂的分类

(1) 根据元素周期律分类

元素周期律将元素分为主族元素（A）和副族元素（B）。用作催化剂的主族元素主要以化合物的形式存在。主族元素的氧化物、氢氧化物、卤化物、含氧酸和氢化物主要用于酸碱催化剂，因为它们在反应中容易形成离子键。然而，第Ⅳ～Ⅵ主族的某些元素的氧化物（如铟、锡、锑和铋的氧化物）也经常作为氧化还原催化剂使用。副族元素无论是以金属单质还是以化合物的形式存在，均主要用于氧化还原催化剂，因为它们在反应中容易获得和失去电子。特别是第Ⅷ族的过渡金属元素及其化合物是最重要的金属催化剂、金属氧化物催化剂和配合物催化剂。一些副族元素的氧化物、卤化物以及盐类也可以用作酸碱催化剂，如 Cr_2O_3、$NiSO_4$、$ZnCl_2$ 和 $FeCl_3$ 等。

(2) 根据化学键分类

催化反应与一般的化学反应一样，均是根据一定的化学机理进行的。催化反应中可能会产生各种形式的化学键。表 2-4 按化学键类型对催化反应和催化剂进行了分类。从表中还可以看出，催化剂的多功能性本质上反映了在反应中可以同时形成多种化学键。

表 2-4 按化学键类型对催化反应和催化剂的分类

化学键类型	催化剂举例	反应类别
离子键	MnO_2,乙酸锰,尖晶石	酸碱反应/氧化还原反应
配位键	BF_3,H_2SO_4,H_3PO_4	酸碱反应
金属键	过渡金属,活性炭	自由基反应
	过氧化二苯甲酰(BPO),偶氮二异丁腈(AIBN)引发剂	
	Ni,Pt,活性炭	金属键反应
等极键	燃烧过程形成的自由基	氧化还原反应

（3）根据催化剂的性能分类

在实际应用中，通常根据催化剂的性能进行分类，即催化剂所催化的反应与反应产物的相容性。在催化反应中，催化剂与反应物和产物之间必然存在相互作用，即催化剂的化学性质不会发生变化，只是催化剂的表面发生变化。这种相互作用只存在于表面，不能渗透到固体的内部，即催化剂对反应物及产物的相容性。表 2-5 列出了催化剂的类别。

表 2-5　催化剂的分类

分类	催化性能	催化剂举例
金属	加氢，脱氢，氢解（氧化）	Fe，Ni，Pd，Pt，Ag
半导体、氧化物和硫化物	氧化，脱氢，脱硫（加氢）	NiO，ZnO，MnO_2，Cr_2O_3，Bi_2O_3-MoO_3，WS_2
绝缘体、氧化物	脱水	Al_2O_3，SiO_2，MgO
酸、液体酸、固体酸	聚合，异构，裂解，烷基化	H_3PO_4，H_2SO_4，SiO_2-Al_2O_3，杂多酸，离子交换树脂
酶、微生物	各种酶催化反应	各种酶和微生物

2.1.4　化学反应中催化剂的催化作用

1981 年，国际纯粹与应用化学联合会（IUPAC）发表了有关催化作用的新定义：“催化剂是一种物质，它能够改变反应的速率而不改变该反应的标准吉布斯自由能。这种作用称为催化作用。涉及催化剂的反应为催化反应。”根据此定义可以对催化剂的催化作用进行细化。

催化剂在催化反应中只能加速一种或几种热力学上允许的反应，对于热力学上不可行的反应则是无法加速的。例如 F. Haber 在进行氮气与氢气合成氨气的反应之前进行了计算，得出在压力为 20MPa、温度为 600℃时的氨气产率为 8%。因此，在选择催化剂时，可以根据热力学原则判断该条件下反应是否可以进行。

催化剂只能缩短反应达到平衡的时间，不能改变热力学平衡的位置（平衡常数）。在众多的化学反应中反应速率也是千差万别，有的反应可以在非常短的时间内完成，类似酸碱的中和反应。而有的慢反应可能需要上万甚至上亿年才有可能完成，例如在 9℃下将氧气与氢气混合在一起，即便是生成 0.16%的水都要经历一千多亿年，但如果在反应中加入少量的铂黑催化剂的话，反应则以爆炸形式瞬间完成。显然，催化剂的加入改变了反应的历程，使反应按活化能较低的路径进行。

催化剂只能改变化学反应速率，但不能改变化学平衡状态，即平衡常数。在反应结束之后，催化剂的化学性质并不会发生改变，因此并不会使反应体系的标准自由能发生变化，从而也不会影响平衡常数。例如在 350℃下碘化氢解离为碘单质和氢气实验中，在无催化剂和加入铂催化剂的情况下反应的解离度均为 0.19。但是如果在反应体系中加入一种物质之后标准吉布斯自由能发生变化，则该物质不能被看作是催化剂。又比如苯和一氧化碳在室温下反应的标准吉布斯自由能是大于零的，反应不可能进行，但在反应体系中加入三氯化铝之后，苯甲醛与其形成了配合物，反应的标准吉布斯自由能小于零，反应就可以进行了，但是三氯化铝的加入改变了反应的标准吉布斯自由能，因此不能被看作催化剂[4]。催化剂是参与催化反应的，某些物质虽然加快反应速率，但本质上并不参与反应，这样的物质不能被称为催化剂。例如在离子反应中加入盐会使反应加速，盐本身并没有参与反应，而是通过改变介质的离子强度达到加快反应速率的目的，所以不能称为催化剂。还有的反应是通过改变溶剂而加速的，例如将两种固体反应物溶解在水中而加速的反应，这样的溶剂效应也不能算作催化作用。

催化剂对反应具有选择性，当某催化反应在已定的条件下按照热力学上的几个可能方向进行反应时，催化剂可以使其中的某个方向的反应速率增大。这种专门针对某一个化学反应速率增大的作用被称为催化剂的选择性。以经典的乙烯聚合反应为例，原料乙烯中含有微量的乙炔就会使得产物聚合物中含有少量双键而生成有色的杂质。因此，为了提高产率需要除去乙烯中的少量乙炔，最好的方法就是找到具有高度选择性的催化剂在不将乙烯的双键氢化的条件下将乙炔的三键进行氢化。$Pd\text{-}Al_2O_3$ 催化剂因对乙炔加氢反应具有高度选择性而解决了这一问题。因此，工业用的催化剂要求具有高度的选择性。

2.2 催化剂的催化作用机制

2.2.1 催化反应中底物分子的活化

大多数带有“效应”的科学名词（同离子效应、协同效应、尺寸效应等）基本上停留在描述性阶段，只知道结果，不知本质原因。对于催化研究人员来说，催化这个词很熟悉。但我们真的了解催化吗？例如，催化的本质是什么？到目前为止，催化的本质作用还很不明确，即均相催化、多相催化和酶催化还没有达到理论统一，对于催化的化学性质还仅仅处于描述阶段。为了更有效地研究金属催化剂在催化反应中的催化机理，就有必要对那些没有催化剂的化学反应进行总结，然后进行比较，从而了解催化剂在反应中的作用。本节通过总结发现下列反应类型可在没有催化剂时迅速进行。

（1）离子间的反应

$$Ag^+ + Cl^- \longrightarrow AgCl \qquad H^+ + OH^- \longrightarrow H_2O \tag{2-1}$$

（2）与自由基有关的反应

$$2Cl\cdot + CH_4 \longrightarrow CH_3Cl + HCl \qquad 3CH_3\cdot + Sb \longrightarrow Sb(CH_3)_3 \tag{2-2}$$

（3）极性大或配位性强的化合物之间的化学反应

$$NH_3(g) + H_2O(l) \longrightarrow NH_3\cdot H_2O \qquad Fe^{3+} + 6H_2O \longrightarrow [Fe(H_2O)_6]^{3+} \tag{2-3}$$

（4）提供充分能量的高温反应

$$M + 1/2O_2 \longrightarrow MO \qquad TiO_2 + CaO \longrightarrow CaTiO_3 \tag{2-4}$$

为了保证反应的进行，反应物之间必须进行原子间的重新组合，也就需要一些化学键断裂产生新的化学键。在以上四个类型反应中，构成体系的物质为自由基、离子、极性大或配位性强的化合物，反应的活化能都很小，因而能够在无催化剂的前提下进行反应。但是对于具有稳定化合物的体系，反应物的原子之间往往是通过共价键连接，所以必须提供更多的能量才会发生化学键的断裂。如果在这些体系中添加催化剂，在其诱导下，反应物的一些原子会出现自由基化，反应就会更容易进行，反应条件也会更加温和。例如在乙烯加氢反应中如果没有催化剂，反应则需要较高的能量，加入 Ni 和 Pd 后，反应就会很容易地发生：

$$H_2 + H_2C{=}CH_2 \longrightarrow H_3C{-}CH_3 \tag{2-5}$$

$$Ni{-}Ni + H_2 \longrightarrow \begin{matrix} H{-}Ni \\ | \quad\ | \\ H{-}Ni \end{matrix} \tag{2-6a}$$

$$\begin{array}{c}H-Ni\\|\quad\ |\\H-Ni\end{array} + C_2H_4 \longrightarrow C_2H_6 + Ni-Ni \qquad (2\text{-}6b)$$

众所周知，化学反应都是通过反应分子之间的有效碰撞完成的。事实上，并不是每一次碰撞都能导致化学反应的发生，只有在分子有充足的能量时，碰撞才能引起化学反应。这种能引起化学反应的碰撞称为有效碰撞，有效碰撞的分子称为活化分子。活化分子具有的最低能量和平均分子能量之差称为活化能。当然，活化能越低，化学反应就越易于完成。化学动力学研究已经证实，化学反应速率随着活化能的降低而呈指数上升。实验还表明，催化剂会通过降低活化能来加快化学反应的速率。如上所述，催化剂会使化学反应以一种新的途径进行。新的反应过程通常由一系列的基元反应组成，每个基元反应的活化能都显著低于原始反应的活化能，这大大加快了化学反应的速率[5]。

2.2.2　催化反应中的电子效应

多相催化过程与微观催化机理以及电子催化机理是一致的。电子理论认为，催化剂表面化学反应的电子过程与催化剂本身的电子过程之间存在着内在的联系。从电子理论的角度来看，催化剂的催化性能与催化剂内部和催化剂表面的电子状态密切相关，催化效果是由电子状态决定的。催化剂的催化性能取决于催化剂材料的性质，即催化剂材料的电子状态。催化剂的催化效果也与催化剂的电学、光学和磁性密切相关。揭示催化剂的电子性质和催化性能之间的内在联系是电子理论的研究内容。

电子理论研究可分为两大学派，一派着重于阐述与关联半导体催化剂的催化作用；另一派着重于研究金属和合金催化剂的催化作用。两派研究的对象不同，但都认为催化作用的微观机理是电子机理，催化剂的催化性质决定于催化剂的电子性质。

2.2.2.1　能带理论

能带理论是研究固体中电子状态和解释固体特性的主要理论基础。它的诞生是量子力学和在固体中应用量子计算最直接和最主要的成果。能带理论解决了 Sommerfeld 用自由电子论处理金属时遗留下来的诸多问题，为后来固体物理的蓬勃发展打下了基础。能带理论的基本出发点是固体中的电子不再被束缚于某个原子周围，而是能够在整个固体中自由移动。而电子在运动中也不再像自由电子一样，不受任何外力的作用，而是在运动中会受到晶格原子势场的影响。

金属键被认为是多原子间共价键的极端情形。根据分子轨道理论，金属中存在 N 个原子轨道并且能够形成 N 个分子轨道。但随着金属原子的增多，能级间距变小，原子数 N 很大时，能级实际变成了连续的能带，如图 2-4 所示。

(1) 能带的形成

当金属元素以单一原子态存在时，电子层结构中存在分立的能级，而金属元素以晶体存在时，原子轨道就会发生重叠，分立的电子能级便扩展成能带。金属在单一原子状态时，电子是属于单个原子的；但在晶体状态下，电子便属于整个晶体且能够在晶体内自由地移动。一般将金属晶体中的电子可以在整个晶体中自由移动的这一特性称为电子共有化。由于晶体中原子内外层电子轨道的重叠程度不同，通常只有最外层或次外层的电子具有显著的共有化特性，内层电子的状态与它们在单个原子中的电子状态没有明显区别，所

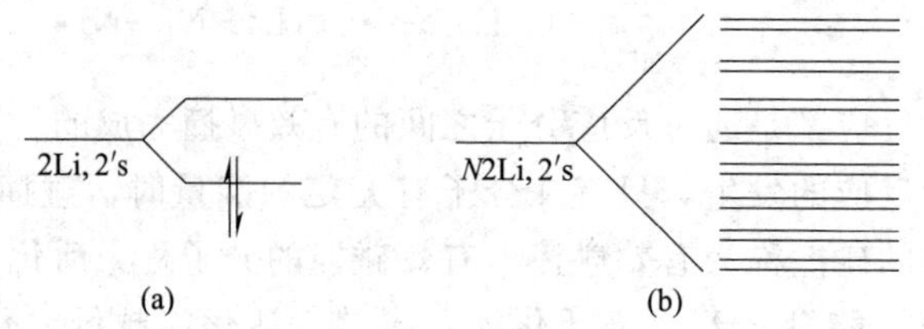

图 2-4 Li_2 分子轨道图（a）和 Li 金属晶格的分子轨道图（b）

以金属晶体中的电子既有原子运动也有共有化运动。

① 电子共有化规律：电子共有化只能发生在能量相近的能级上。例如在金属镍中，4s 能级中的电子只能与 4s 能级中的电子发生电子共有化以形成 4s 能带。同样地，3d 能级中的电子也只能与 3d 能级中的电子共有化形成 3d 能带。

② 共有化能带特点：由 N 个金属原子组成的晶体，分别形成了 s、p、d 等能级，s 能带则是由 N 个 s 能级组成；p 能带和 d 能带则分别由 $3N$ 个 p 能级和 $5N$ 个 d 能级所组成。能带中能级之间的能量差是不同的。能级密度表示能带中能量相差一个单位范围内所存在的能级数目。当能量改变 $\mathrm{d}E$，能级数目改变 $\mathrm{d}N$，则能级密度为 $\mathrm{d}N/\mathrm{d}E$，而能级分裂的宽度取决于原子间的距离。能带的宽度与 N 无关，因此，当 N 很大时，能级间距离小，能级密度就大。通过量子力学计算可知，能带的宽度是 s＞p＞d，s 轨道合成的 s 能带相互作用强，能带宽，电子密度小，而 d 轨道合成的 d 能带相互作用弱，能带较窄，电子密度大。

（2）能带中电子填充的情况

电子占用能级时遵从能量最低原则和泡利（Pauli）原理。由 Pauli 原理可知每个能级最多可容纳 2 个电子，价电子按照 Pauli 不相容原理，从低能级向高能级填入分子轨道，且每个轨道只能填入一对自旋相反的电子。在由 N 个原子组成的晶体中，s 能带具有 N 个共有化能级，所以 s 能带最多容纳 $2N$ 个电子。p 能带中具有 $3N$ 个共有化能级，所以最多可以容纳 $6N$ 个电子。而 d 能带中具有 $5N$ 个共有化能级，因此可容纳 $10N$ 个电子。不同的原子组成的物质，在不同的能带上，可以存在多种填充电子状况的能带，可以有完全被充满的能带，称为满带。在外电场作用下，满带中的电子不会产生电流。也可以有未被充满的能带，在外电场作用下，电子可以从一个能级迁移到另一个能级，称为导带。满带和导带之间有一定的能量间隔，在间隔中不存在能级，称为禁带。能带中未被充满的部分称为空穴，空穴的浓度可以用磁化率来表示。在热力学零度下（基态时），电子成对地从最低能级开始一直向上填充，只有一半的能级有电子，称为满带，能级高的一半能级没有电子，叫空带。空带和满带的分界处，即电子占用的最高能级称为费米（Fermi）能级。

（3）金属晶体的电子结构类型

金属晶体的电子结构类型基本上可以分成两种。第一种是具有简单价电子层的金属，如 Na、Ag 等。此种金属的所有价电子都来自原子的同一个电子层，即 s 轨道。例如在 Na 类的金属中，每个原子 s 轨道上只有一个价电子。因此，由 N 个 s 能级组成的 s 能带处于半满状态，还有许多空的能级也可以容纳电子，这种固体是电的优良导体。金属的导电、导热性能都可用未满能带中电子的迁移来解释，因为这些能带中，充满电子的能级紧紧靠着未充满电子的能级，所以电子能够由充满电子的能级容易地转移（即激发）到未充满电子的能级。

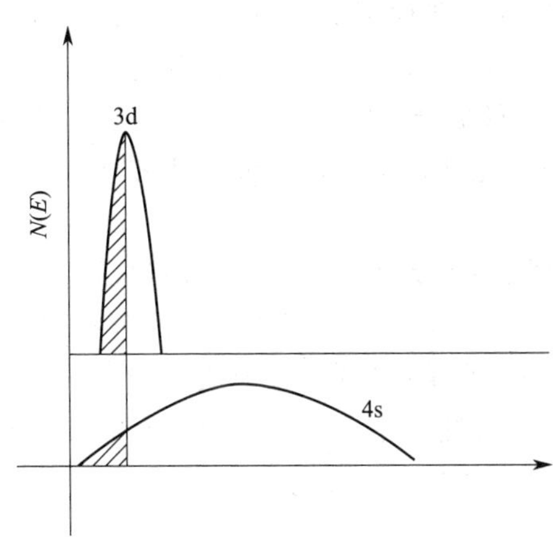

图 2-5　Ni 金属的 s 能带与 d 能带的相对位置

第二种是价电子来自原子的两个电子层。以 Ni 类的金属为例，Ni 原子的电子结构为 $3d^8 4s^2$，当形成金属时，如果能带不重叠，则 3d 能带中有 4N 个能级被 8N 个电子所充满，其余的 N 个能级存在着 2N 个 d 带空穴，而 4s 能带则会被 2N 个 4s 电子全部充满。实际上，由于 3d 能带与 4s 能带发生部分重叠，则有部分电子从 4s 能带转移到 3d 能带中。从磁化率数据可知 3d 能带中有 9.4N 个电子，而 4s 能带中只有 0.6N 个电子，即 3d 能带中具有 0.6N 个空穴，而 4s 能带中有 1.4N 个空穴。从图 2-5 中我们也可以看到，d 能带绝大部分为电子所占据。d 带空穴数在数值上等于实验测得的饱和磁矩。所以，在金属中平均每个 Ni 原子的电子结构应为 $3d^{9.4}4s^{0.6}$。

过渡金属的特点是具有未被充满的 d 壳层和 d 壳层以外的 s 电子，因此，它们形成的能带有以下特征：①d 能带和 s 能带都未被电子所充满；②3d 能带和 4s 能带发生了部分重叠，这是由 3d 能级和 4s 能级十分接近造成的；③3d 能带较窄，加上 4s 能带与之重叠造成 3d 能带中能级密度变大。表 2-6 介绍了几种过渡金属的电子构型。

表 2-6　几种过渡金属的电子构型

项目	Fe	Co	Ni	Cu
孤立原子的价电子	8	9	10	11
孤立构型	$3d^6 4s^2$	$3d^7 4s^2$	$3d^8 4s^2$	$3d^{10} 4s^1$
d 带中电子数	7.8	8.3	9.4	10
d 带空穴数	2.2	1.7	0.6	0
金属电子构型	$3d^{7.8}4s^{0.2}$	$3d^{8.3}4s^{0.7}$	$3d^{9.4}s^{0.6}$	$3d^{10}4s^1$

含有 d 带空穴是过渡元素金属的特性，当 d 能带上出现空穴时，金属就有从外部接受电子并吸附物质成键的趋势，它也和催化剂的催化活性有紧密的联系，是描述催化剂催化活性最常用的参数之一。d 带空穴数会随同一周期上原子序数的增加而减少。d 带空穴可因过渡金属与其他含有较多电子的金属，如 Cu、Zn 等构成合金而被充满。利用此法可以调节金属性能。

（4）d 带空穴与催化活性的关系

金属能带模型中给出了 d 带空穴的概念，并把其和催化活性联系在了一起。从催化反应的角度考虑，催化剂的作用就是促进反应物之间的电子传递，催化剂通常被要求既要具备接受电子的能力，也要具备提供电子的能力，而过渡金属的 d 带空穴则恰恰具备了这些特点，所以在特定的反应中会要求催化剂具有一定的 d 带空穴。而 d 带空穴愈多，可供与反应物电子配位的数量也愈多，不过主要还是从相匹配的角度来考虑。比如，Fe 的 d 带空穴是 2.2，Co 的是 1.7，Ni 的则是 0.6，在合成氨的反应中需要 3 个电子转移，所以选择 Fe 较为理想。再比如在加氢反应中，吸附中心的电子转移数为 1，所以相较于 Pt（0.55）来说 Pd（0.6）更适合。然而并不是 d 带空穴越多，催化剂的催化活性就越大，因为过多的 d 带空穴可能会导致吸附太强而不利于催化反应。例如，Ni 催化苯加氢制环已烷的反应中 Ni 的催化活性很好，若用 Ni-Cu 合金催化活性则明显下降，因为 Cu 的 d 带空穴为零，形成合金时 d 电子从 Cu 流向 Ni，使 Ni 的 d 带空穴减少，就会造成加氢活性下降。虽然 Fe 是 d 带空穴较多的金属，为 2.2，当形成合金时，d 电子就会从 Ni 流向 Fe，虽然增加了 Ni 的 d 带空穴，但是却使催化剂的催化活性降低，这说明 d 带空穴并不是越多越好。

能带理论可以解释合金催化剂的催化性能，特别是ⅠB 元素和Ⅷ元素的催化活性（两者的原子半径相差不大，结构因素可以忽略，适于解释电子因素）。随着合金成分的变化，费米能级附近的能级密度 $N(E)$ 也发生变化，过渡金属与ⅠB 族金属形成合金，从而减少了 d 带中的空穴数。以 Ni-Cu 合金为例，Ni 原子的 d 能带中平均每个原子有 0.6 个空穴，每加入一个 Cu 原子就贡献一个 s 电子，从而减少了空穴的数目。

2.2.2.2 鲍林金属价键理论

现代金属的价键理论实质上是用电子配对的方法来处理金属键。由于金属中的原子半径与共价半径很相似，所以可以将金属键认为是一种特殊的共价键。金属晶体也可被当作一个很大的分子整体，因为金属原子的原子半径较大，核对价电子束缚能力减弱，因此价电子很容易从金属原子上脱落，脱落下来的电子能够在整个金属晶格上自由地移动，而这种自由移动的电子又被叫作自由电子或离域电子，而丢失电子的金属离子可以利用金属中的自由电子将其吸引并束缚起来，这便是金属键的实质。

但是由于金属原子的价电子数并不足以使邻近的两个原子之间形成电子共价键，于是可以用电子配对的方法解释金属键。鲍林认为，单电子键与双电子键均通过共振方法存在于邻近原子之中，参见图 2-6。

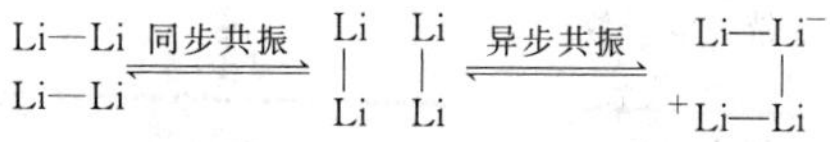

Li—Li 同步共振 Li Li 异步共振 $Li—Li^-$
Li—Li ⇌ | | ⇌ |
Li Li $^+Li—Li$

图 2-6 Li 原子形成电子共价键示意图

金属键中 d 轨道的含量对催化反应的影响：价键理论通过把原子轨道作为近似函数基函数描述分子中电子的运动规律，认为过渡金属原子以杂化轨道相结合，杂化轨道通常为 s、p、d 等原子轨道的线性组合，称之为 spd 或 dsp 杂化。杂化轨道中 d 原子轨道所占的比例（%）称为 d 特性分数。它是价键理论用以关联金属催化活性和其他物性的一个特性参数。以 Ni 原子形成金属为例来解释金属价键理论。Ni 原子中含有 10 个价电子（$3d^8 4s^2$），Ni 金属呈现的是 6 价，那么就说明每个 Ni 原子的 10 个价电子中有 6 个电子用来成键，剩下 4 个原子电子。根据实验结果猜测，Ni 金属可能具有 d^2sp^3 和 d^3sp^2 两种杂化方式。如图 2-7 所示，第一种杂化方式中，4 个原子电子率先占据 3 条 d 轨道，余下的成键电子占据 2 条 d 轨道，1 条 s 轨道和 3 条 p 轨道。因此杂化轨道 d^2sp^3 中的 d 轨道成分为 2/6＝0.33。同样地，杂化轨道 d^3sp^2 中的 d 轨道成分为 0.43，那么在金属 Ni 中，每个 Ni 原子的 d 轨道对成键的贡献为 30%×0.33＋70%×0.43＝40%，这个数值叫作金属 d 特性分数[6]。

金属的 d 特性分数越大，相应的 d 能带中的电子填充得越多，d 空穴越少。并且从 1－40%＝60%＝0.6 所得数值和上面介绍的 d 能带空穴数相一致。显然，d 特性分数可用作原子 d 轨道充满程度的量度，金属键上的 d 特性分数越大，那么原子 d 轨道充满的程度就越大。表 2-7 是一些过渡金属的 d 特性分数。

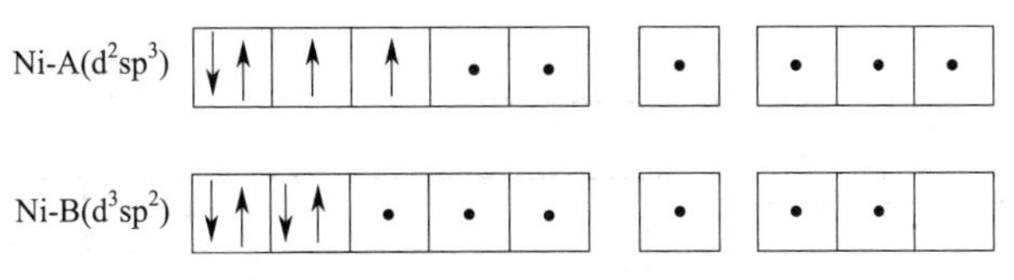

图 2-7　Ni 的外层电子排布方式

表 2-7　过渡金属的 d 特性分数　　单位：%

元素		d 特性分数	元素		d 特性分数	元素		d 特性分数	元素		d 特性分数
ⅢB	Sc	20	ⅤB	Nb	39	ⅦB	Re	46	$Ⅷ_3$B	Ni	40
	Y	19		Ta	39	$Ⅷ_1$B	Fe	39.7		Pd	46
	La	19	ⅥB	Cr	39		Ru	50		Pt	44
ⅣB	Ti	27		Mo	43		Os	49	ⅠB	Cn	36
	Zr	31		W	43	$Ⅷ_2$B	Co	39.5		Ag	36
	Hf	29	ⅦB	Mn	40.1		Rh	50		Au	—
ⅤB	V	35		Tc	46		Ir	49			

d 特性分数与催化剂的活性具有一定的关系，可以通过比较金属薄膜和 SiO_2 为载体的催化剂催化乙烯加氢反应来说明，将测定的反应速率常数 k 作为活性标准，在图 2-8 中可以发现两种催化体系的活性和 d 特性分数的值基本上接近一条光滑的曲线，这说明催化剂的活性与 d 特性分数有关联。在工业生产中广泛应用的加氢催化剂 d 特性分数一般在 40%～50%之间为宜。

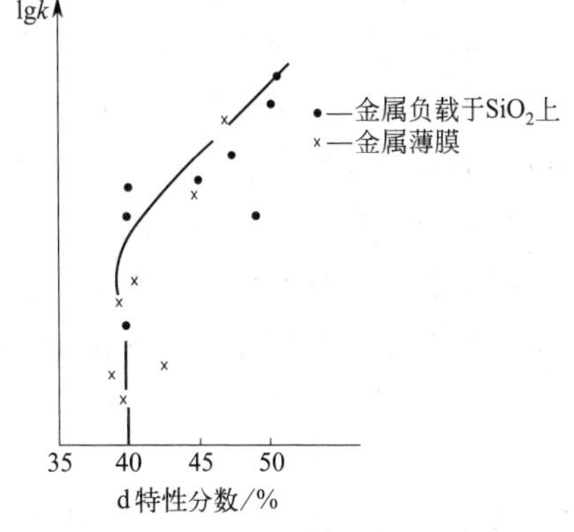

图 2-8　乙烯加氢催化剂活性 d 特性分数的关系图

2.2.2.3　半导体中的电子结构理论

（1）半导体的电子结构

与金属和金属合金的催化剂相比，理想的晶体如 ZnO 晶体，它的所有离子的电子层都是被电子完全充满或者是空的，例如在图 2-9 中可以发现，Zn^{2+}（$3d^{10}4s^0$）的电子能级完全是空的，而 O^{2-}（$2s^22p^6$）的电子能级则被两个电子填满。也就是说，3d 能带和 2p 能带已被完全填满，并且它们的空能带与满能带之间不能交叠，所以晶体中不能具有自由移动的电子，因此这类晶体的导电性能不如金属的导电性能良好。所有离子晶体都具有上述特性。

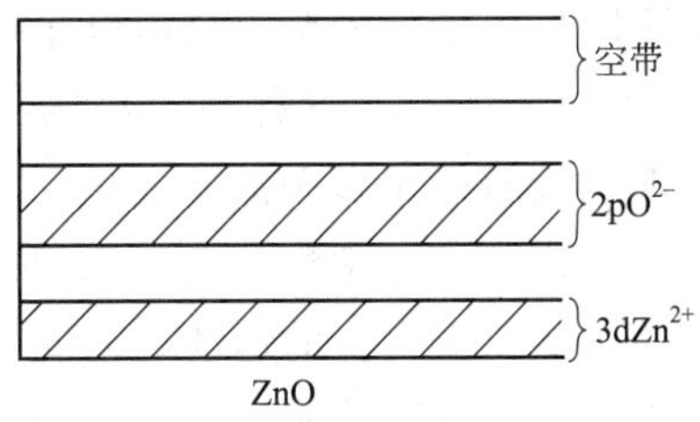

图 2-9　纯氧化物理想晶体的能带图

半导体不同于一般的离子晶体，因为它们在不太高的温度下就具有显著的导电性。图 2-10 是导体、半导体和绝缘体中的电子在能带中的填充和各种能带的势能示意图。从图中可以看出，导体的空带和满带的能级重叠，使满带容易过渡到空带，这是电子传导的前提。半导体中的禁带宽度是 1.5eV 到几电子伏，而绝缘体可以达到 10eV 以上。

半导体的导电性是由晶体中存在缺陷引起的。晶格周期性结构的任何局部破坏都会导致能带图中出现附加的电子能级。一般来说，附加能

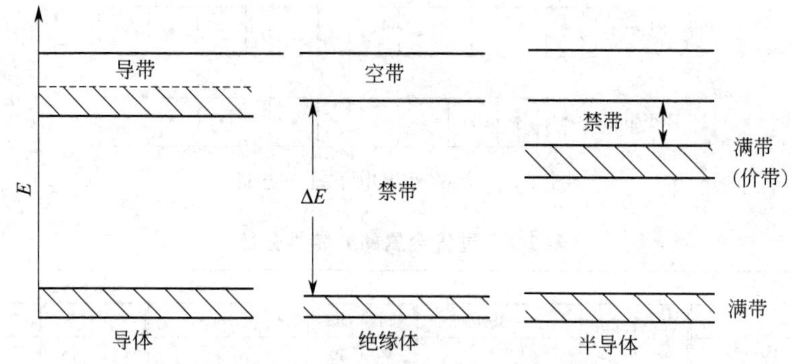

图 2-10　导体、半导体和绝缘体的能带

级位于空能带之下，满能带（最高能级）之上。当温度较低时，在局部附加能级上有电子。当温度升高时，这些能级上的电子由于热运动而被激发到空带能级上，从而在外加电场的作用下产生导电性。导电能力会随着激发电子数的增加而增强，也就是随着缺陷浓度和温度的升高而增大。相反，在低温下，附加能级上没有电子，热运动使满带上的电子转移到附加能级上，导致满带上出现空穴。和电子一样，空穴也可以在电场的作用下迁移，就像是带正电的粒子一样。空穴电导率随着空穴浓度的增加而增大，也就是随着缺陷浓度和温度的升高而增大。

（2）非计量化合物的成因与类型

过渡金属氧化物的化学组成是其成为半导体的一个重要影响因素，很多半导体的化学元素组成并非完全按照化学计量比，而是其中的某一个按照化学计量衡量，有的多一些有的少一些。例如在 ZnO 中，Zn 和 O 原子并不是按照 1∶1 组成的，Zn 比 O 要多一些。

非计量化合物形成的主要原因有三种，分别是离子缺陷、离子过剩以及杂质的引入。当过渡金属氧化物与气相中的氧接触时，无论是气相中的氧还是晶体中的氧都可以在气相与固相中进行交换，直到建立平衡。在这个过程中，可能出现两种情况，第一种是吸附在晶体表面的氧渗入晶体内部而变成晶格氧，而第二种情况就是晶体中的氧进入气相中。前者会使得晶体中的阳离子缺位，造成金属元素比例下降，形成非计量化合物。后者则导致固体中氧元素比例下降，从而也形成非计量化合物。因此过渡金属氧化物具有热不稳定性，在受热时很容易得失氧而使其元素组成偏离化学计量比，形成非计量化合物。

非计量化合物根据形成方式的不同可以分为五种类型，分别是阳离子过量型、阳离子缺位型、阴离子缺位型、阴离子过量型、含杂质的非计量化合物。

① 阳离子过量型（n-型半导体）：阳离子过量的非计量化合物主要依靠准自由电子导电。半导体的导电性是由导带中的电子引起，这类半导体称为电子型半导体或者称为 n-型半导体。当一定量的氧由气相转移到晶体中成为晶格氧时，会有微量多余的金属离子存在于晶格间隙中，这些金属离子为了保持晶体的电中性会吸引周围即电中性的金属原子的电子，在低温下，被吸引电子 e 就能脱离金属离子，在晶体中做比较自由的运动，因此被称为准自由电子，如图 2-11（a）所示。温度升高时，准自由电子数量增加，使得半导体具有导电性，构成 n-型半导体。在这个过程中，显电中性的金属原子可以提供准自由电子，因此被称为施主。

② 阳离子缺位型（p-型半导体）：阳离子缺位的非化学计量化合物依赖于准自由空穴

传导。半导体的导电性是由满带中的空穴引起的，称为空穴型半导体或 p-型半导体。以 NiO 为例，当一定数量的氧渗透到晶格中时会导致晶格中缺乏 Ni^{2+}。一个 Ni^{2+} 空位相当于缺少两个单位的正电荷。为了保持电中性，在空位附近会有两个 Ni^{2+} 价态增加到 Ni^{3+}，可以认为 Ni^{2+} 包围了一个正电荷空穴的“＋”单位，也就是 $Ni^{3+}=Ni^{2++}$，见图 2-11（b）。在低温下，被束缚的空穴可以与 Ni^{2+} 分离，形成相对自由的空穴，称为准自由空穴，而 Ni^{3+} 包围了一个正电荷空穴的“＋”之后可以提供准自由空穴，称为受主。当温度升高时，准自由空穴数量增加，使 NiO 导电并成为 p-型半导体。

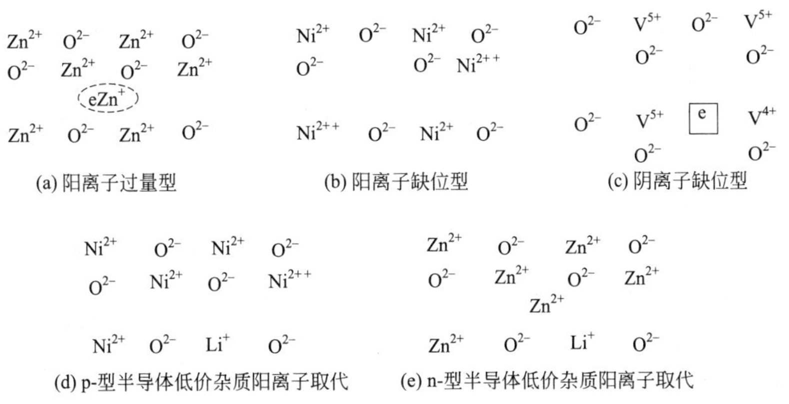

(a) 阳离子过量型　(b) 阳离子缺位型　(c) 阴离子缺位型

(d) p-型半导体低价杂质阳离子取代　(e) n-型半导体低价杂质阳离子取代

图 2-11　非计量化合物的成因

③ 阴离子缺位型：当金属氧化物晶体中有一定数量的 O^{2-} 从晶体转移到气相时，就会形成 O^{2-} 空位。以 V_2O_5 为例，当 O^{2-} 缺失时，晶体为了保持电中性，O^{2-} 缺位就会束缚电子形成电子中心，附近的 V^{5+} 就会变为 V^{4+} 以此保持电中性，如图 2-11（c）所示。随着温度的升高，电子中心束缚的电子可以成为准自由电子，从而具有电导率，因此 V_2O_5 为 n-型半导体；电子中心能提供准自由电子，被称为施主。

④ 阴离子过量型：金属氧化物中含有过量的阴离子是相对罕见的，因为阴离子的半径相对较大，金属氧化物晶体的孔隙处不易容纳一个较大的阴离子，间隙阴离子出现的概率很小，半导体 UO_2 就属于这一类。

⑤ 含杂质的非计量化合物：当异价杂质阳离子取代金属氧化物晶格节点上的阳离子时可以形成杂质非化学计量比的化合物或杂质半导体。掺杂的杂质阳离子的价态高于或低于金属氧化物中金属离子的价态，对电导率有不同的影响。我们依然以半导体 NiO 为例来描述掺杂的杂质阳离子的价态高低对 p-型半导体导电性的影响。当掺入的杂质阳离子价态低于金属氧化物中的金属离子价态时，例如 Li_2O，低价的 Li^+ 取代晶格上的 Ni^{2+}，从而使 Ni^{2+} 氧化，成为 Ni^{3+}。为了使晶体保持电中性，相当于增加了 Ni^{2+} 束缚一个正电荷空穴“＋”的数量，准自由空穴数就会增加，p-型半导体 NiO 导电性就会增强，如图 2-11（d）所示。此时 Li^+ 作为受主提供了准自由空穴。

$$2Ni^{2+}+2O^{2-}+1/2O_2+Li_2O \longrightarrow 2Ni^{3+}+2Li^{+}+4O^{2-} \tag{2-7}$$

当掺入的杂质阳离子价态高于金属氧化物中的金属离子价态时，例如 La^{3+}，那么效果相反，La^{3+} 取代晶格上的部分 Ni^{2+}，使得邻近的 Ni^{2++} 变成 Ni^{2+}，减少了晶体中的准自由空穴数，p-型半导体 NiO 导电性就会减弱，如下式所示。

$$O^{2-}+2Ni^{3+}+La_2^{3+}O_3^{2-} \longrightarrow 2Ni^{2+}+2La^{3+}+3O^{2-}+1/2O_2 \tag{2-8}$$

与p-型半导体相反，n-型半导体在加入低价杂质时，准自由电子的数量减少，半导体的导电性下降，如图2-11（e）所示。在引入高价杂质时，准自由电子的数量增多，半导体的导电性提高。

总而言之，金属氧化物晶格结点上的阳离子被异价杂质离子取代形成杂质半导体时，如果掺入的杂质阳离子价态高于金属氧化物中的金属离子价态时，则促进电子导电；若掺入的杂质阳离子价态低于金属氧化物中的金属离子价态，则促进空穴导电。

金属氧化物也有计量化合物，这种计量化合物没有施主和受主，晶体中的准自由电子或准自由空穴不是由施主或受主提供，这种半导体称为本征半导体。这类晶体的禁带宽度很小，在低温下，电子就可以由价带被激发到导带。锗就属于这一类型。这类晶体在催化反应中比较少见。本征半导体就是无杂质半导体。当有一个电子从价带进入导带，就有一个空穴在满带中形成。因此，这种半导体既有电子导电性也有空穴导电性，这便是半导体的本征导电性[7]。

（3）费米能级和逸出功

在半导体中，用费米（Fermi）能级来衡量固体电子输出的难易程度，E_f 表示半导体中电子的平均位能，E_f 越大，电子输出越容易。一般而言，本征半导体的 E_f 在禁带中间，n-型半导体的 E_f 在施主能级与导带之间，p-型半导体的 E_f 在满带与受主能级之间。E_f 与电子逸出功 ϕ 相关。ϕ 是把1个电子从半导体内部拉到外部，成为完全自由电子时所需的能量，用来克服电子的平均位能。E_f 的大小与半导体的导电性有关。掺入施主杂质，增加了导带中电子的数量，E_f 提高，ϕ 下降，n-型半导体电导率增加。反之，如掺入受主杂质，则 E_f 降低，ϕ 增大，p-型半导体电导率增加。

E_f 的变化会影响催化剂的性能。对于给定的晶格结构，费米能级 E_f 的变化对其催化活性具有重要意义。因此，在多相金属和半导体氧化物催化剂的开发中，往往需要加入少量的助催化剂来调节主催化剂 E_f 的位置以达到提高催化剂活性和选择性的目的。E_f 的增加使电子逸出变得容易，E_f 的减少使电子逸出变得更加困难，这些变化将影响半导体催化剂的催化性能。例如，在氧化反应中，如果 O_2 被吸附在催化剂表面成为阴离子，即从催化剂获得电子是反应的控制步骤，那么n-型半导体有利于提高催化剂的活性。向n-型半导体杂质中添加少量高价阳离子可以增加 E_f，增加准自由电子的数量，并且容易将 O_2 转化为阴离子，从而降低了反应的活化能，提高了反应速率。

（4）半导体 E_f 和 ϕ 对催化反应选择性的影响

半导体的杂质掺杂不仅改变了半导体的电导率，而且改变了 E_f。对于某些反应，E_f 的变化会影响反应的选择性，这种现象称为调变作用。以丙烯氧化制丙醛反应［式(2-9)］为例，采用p-型半导体 Cu_2O 和n-型半导体 Bi_2O_3-MoO_3 为催化剂。在以 Cu_2O 为催化剂时，调整丙烯与氧气的比例或从气相中引入 Cl^- 会改变催化剂的电化学效率，从而改变其选择性。当调节 Cu_2O 与 Bi_2O_3-MoO_3 的 E_f 约为0.5eV时，活性和选择性也是最好的。这表明，E_f 的高低对反应选择性的影响有一个最佳值。

$$H_2C{=}\underset{H}{C}{-}CH_3+O_2 \longrightarrow H_2C{=}\underset{H}{C}{-}CHO+H_2O \longrightarrow CO_2 \tag{2-9}$$

半导体的逸出功 ϕ 对其催化反应选择性也有重要影响。以乙烯选择性氧化制丙烯醛为例，用CuO作催化剂。为了研究 ϕ 对催化剂选择性的影响，采用不同的杂质离子掺杂。结果表明，添加 SO_4^{2-} 和 Cl^- 后，CuO催化剂的逸出功增加，丙烯醛的选择性提高，而

添加 Li^+、Cr^{3+} 和 Fe^{2+} 后，施主效应使 CuO 催化剂的逸出功降低，丙烯醛的选择性降低。动力学研究表明，ϕ 的增加有利于降低反应的活化能和指前因子，提高生成 CO_2 反应的活化能和指前因子，从而影响反应的选择性。

2.2.3　晶体场理论和配位场理论简介

2.2.3.1　晶体场理论

配位化合物的价键理论已经成功地解释了配位单元的几何构型、磁性配位化合物的稳定性和配位化合物的反馈键。然而，价键理论也有许多缺点，例如不能定量地讨论能量问题，也不能解释诸如配位化合物颜色等光谱现象，并且在解释一些平面四边形配位单元，例如 $[Cu(H_2O)_4]^{2+}$ 等的存在时更加无能为力。配合物的晶体场理论可以弥补这些不足，从而显示出该理论的重要意义[8]。

离子或强极性配位体与带正电荷的中心离子之间的静电吸引是配合物稳定的原因，所涉及的力与离子晶体中的结合力相似，因此将这一理论称为晶体场理论。该理论认为配体与中心离子之间的相互作用是配体“力场”与中心离子之间的相互作用。它的决定性步骤是，当孤立带正电的过渡金属离子的 5 个 d 轨道是简并的时，在具有一定对称性的晶体场中发生能级分裂。

(1) 过渡金属离子的 d 轨道能级分裂

率先提出需要对静电理论加以晶体场影响校正的是 Bethe。然而最早把它应用于分子的是 VanVleck。晶体场理论模型的中心内容是晶体场分裂。该模型的基本要点是：①把中心离子（M）和配体（L）的相互作用看作类似离子晶体中正负离子的静电作用，即不考虑交换电子而形成的共价键。②在自由的过渡金属离子中，d 轨道是五重简并的，但 5 个轨道的空间取向不同。所以在具有不同对称性的配位体静电场的作用下，将受到不同的影响，使原来简并的 5 个轨道产生能级分裂。

d 轨道有 5 种，分别为 d_{xy}、d_{xz}、d_{yz}、$d_{x^2-y^2}$、d_{z^2}，前 3 种 d 轨道分别在两个坐标之间，即 x 和 y，x 和 z，以及 y 和 z 坐标之间，后两种 d 轨道则分别处在 x 和 y 以及 z 坐标轴上。

晶体场理论认为静电作用对中心离子电子层的影响主要体现在配位体所形成的负电场对中心 d 电子起到的作用上，原来简并的 5 个 d 轨道变成的能级并不相同，即所谓消除 d 轨道的简并。这种现象叫 d 轨道的能级在配位场中发生了分裂。朝向力场（即配位体）方向分布的轨道能级将比远离力场方向的轨道能级高，这主要是由于接近配位体的 d 电子和配位体的负电荷或偶极的排斥作用较大。

例如在正八面体配合物中，过渡金属离子 M 位于正八面体中心，若 6 个相同的配位体 L 分别沿 $\pm x$、$\pm y$、$\pm z$ 坐标轴方向接近中心离子，那么它们与 5 个 d 轨道的关系如图 2-12 所示。

显然，对于不同的配位场，d 轨道分裂的情况是不同的。由图 2-12 可见，$d_{x^2-y^2}$ 与 d_{z^2} 轨道中电子云极大值正好与配位体 L 迎头相撞，因此受到配位体力场较大的静电排斥，使轨道能量升高较多。夹在坐标轴之间的 3 种 d 轨道（d_{xy}、d_{xz}、d_{yz}）的电子云极大值正好插在 6 个配位体之间，受到的斥力较小。由于八面体配合物的作用，中心 d 轨道

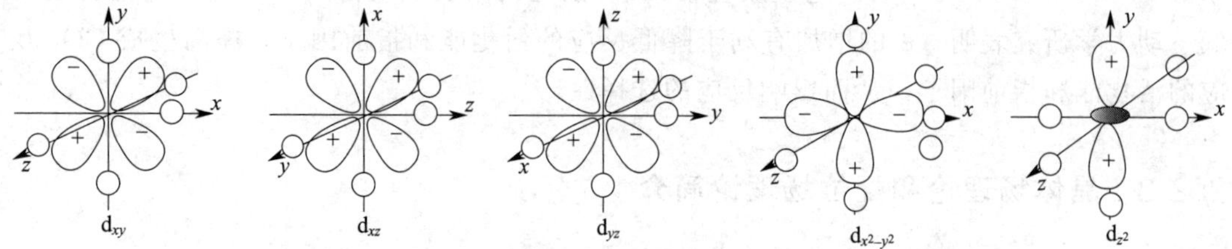

图 2-12 八面体配合物中的 d 轨道（○代表配体）

分裂成两组，一组为 $d_{x^2-y^2}$、d_{z^2}，它们的能量较高，记为 e_g 轨道；另一组是 d_{xy}、d_{xz}、d_{yz}，它们的能量较低，记为 t_{2g} 轨道。下标“g”表示有对称中心的意思，因此在正八面体场中 d 轨道的能级发生了分裂，其分裂情况如图 2-13 所示。

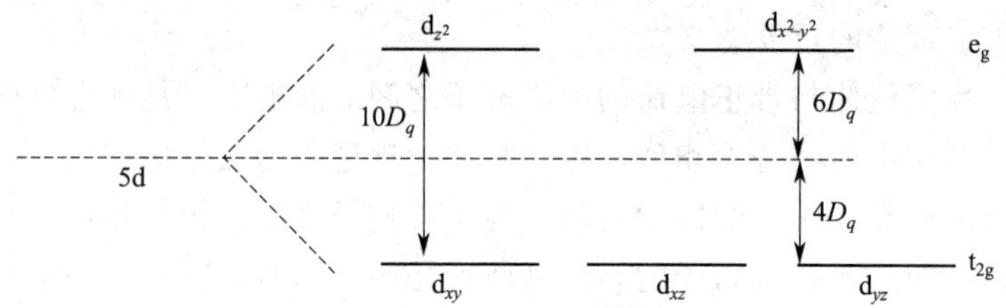

图 2-13 在八面体场中 d 轨道能级分裂

量子力学认为，在外场作用下 d 轨道的平均能量是不变的（或叫重心不变原则），故分裂前后 5 个轨道的总能量应相等。取分裂前 d 轨道的能量为能量计算的零点，记为 E_s。将 e_g 和 t_{2g} 轨道能级之差记作 Δ（或 $10D_q$），称为分裂能，则得：

$$E_{e_g}-E_{t_{2g}}=10D_q \tag{2-10}$$

$$2E_{e_g}+3E_{t_{2g}}=0 \tag{2-11}$$

解之，则有 $E_{e_g}=6D_q$，$E_{t_{2g}}=-4D_q$。

可见在八面体场中，d 轨道分裂的结果是：与 E_s 相比，e_g 轨道的能量提高了 $6D_q$，而 t_{2g} 轨道能量下降了 $4D_q$。

D_q 是晶体场强的量度，场强越大，D_q 值越大。对于正四面体配合物，如果设中心离子在正四面体的中心（如图 2-14 所示的坐标原点），则四个配体位于四面体的顶点。从图 2-14 可以看出，$d_{x^2-y^2}$ 和 d_{z^2} 轨道的极大值指向立方体的面心，它们远离配体，这两个轨道中的电子受到配位体负电荷的斥力较弱，因此能量较低。这组低能轨道用符号 e 表示。d_{xy}、d_{xz}、d_{yz} 轨道的最大值都指向立方体每条边的中点，如图 2-15 所示四面体配位化合物中 d_{yz} 轨道。这三个轨道离配体更近，轨道上的电子受到配位体的排斥作用较强，所以能量更高。这组高能轨道用符号 t_2 表示。在四面体场中，原来五重简并的 d 轨道产生了和八面体方向相反的分裂。t_2 轨道是三重简并，e 轨道为二重简并（因四面体构型没有对称中心，故没有下标 g）。

在四面体场中，无论 t_2 或 e 轨道都没有处于和配体迎头相碰的位置，所以其他条件相同时，由于前者能量较高，后者能量较低，两者能量差常用 Δ_t 表示，其值为八面体场能量差值 Δ 的 4/9。

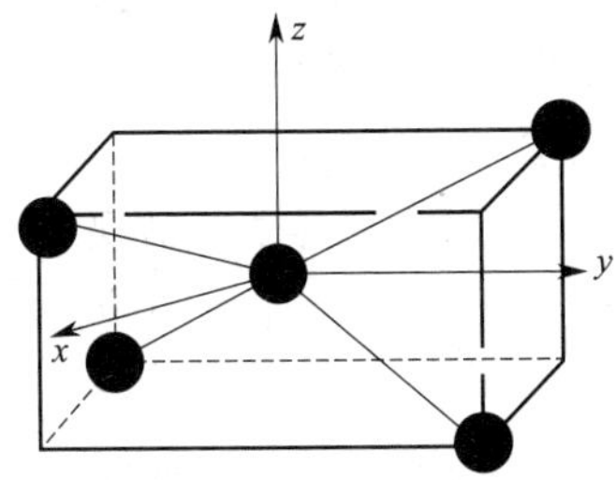

图 2-14　四面体配合物中四个配位体的排布

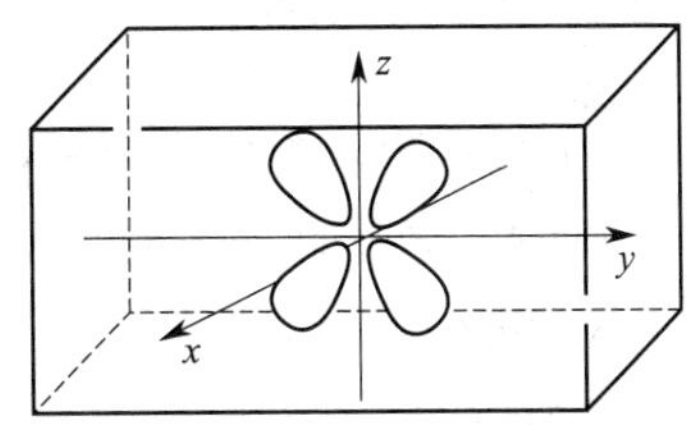

图 2-15　四面体配位化合物中 d_{yz} 轨道的位置

$$\Delta_t = \frac{4}{9}\Delta \tag{2-12}$$

可以看出，在四面体场中，d 轨道分裂结果是：相对 E_s 而言，t_2 轨道能量上升了 $1.78D_q$，而 e 轨道能量下降了 $2.67D_q$。

平面四方形配合物可以看作从八面体配合物中，抽去 z 轴上两个配体衍生出来的。坐标原点位于正方形中心，坐标轴沿正方形对角线伸展。从图 2-16 可以看出，由于 $d_{x^2-y^2}$ 轨道的最大值方向与配体迎头相撞，能级上升到最高，而 d_{xy} 轨道的极大值指向配位体之间，由于与配体同处于 x 与 y 平面，所以受到的排斥力也更大，能级也升高。而 d_{z^2}、d_{xz}、d_{yz} 轨道远离配体，其中的电子受到较少的排斥，其中 d_{xz}、d_{yz} 轨道中的电子受到最小且同样的斥力，因此能级是简并的、最低的。这样平面正方形场中 d 轨道的能级分裂就如图 2-17 所示。

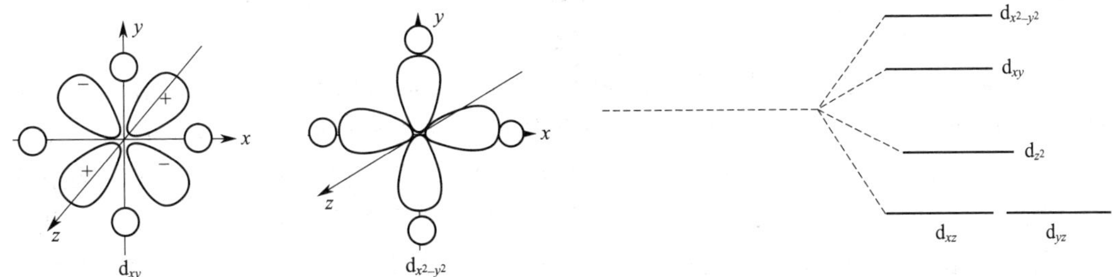

图 2-16　平面四方形配合物中 d_{xy} 与 $d_{x^2-y^2}$ 轨道与配体（○）的相对位置

图 2-17　平面正方形场中 d 轨道能级分裂

（2）分裂后 d 轨道中电子的排布

d 轨道分裂前，在自由金属离子中，5 个 d 轨道是简并的，电子的排布按洪特规则，分别占据着不同轨道，且自旋平行，具有唯一的排布方式。然而在 d 轨道分裂后，在配合物中，金属离子的 d 电子排布将有两种情况：高自旋态排布和低自旋态排布。这与分裂能和成对能的大小有关。

在配位场作用下，配位化合物中心离子的轨道将发生能级分裂，能级分裂能 Δ 代表电子从低能态轨道跃迁到高能态轨道所需的能量。当 d 电子在分裂轨道能级跃迁时，它吸收或辐射电磁波，其波长在可见光或近紫外区。这可以解释为什么过渡金属配合物离子经常是有色的。

分裂能 Δ 会由于配合物不同而具有差异，影响 Δ 值的因素有以下几个。

① 配位体的影响：对于任意一种过渡金属离子而言，Δ 值随配位体场的强弱而变化，场越强，Δ 值越大。对八面体配合物，从光谱实验所得的在不同配位体场中的 Δ 值可排列成如下顺序：I^-<Br^-<S^{2-}<SCN^-（硫氰酸根，配位原子为 S）≈Cl^-<F^-<OH^-<ONO^-（亚硝酸根，配位原子为 O）<草酸根<H_2O<NCS^-（异硫氰酸根，配位原子为 N）<EDTA（乙二胺四乙酸）<NH_3<en（乙二胺）<NO_2^-（亚硝酸根，配位原子为 N）<CN^-≈CO。

不管所考虑的是什么正离子，序列几乎是相同的。这个序列的前半部分称为弱场配体，后半部分称为强场配体。由于 Δ 通常是由光谱数据确定的，所以这个序列也称为光谱化学序列。例如，$CuSO_4 \cdot 5H_2O$ 和 Cu^{2+} 的水溶液是淡蓝色的，当加入氨时，配体从水变成氨，生成了 $Cu(NH_3)_4SO_4 \cdot H_2O$ 或 $[Cu(NH_3)_4]^{2+}$，使 Δ 值增大，光的吸收峰波长变短，使得溶液呈深蓝色。在光谱化学序列中，H_2O、NH_3 通常作为弱场配体（如 I^-、Br^-、Cl^-、F^-等）和强场配体（如 NO_2^-、CN^-等）的分界。NH_3 可以称为中间场配体。对于含有这些中间场配体的金属配合物，根据其价态确定是强场或弱场。金属的高价态是强场，低价态是弱场。例如，铁有三价和二价，三价铁离子与中间场配体配位时是一个强场，而二价铁离子与中间场配体配位时是一个弱场。

② 中心离子价态的影响：当配位体固定时，Δ 值随中心离子价态的变化而变化。中心离子价态越高，Δ 值越大；价态越低，Δ 值越小。对于第一过渡系元素的＋2 价离子，Δ 值在 $7500 \sim 14000cm^{-1}$（$8068cm^{-1} \approx 1eV$）之间，＋3 价离子的 Δ 值在 $14000 \sim 25000cm^{-1}$ 之间。因此，这种三价阳离子的水溶液通常比二价阳离子水溶液的颜色更深。例如，三价铁水溶液的颜色比二价铁水溶液的颜色深，因为 $[Fe(H_2O)_6]^{3+}$ 的 Δ 值为 $13700cm^{-1}$，大于 $[Fe(H_2O)_6]^{2+}$ 的 Δ 值（$\Delta = 10400cm^{-1}$）。

③ 周期数的影响：对于同一配体和同价数的同族中心金属元素而言，分裂能 Δ 值随所在周期数的增大而增大，即中心离子 d 电子轨道的主量子数 n 越大，Δ 值越高。5d 的 Δ 值大于 4d 的 Δ 值，4d 的 Δ 值大于 3d 的 Δ 值。第二长周期过渡系元素的 Δ 值一般比第一长周期过渡系的 Δ 值高出 40%～50%，第三长周期过渡系元素的 Δ 值又比第二长周期过渡系的 Δ 值高 20%～25%。因此，第二和第三长周期过渡系元素容易生成低自旋配合物，这与它们的 Δ 值有较大关系。

由于晶体场的作用，金属离子五重简并 d 轨道发生了分裂，d 电子在这些轨道上的排布便有了次序和偏向。根据洪特原理，原来以相同概率占据各 d 轨道的电子，现在将根据分裂后轨道能级的高低，按泡利原理且考虑静电排斥作用，尽可能占据能量低的轨道并自旋平行，因为这样体系能量最低。以八面体配合物为例，对于 d^1 离子，一个电子将自然进入 t_{2g}^1 轨道，该离子具有 t_{2g}^1 组态。同理，对于 d^2 和 d^3 离子来说将分别具有 t_{2g}^2 和 t_{2g}^3 组态，其中每个电子分别占据不同的 t_{2g} 轨道且自旋平行。

对于 d^4 离子来说，由于具有相互矛盾的因素，故存在两种排布的可能性。一种是四个电子均进入 t_{2g} 轨道，那么占据两个轨道且自旋平行地将电子挤到同一轨道上去，其自旋必须相反，由于静电排斥作用增强，体系能量就会增高。这种增高的能量称为电子成对能，用符号 P 表示。这是电子自旋运动引起的一种量子力学效应。中心离子的电子成对能 P 可根据自由离子状态时的光谱数据估算。另一种可能组态是 t_{2g}^3 和 e_g^1，这时虽不消耗电子成对能，但使一个电子进入高能的轨道，需要消耗 Δ。因此，配合物分子究竟采取何种电子组态，由 P 和 Δ 的相对大小决定，以八面体配合物为例，配合物中电子的具体排布取决于这两个因素谁占优势。当配位场较弱，即 Δ 值较小时，$P>\Delta$，电子成对能的影响占优势，电子将尽可能分占较多轨道，未成对电子数较多，此时生成的高自旋配合物稳定。当配位场较强，即 Δ 值较大时，$P<\Delta$，分裂能超过电子成对能的影响，电子将尽可能只占据能量较低的 d 轨道，未成对电子数目减少，此时生成的低自旋配合物稳定（d^1、d^2、d^3、d^8、d^9 和 d^{10} 无高低自旋之分，仅 d^4、d^5、d^6 和 d^7 有）。

在相同的条件下，d 轨道在四面体场作用下的分裂能只是八面体作用下的 4/9，这样分裂能是小于成对能的。因而四面体配合物中的 d 电子大多是高自旋电子构型，没有低自旋构型。因此四面体配合物中的各种 d^n 离子具有下列高自旋组态：

d^1：e^1；d^2：e^2；d^3：$e^2t_2^1$；d^4：$e^2t_2^2$；d^5：$e^2t_2^3$；d^6：$e^3t_2^3$；d^7：$e^4t_2^3$；d^8：$e^4t_2^4$；d^9：$e^4t_2^5$

d^8 离子的正方形配合物大多是低自旋配合物，也可通过 d 轨道分裂中 $d_{x^2-y^2}$ 轨道的能量特别高解释。

中心金属离子 d 电子的排布对配合物反应性能的影响可以从下面的例子说明。在 d^{10} 或高自旋的 d^5 配合物中，电子分布在五个 d 轨道上，因此围绕中心离子的电子密度是球形对称的（或总体上是对称的），这时配位体与中心离子形成配位键没有多少空间选择性，形成配合物时将取空间结构和静电性质上最稳定的配位几何构型。此时任何配位数都是可能的，它由空间结构和电子结构两种因素的微妙平衡决定。例如 Cu^+（d^{10} 电子）可形成 2、3、4、5 配位数的配合物，它们都是不稳定的。这种特征使得这类金属离子在催化作用中是活泼的，是适合于某些反应的催化剂选择对象。

低自旋（强场）的 d^6 金属离子有形成八面体结构（Oh）的强烈倾向。假如对配位体无特殊的空间结构和电子结构因素限制以排斥这种 Oh 结构取向的可能性，那么对任何的金属配合物而言，优先考虑它具有 Oh 结构总是合适的。这主要是由于在八面体强配位中，d 电子排布（t_{2g}^6）使它到达一种稳定的电子构型，任何打乱这种构型的变化在能量上是很不利的。任何一个配位体要解离或中心离子要与进攻的配位体成键都需要很高的能量，这使得 d^6 的八面体低自旋配合物在动力学上一般是惰性的，因此，这类金属配合物不是良好的催化剂。除非通过配位体 h 或烷基活化，或通过光化学方法活化，以及通过适当试剂的加成以改变八面体构型，才能使它变得较活泼。

低自旋的 d^8 金属离子配合物（第二、第三长周期过渡元素）倾向于形成四配位的平面正方形结构。这些 d^8 配合物常常是重要的均相催化剂，例如 Wilkinson 催化剂 [RhCl$(Ph_3)_3$]，因为它们有空的配位位置可供其他反应物分子加成变为五配位，有时它们还可能解离为更活泼的三配位的活性物种[9]。

（3）晶体场稳定化能

在配位体场的作用下，中心金属离子的 d 轨道发生分裂后，d 电子要纳入这些轨道，将优先占据低能级轨道。这样电子排布体系的能量就要比自由金属离子时 d 电子排布体系的能量低。因此，若以未分裂的 d 轨道总能量为零，将 d 电子从未分裂的 d 轨道进入分裂的 d 轨道所产生的总能量下降值称为晶体场稳定化能，并用 CFSE 表示。CFSE 越大，配合物也就越稳定。所以配位化合物的稳定性可用 CFSE 值来衡量。

d 电子在晶体场分裂后的 d 轨道中排布，其能量用 $E_{晶}$ 表示，在球形场中的能量用

$E_{球}$表示。因晶体场的存在，体系总能量的降低值称为晶体场稳定化能。由$E_{球}=0$，则：

$$CFSE=E_{球}-E_{晶}=0-E_{晶} \tag{2-13}$$

晶体场稳定化能决定着晶体场分裂能Δ值的高低以及电子分布状况。以正八面体配合物为例，中心离子在正八面体场影响下，d轨道分裂为三个能级较低的t_{2g}轨道和两个能级较高的e_g轨道。每个t_{2g}轨道的能量比未分裂时的d轨道能量降低$4D_q$，每个e_g轨道的能量比未分裂的d轨道升高$6D_q$。因此如果八面体型的中心离子为d^1构型，则CFSE为$-4D_q$；若为d^2构型，则CFSE为$-8D_q$；若为d^3构型，则CFSE$=-12D_q$。在d^4构型中，分为两种情况，第一种是在强场中四个d电子都在t_{2g}轨道，这时CFSE为$-16D_q$；第二种是弱场中有三个d电子在t_{2g}轨道，另一个在e_g轨道，这时CFSE为$-6D_q$。

四面体配合物中，在e轨道上有一个电子，总能量下降$(3/5)\times(4/9)\times10D_q$，而在$t_2$轨道上有一个电子，总能量升高$(2/5)\times(4/9)\times10D_q$，以此类推。在平面正方形配位场中，也可以做类似计算。

d^0、d^{10}组态和d^5高自旋态的CFSE为零，因此作为八面体配合物，强场与弱场之间的差异也仅限于d^4、d^5、d^6和d^7构型。对四面体和正方形配合物分别有d^3、d^4、d^5、d^6和d^4、d^5、d^6、d^7、d^8组态，在强场和弱场时才产生不同的CFSE。低自旋态配合物比高自旋态配合物更稳定，在正八面体配合物中又以d^5低自旋态的稳定性为最佳。对同样的d^n组态，CFSE值的大小排列分别为：正方形＞正八面体＞正四面体。以此可做下列讨论：正方形构型的稳定化能高于正八面体构型。但是正八面体能够形成六个键，而正方形构型只有四个键，这使得前者的总键能高于后者，所以只有在二者的CFSE数值相差较大时，才会形成正方形构型。

2.2.3.2 配位场理论

尽管晶体场论能够很成功地说明配位化合物的许多结构与特性，但是它们往往只按静电作用进行处理，相当于只考察离子键的功能，出发点比较单一。同时它们也无法解释像Ni(CO)、Fe(CO)等以共价键为主的配合物，更难以说明分裂能的高低转变次序。为解决这一问题，从1952年起人们又将晶体场理论和分子轨道理论结合起来提出了配位场理论，其实质就是研究配合物的分子轨道理论。配位场理论解决问题的主要办法是当中心金属原子在其附近配位体所形成的强电场影响下，以分子轨道理论为主阐述金属原子轨道能级发生变化时配位化合物的性质与结构。下面将通过分子轨道理论来探讨配合物的成键情况。

(1) σ键

通过将中心金属离子与配体的价轨道加以划分，中心金属离子有9个价轨道可参加分子轨道的形成，共分σ型和π型两种。对于第一过渡系的金属来说，分别是$3d_{xy}$、$3d_{yz}$、$3d_{xz}$、$3d_{x^2-y^2}$、$3d_{z^2}$、4s、$4p_x$、$4p_y$、$4p_z$，其中的后六个轨道分别在坐标轴上与配体形成σ键，而前面的三个轨道则夹在坐标轴中间，形成拥有适当对称性和能量相近的π键。这些轨道的另一个叫法是将能与配位体形成σ键的$3d_{x^2-y^2}$、$3d_{z^2}$称为e_g轨道，4s是a_{1g}轨道，$4p_x$、$4p_y$、$4p_z$为t_{1u}轨道，能与配位体轨道形成π键的$3d_{xy}$、$3d_{yz}$、$3d_{xz}$轨道也叫作t_{2g}轨道。

多个配位体 L 与中心金属原子 M 组成配位化合物 ML_n。中心金属原子的空的价轨道与配体孤对电子组合生成 σ 配键。六个配体通常为八面体或变形八面体的构型。中心离子价轨道进行 d^2sp^3 杂化（$d_{x^2-y^2}$、d_{z^2}）与对称性匹配的配体轨道形成 σ 键。

当中心金属 M 的 6 种原子轨道与 6 个配位体 L 重叠后便构成了 6 种成键 σ 轨道和 6 种反键的 σ^* 轨道，原来金属的 t_{2g} 轨道则为非键轨道。成键分子轨道 a_{1g}、t_{1u} 和 e_g 的能级最靠近于配位体轨道的能级，所以填充在其中的电子性质主要是配位体电子的性质，而在非键轨道 t_{2g} 和反键轨道 e_g^*、a_{1u}^*、t_{1u}^* 中的电子性质则主要是金属电子的性质。

$[Co(NH_3)_6]^{3+}$ 中的 Co^{3+} 是 d^6 组态，与 NH_3 配位结合形成配合物后，每一个 NH_3 会贡献一对电子，6 个 NH_3 会贡献 12 个电子，所以配离子会有 18 个价电子。其中的 12 个电子进入成键轨道，剩下的电子分配到金属离子的 t_{2g} 轨道或 t_{2g} 和 e_g^* 轨道上，由于 NH_3 为强场配体，而 Co^{3+} 为 d^6 组态，所以剩余的 6 个电子都会进入非键轨道 t_{2g}。

同样，根据平面的四方形配合物分子能级图可知有 4 条成键轨道以及 4 条非键轨道。这样，16 个电子就正好填充在低能级轨道中了，这正是有 16 电子的配合物也很稳定的原因。

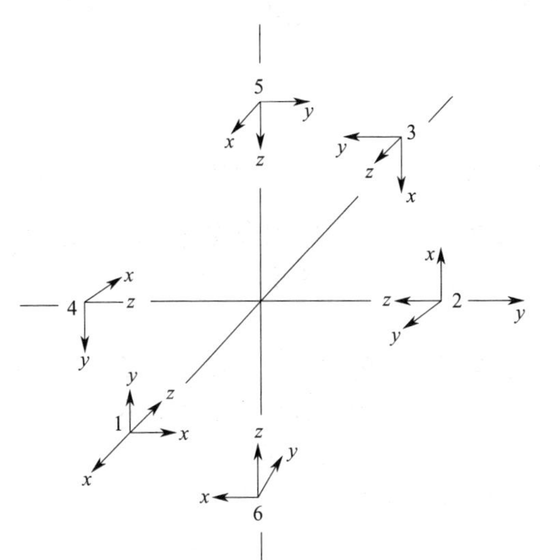

图 2-18　八面体配合物中键的坐标图

（2）π 键

上文提到在八面体配合物中，金属的 t_{1u}（p_x、p_y、p_z）轨道会与对称性匹配的配位体轨道生成 π 键。除此之外，金属 t_{2g}（d_{xy}、d_{xz}、d_{yz}）轨道也可以与配位体轨道生成 π 键[10]。这些配位体轨道既可能是 p 轨道、d 轨道，也可以是反键的 σ^* 轨道和 π^* 轨道。八面体配合物中 σ 键和 π 键的坐标见图 2-18。与坐标轴重合的 z 构成 σ 键坐标，而与 z 垂直的 x、y 分量构成 π 键的坐标。

（3）过渡金属配合物 σ-π 配键

大量的实验事实表明，在多数金属羰基配合物中，CO 通过 C 和金属 M 连接，假如只形成一般的 σ 配键，配体中的电子进入金属的空轨道，这样就会造成负电荷在金属原子上大量积聚，因此金属羰基配合物并不能长期保持稳定，事实上许多羰基配合物都是比较稳定的，所以还需要设想负电荷在金属原子与配位体之间的迁移过程，这样才会得到具有稳定性的配合物。

CO 分子轨道表明 CO 的价电子组态是 $(3\sigma)^2(4\sigma)^2(1\pi)^4(5\sigma)^2$，见图 2-19。

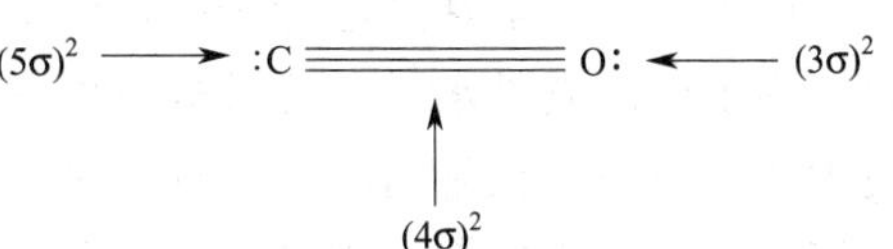

图 2-19　CO 的价电子组态与经典价键结构式的对应关系

$(3\sigma)^2$ 主要表示氧原子上的孤对电子，$(5\sigma)^2$（HOMO）主要表示碳原子上的孤对电子。由于 5σ 能级高于 3σ，而碳原子的电负性也比氧原子的小，所以 3σ 的 σ 给电子能力弱于 5σ。故全部成键轨道的电子云都倾向于氧端，而全部反键轨道的电子云都倾向于碳端。图 2-

20 为 CO 分子轨道示意图。

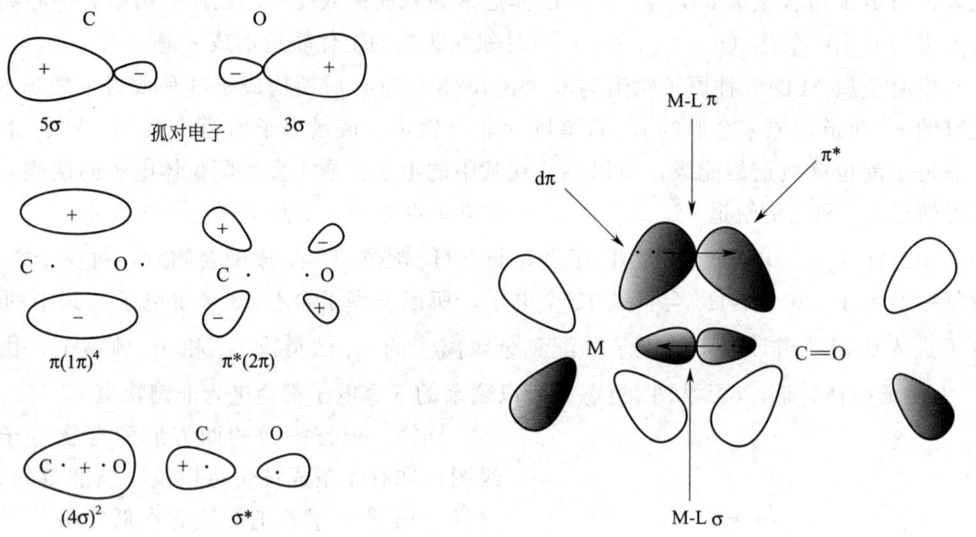

图 2-20　CO 分子轨道示意图　　图 2-21　CO 与金属 M 形成 σ 键和反馈 π 键的示意图

从以上论述可以得知，CO 的碳端比氧端活泼得多，一般 CO 配合物都是用 C 作为配位原子通过端基形式在中心金属原子上发生配位（见图 2-21），其几何构型为：

$$M \leftarrow C{=}O$$

特别地，CO 分子提供的孤对电子能够与中心金属原子的空 d 轨道结合生成 σ 键，同时它又有空的反键 π^* 轨道能够与中心金属原子的 d 轨道发生重叠产生 π 键，这类键又叫作反配位 π 键或反馈 π 键，这恰好能够降低因为生成 σ 配键而导致的金属原子上过多的负电荷积聚。这样将 σ 和 π 配键合在一起的现象就叫作 σ-π 配键，也叫金属电子键。

2.2.4　工业催化过程中的经典催化机理

石油炼制行业是指原油经过石化冶炼过程生产出各类石化成品的行业。由于石化成品应用范围广泛，而石油液体燃料又是现代交通工具所需要的重要能源，各行各业中所用的设备和仪器均离不开由原油生产的润滑油和润滑脂。石蜡、沥青、化学溶剂等石化成品也是许多工业部门所不能缺少的重要原料。而石油产品又是制造各类石化产品的重要基础原料，如人工合成树脂、人工合成橡胶、人工合成纤维等。因此可以说，国民经济、国防建设以及人民日常生活中的各个方面均离不开石化成品。张大煜教授是我国催化科学的奠基人之一，在 20 世纪 50 年代初期，建立起了中国第一个石化研究院并对原油、页岩油和煤的生产工艺和化学基础进行研究，组织领导了新型氨原料气净化工艺的研究与开发，在当时达到了国际先进水平。抗日战争爆发后，张大煜教授从基础研究转向石油、煤炭方面的技术科学研究，在昆明附近宜良滇越线上建立了一个从褐煤低温干馏提炼汽油的小型实验工厂，边实验边生产，历尽千辛万苦，终于炼出了油。原油精炼工艺技术一般包括无催化的热加工处理和有催化剂存在的催化加工两种。无催化剂的热加工一般有蒸馏、延迟焦化、热裂化、分子筛脱蜡、氧化沥青和溶剂精炼等。其中蒸馏、分子筛脱蜡和溶剂精炼等一般为物理变化。

2.2.4.1　催化裂化催化剂的催化机理

催化裂化反应时 C—C 键的断裂主要包括热裂化和催化裂化两种。裂化反应从热力学观点来看，高温下是很有益的，而且由于该反应为吸热反应，此化学反应亦可认为是烷基化反应和聚合反应中的逆反应。但催化裂化和热裂解的原理不同，烃类的热裂化按自由基机理进行，而催化裂化则按碳正离子反应原理进行。

催化裂化用的原料油主要由烷烃、烯烃和芳香族化合物等构成，因此主要反应包括：

烷烃裂化：

$$C_nH_{2n+2} \longrightarrow C_mH_{2m} + C_pH_{2p+2} \tag{2-14}$$

烯烃裂化：

$$C_nH_{2n} \longrightarrow C_mH_{2m} + C_pH_{2p} \tag{2-15}$$

芳烃裂化：

$$ArC_nH_{2n+1} \longrightarrow ArH + C_nH_{2n} \tag{2-16}$$

其中，$n=m+p$。

在催化裂化过程中会出现异构化、氢转化、芳构化、烷基化、叠合和缩聚等副反应，后三种副反应都会出现催化剂的结焦问题，使催化剂失活。

2.2.4.2　催化重整催化剂的催化机理

重整是指将烃类分子再次排列成新的分子结构。在有催化剂作用的前提下，把较低辛烷值（40～60）的直馏石脑油转变为高产率、高辛烷值的汽油馏分的重整叫催化重整。使用铂铼催化剂或多金属催化剂的催化重整简称为铂铼重整或多金属重整。催化重整经过异构化、加氢、脱氢环化和脱氢等化学反应后，将直馏汽油的分子（其中含有由裂解得到的较大分子烃），转变为芳香烃类和异构烃以提高汽车燃油的品质。

主要的反应如下：

（1）六元环烷烃脱氢反应

这是反应速率较快的吸热反应，又称芳构化反应，反应后的环烷烃转变为芳香族化合物。大部分环烷烃脱氢反应都是在重整装置的第一反应器内进行的，化学反应也是被贵金属所催化的。

$$C_6H_{12} \rightleftharpoons C_6H_6 + 3H_2 \tag{2-17}$$

$$C_6H_{11}CH_3 \rightleftharpoons C_6H_5CH_3 + 3H_2 \tag{2-18}$$

（2）五元环烷烃异构化脱氢反应

这类反应的产生大多数是靠反应催化剂酸性部分的作用，少数是靠催化剂的贵金属部分。五碳环的芳构化第一步是局部脱氢，接着是扩环，从五碳环成为六碳的环烷，最终是完全脱氢芳构化，成为芳香族化合物：

$$C_5H_9CH_3 \rightleftharpoons C_6H_6 + 3H_2 \tag{2-19}$$

（3）烷烃脱氢环化反应

这类反应主要是由催化剂中酸性部分与贵金属部分所催化，虽然反应过程比较缓，但把石蜡烃转化成芳烃是一个增加辛烷值的重要过程。这一吸热反应常出现于重整设备的中央或后面的反应器内：

$$ \rightleftharpoons + 4H_2 \tag{2-20}$$

(4) 正构烷烃异构化反应

这类反应主要靠催化剂酸性部分的作用，因此化学反应进行得相对较快。它在氢气生产量不改变的情形下，发生分子重排，形成辛烷值更高的异构烷类：

$$ \rightleftharpoons \tag{2-21}$$

(5) 烃类加氢裂解反应

这一类化学反应主要靠催化剂的部分作用。但这一比较缓慢的化学反应一般都不希望进行，因为它生成过量的 C_4 和更轻的轻质烃类，而不生成焦油和消耗氢气。加氢裂解中的放热反应通常出现在最末化学反应器内。一般为：

$$ + H_2 \rightleftharpoons + \tag{2-22}$$

另外有生焦与烯烃之间的饱和反应。上述五种化学反应中的前三种都产生了芳香族化合物。虽然烷类异构化反应也可增加汽油辛烷值，但加氢裂化反应却不利于芳香族化合物的产生，并使液体产物收率降低，因而要适当限制五元环烷异构化脱氢反应。

2.2.4.3 加氢裂化催化剂的催化机理

加氢裂化实质上是催化加氢与催化裂化反应的结合。该种工艺具备对原料适应性强、产品灵活、产量高的优势。因此是炼厂中增加轻质油收率、改善产品质量的主要技术手段。在市场对中间馏分的需求量日益增长的状况下，加氢裂化工艺技术更显其重要性。

(1) 裂化反应

按碳正离子机理，烷烃分子首先在加氢活性中心上形成烯烃，烯烃在酸性中心上形成碳正离子，接着发生 β-断裂，形成单个烯烃和单个小分子的仲（叔）碳离子。一次裂化后所获得的碳正离子还能够进一步裂解成二次裂化产物。烯烃和较小的碳正离子一旦都被饱和，则整个化学反应结束。

加氢裂化催化剂的酸性和加氢性能对裂化产物分布有很大影响。当加氢活性很强、酸性较弱时，一次裂化的烯烃和碳正离子迅速地就被加氢饱和，二次裂化也就少了，而原料烷烃也会进行异构化反应。

(2) 异构化反应

异构化反应是与碳正离子反应的过程，碳正离子的稳定性依次为：

叔碳离子＞仲碳离子＞伯碳离子

其实，异构化反应可以分为原料异构化反应和产品异构化反应两种。当催化剂的加氢活性降低导致酸性增强时，主要产生的结果是产品分子异构化。相反则为反应分子产生异构化，产品异构化降低。

（3）环化反应

在加氢裂化反应中，由烷类和烯烃分子在加氢活性中心位置上脱氢而产生的很小一部分的环化反应[11]。

$$\text{(octane)} \longrightarrow \text{(1,2-dimethylcyclopentane)} + H_2 \tag{2-23}$$

2.3 催化反应的基本理论构架

2.3.1 催化反应热力学研究

化学催化反应和酶催化反应都与一般的化学反应很相似，都是能量变换控制反应物转变为目标产物的过程，因此涉及化学热力学与统计学上的概念。接下来将简单说明催化反应中的热力学。

2.3.1.1 反应物和产物的热力学参数差的计算

想要知道催化剂是如何影响化学反应的，就必须了解反应物、过渡状态和产物之间的能级。虽然其中的热力学函数 H、G、S 是无法测出的，但由于反应物与产物之间的热力学参数差 ΔH、ΔG 和 ΔS 是可测定的，热力学活化参数 $\Delta H^{\neq}$、$\Delta G^{\neq}$ 和 $\Delta S^{\neq}$ 也是可测的，当然也有计算热力学活化参数 $\Delta H^{\neq}$、$\Delta G^{\neq}$ 和 $\Delta S^{\neq}$ 的方法。

（1）ΔH 的测定

不可逆反应中反应物和产物相互之间的热焓差可用量热法进行测算，$\Delta H = Q_p$。比如，葡萄糖可以通过与氧发生化学反应而得到二氧化碳和水：

$$C_6H_{12}O_6 + 6O_2 \longrightarrow 6H_2O + 6CO_2 \tag{2-24}$$

在标准压力 $p^{\ominus}$ 下时，对于葡萄糖的氧化，焓变为：

$$\Delta_r H_m^{\ominus} = Q_p = -2817.7\text{kJ/mol} \tag{2-25}$$

一般情况下是测定标准状态下的焓变（$\Delta_r H_m^{\ominus}$），测定的是等容热效应，要经过计算转换为等压热效应。

当对 $\ln K_a^{\ominus}$ 与热力学温度的倒数 $1/T$ 作图，可得一条直线，该直线和垂直轴的交点为积分常数，而直线的斜率为 $-\Delta_r H_m^{\ominus}/R$，求出斜率，就可求出 $\Delta_r H_m^{\ominus}$。

（2）ΔG 的计算

可逆反应中，反应物能量与产物自由能间的差值也能由平衡常数计算出来，对可逆反应：

$$A + B \rightleftharpoons C + D \tag{2-26}$$

自由能的变化为：

$$(\Delta_r G_m)_{T,p} = \Delta_r G_m^{\ominus} + \sum_B \nu_B RT\ln a_B \tag{2-27}$$

当反应达到平衡时

$$(\Delta_r G_m)_{T,p} = 0 \tag{2-28}$$

$$\Delta_r G_m^{\ominus} = -RT\ln\frac{(C_C/C^{\ominus})(C_D/C^{\ominus})}{(C_A/C^{\ominus})(C_B/C^{\ominus})} = -RT\ln K^{\ominus} \tag{2-29}$$

(3) ΔS 的计算

$$G=H-TS \tag{2-30}$$

$$\Delta G=\Delta H-\Delta TS \tag{2-31}$$

反应一般是在等温等压下完成的，而在标准态下：

$$\Delta_r G_m^{\ominus}=\Delta_r H_m^{\ominus}-T\Delta_r S_m^{\ominus} \tag{2-32}$$

根据上式可以求得 $\Delta_r S_m^{\ominus}$。

对任何化学反应来说，热焓的变化 ΔH 以及自由能的变化 ΔG 都能用实验测定。熵在给定的热力学温度下的变化 ΔS 可直接由上述方程算出，单位为 J/(mol·K)。

2.3.1.2 热力学活化参数的计算

(1) 活化能 E_a

温度变化会影响反应速率，这是基于经验常数而已得知的事实。范特霍夫（van't Hoff）曾通过实验归纳出一个近似规律：温度每上升 10 K，化学反应速率就提高 2～4 倍，即

$$\frac{k_{T+10}}{k_T}=2\sim4 \tag{2-33}$$

假如不需要更准确的数值，而手边的数据也不全，则可以按照这个规律粗略地算出温度变化对化学反应速率的影响。

化学催化反应与酶催化反应的速率一样设为温度的函数，但是，化学催化反应与酶催化反应的反应速率不但与温度相关，更主要的是与整个反应的活化能相关。催化剂的加入能够使整个反应系统的活化能降低，所以活化能的影响对于反应速率而言就更为重要。

1889 年，阿伦尼乌斯（S. Arrhenius）认为，反应速率常数常常以指数形式随温度上升，说明这一关系的 Arrhenius 公式可以表示为：

$$\frac{\mathrm{d}\ln k}{\mathrm{d}T}=\frac{E_a}{RT^2} \tag{2-34}$$

其中，k 为被研究的化学反应的速率常数，而 E_a 则为活化能。积分后，Arrhenius 公式为：

$$\ln k=-\frac{E_a}{RT}+\ln k_0 \tag{2-35}$$

以 $\ln k$ 对热力学温度的倒数 $1/T$ 作图，得到一条直线，参见图 2-22。直线的截距是常数 $\ln k_0$，直线的斜率是 $-\frac{E_a}{R}$，E_a 的单位是 kJ/mol。

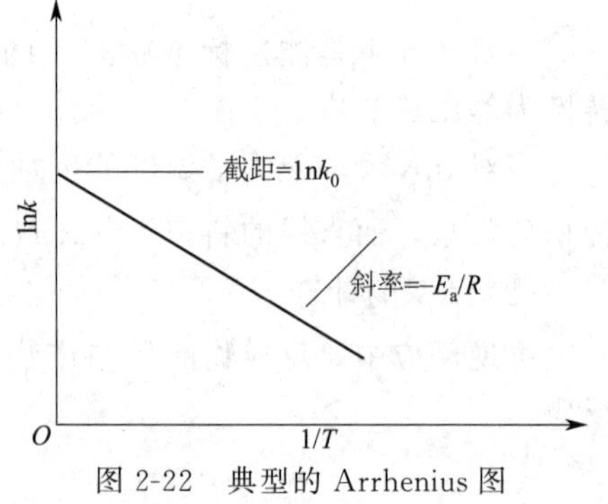

图 2-22 典型的 Arrhenius 图

为解释反应速率与温度的相关性，按照 Arrhenius 假设，反应物须首先转变为活性复合物，之后再分解成产物。体系将反应物转变为活性复合物所需要的能量叫作 Arrhenius 活化能 E_a。虽然这种学说在解释化学反应的温度关系时是可用的，但并没有解释以普通热力学项焓 H、熵 S 或自由能 G 所描述的化学反应速率，因为那样的解释要利用过渡态学说。

（2）活化焓变 $\Delta H^{\neq}$

$\Delta H^{\neq}$是通过过渡态理论发展出来的，它能够在理论上更精确地以热力学项来说明化学反应的快慢。过渡态理论认为：反应物必须先到过渡态，同时，反应速率与过渡态的浓度成正比。对于较简单的双分子反应，可表示为：

$$A+B \overset{K^{\neq}}{\rightleftharpoons} AB \xrightarrow{k^{\neq}} \text{产物} \tag{2-36}$$

根据过渡态理论，反应速率为：

$$-\frac{d[A]}{dT}=k^{\neq}[AB^{\neq}] \tag{2-37}$$

而形成活化配合物 AB 的平衡常数为：

$$K^{\neq}=\frac{[AB^{\neq}]}{[A][B]} \tag{2-38}$$

解得：

$$[AB^{\neq}]=K^{\neq}[A][B] \tag{2-39}$$

所以：

$$-\frac{d[A]}{dT}=k^{\neq}K^{\neq}[A][B] \tag{2-40}$$

此方程式符合二级反应的形式。可以看到的速率常数（表观速率常数）为：

$$k=k^{\neq}K^{\neq} \tag{2-41}$$

活化复合物的分解速率常数 k 可以通过理论预测。以最简单的情形为例：如果分解速率常数与引起分解的一个振荡频率 ν 相同（平动和转动都不会导致 $AB^{\neq}$ 分解，而电子和核的运动需在高温下进行），则引起分解的频率为 $\nu=e/h$，其中，e 为振动的平均能量，h 则是普朗克（Planck）常数（6.626×10^{-34}J·s）。

所以：

$$k^{\neq}\approx\nu=e/h \tag{2-42}$$

温度 T 时，激发振动能 $e=k_BT$ [k_B 为玻尔兹曼（Boltzmann）常数，$k_B=13.81\times10^{-24}$J/K]，将这些值代入上式：

$$k^{\neq}=k_BT/h \tag{2-43}$$

运用该理论，人们只要了解分子的振荡频率、质量、核间距等基本物理参数，就可以求出反应的速率常数，故该理论也叫作绝对反应速率理论。那么，速率常数为：

$$k=K^{\neq}\frac{k_BT}{h} \tag{2-44}$$

这样，如果知道平衡常数 $K^{\neq}$ 就能够在理论上算出速率常数 k，$K^{\neq}$ 的数值也就能通过对统计热力学研究中所提供的平衡常数加以计算求得：

$$\Delta G^{\neq}=-RT\ln K^{\neq} \tag{2-45}$$

那么：

$$K^{\neq}=e^{-\Delta G^{\neq}/RT} \tag{2-46}$$

因此，速率常数为：

$$k=\frac{k_BT}{h}e^{-\Delta G^{\neq}/RT} \tag{2-47}$$

同时，当温度一定时，活化配合物的产生方式还可以用标准热力学项来说明：

$$\Delta G^{\neq}=\Delta H^{\neq}-T\Delta S^{\neq} \tag{2-48}$$

最后，反应速率常数 k 可以记作：

$$k=\frac{k_{\mathrm{B}}T}{h}\mathrm{e}^{\frac{-\Delta H^{\neq}}{RT}}\mathrm{e}^{\frac{\Delta S^{\neq}}{R}} \tag{2-49}$$

如果 $\Delta S^{\neq}$ 不随温度而变，还可以将其写成对数形式，并进行微分，可得：

$$\frac{\mathrm{dln}k}{\mathrm{d}T}=\frac{\Delta H^{\neq}+RT}{RT^2} \tag{2-50}$$

这些方程式是基于过渡态理论推导得出的，可以使用 $\Delta H^{\neq}$ 来说明速率常数，这种方程在形态上与经验的 Arrhenius 方程式很相似：

$$\frac{\mathrm{dln}k}{\mathrm{d}T}=\frac{E_{\mathrm{a}}}{RT^2}=\frac{\Delta H^{\neq}+RT}{RT^2} \tag{2-51}$$

那么：

$$E_{\mathrm{a}}=\Delta H^{\neq}+RT \tag{2-52}$$

由此可见，过渡态理论将 Arrhenius 的经验观察结果与热力学过程联系了起来，对经验值 E_{a} 给出了理论上的量化解释。

(3) 活化吉布斯自由能变 $\Delta G^{\neq}$

由下式：

$$k=\frac{k_{\mathrm{B}}T}{h}\mathrm{e}^{-\Delta G^{\neq}/RT} \tag{2-53}$$

可得：

$$\Delta G^{\neq}=-RT\ln^{kh/k_{\mathrm{B}}T} \tag{2-54}$$

(4) 活化熵变 $\Delta S^{\neq}$

由下式：

$$\Delta G^{\neq}=\Delta H^{\neq}-T\Delta S^{\neq} \tag{2-55}$$

可得：

$$\Delta S^{\neq}=\frac{\Delta H^{\neq}-\Delta G^{\neq}}{T} \tag{2-56}$$

从上式可以发现，活化吉布斯自由能变与化学反应速率常数 k 之间存在着直接的关联，$\Delta G^{\neq}$ 是直接影响化学反应速率的能量总和。活化焓变 $\Delta H^{\neq}$ 是反应分子需要越过的能垒，能够定量地说明反应分子由反应物能级激发到过渡态能级时需要的能量。活化熵变则是指活化焓足够大时，对于能够参加化学反应的所有反应物中实际反应的那部分反应物的度量值，它还包括了浓度、溶剂效应、位阻和定向条件等各种因素，而一旦上述各种因素起作用，那么这种影响就将会在大而负的 $\Delta S^{\neq}$ 值中体现出来，这也就使得 $\Delta G^{\neq}$ 增大，反应速率常数的观察值 k 降低。

活化熵在判断反应机理时非常关键。在单分子反应中，反应分子不需要在三维空间内取向，只要得到能够反应的热能即可反应，所以活化熵变 $\Delta S^{\neq}$ 在单分子反应中通常接近于零或为正值。反之，在多分子反应的时候常常为负值。在别的因素条件相同的情形下，活化熵变为负值说明反应分子要求在三维空间中取向，还表示在进行反应前必须与适当的空间接近。

2.3.2　催化反应动力学研究

化学反应动力学是指研究有关化学反应速率和机理的理论。有关化学反应速率的研究，包括了对反应速率和影响化学反应速率的各种原因的研究。而研究有关化学反应机理，则是在分子水平上，分析基元反应规律和相关的反应机理。通过测定各种条件下的反应速率，比如在不同的温度、不同的反应物和催化剂含量下测定反应物反应速率或产物生成速率，进而可以用相应的数学表达式来概括化学动力学结论。虽然现在人们已经提出了各种反应动力学方程，但此处仅简述几种在均相催化中最常用的反应速率方程式。

（1）零级反应

在零级反应中产物浓度正比于化学反应时间，而与所有反应物浓度没关系。

$$d[P]/dt = k_0 \tag{2-57}$$

式中，[P] 为产物浓度；k_0 为速率常数。

这一类动力学在一些催化反应和光化学反应中也有存在，尤其是在反应中反应物和催化剂之间形成比较固定的配合物时。假如决速步骤为此配合物的单分子分解反应，则反应速率只决定于该配合物的含量，因为它的浓度是恒定的，所以为零级反应。

（2）一级和假一级反应

在一级反应中反应速率取决于某一化学反应物的浓度。任意时间（t）的反应物浓度和开始时的化学反应物浓度之比的对数与反应时间 t 具有线性关系。若令 [C_0] 为反应物的起始浓度，[C] 为任意时间（t）内该反应物的浓度，于是速率方程就可以描述为：

$$-\frac{d[C]}{dt} = k_1[C] \tag{2-58}$$

$$-2.303\lg\frac{[C]}{[C_0]} = k_1 t \tag{2-59}$$

当以 $\lg\frac{[C]}{[C_0]}$ 对 t 作图时，由直线的斜率可以求得一级反应速率常数 k_1。

对一级反应，反应物的半衰期 $t_{1/2}$ 与速率常数 k_1 有如下关系：

$$t_{1/2} = \frac{2.303}{k_1}\lg 2 = \frac{0.693}{k_1} \tag{2-60}$$

所以，从半衰期亦可得出 k_1。

当一种反应物组分比另一反应物组分大大过量时进行反应，则可以认为反应速率与该过量组分浓度无关（因为它的浓度变化相对较小，可近似看作恒定），这时可以测量反应速率与另一组分浓度的变化关系。所以对于某一确定的催化剂浓度来说，二级反应也可以作为一级反应，这便是假一级化学反应。如甲醇羰化反应在一定的铑催化剂浓度下，对 CH_3I 浓度来说是一级反应，但与甲醇浓度没关系。

尽可能长时间地跟踪反应过程以确定正确的反应级数是很重要的。然而在催化反应中这并不容易做到。因为有些催化剂存在诱导期，而有些催化剂在反应过程中又有溶解趋势，因此，必须严格控制实验条件，谨慎地改变催化反应条件以获得可靠的动力学数据，否则所得结果没有科学价值。

（3）复杂反应

与多相催化类似，在很多情形下均相催化中也包括了一系列的基元反应，但这时反应级数并非是单纯的整数，而是经常出现分数。另外，诱导期的产生以及活性催化剂在反应中的变化，对反应转换曲线也有很大影响。现在以催化剂 K 所催化 A 和 B 发生的化学反应为复杂反应的例子，假设首先由 A 与 K 相互作用产生一个中间物质 AK，AK 接着又和 B 发生化学反应，再通过另一个中间物质 ABK 得到产物 C。

其反应过程为：

$$\mathrm{A}+\mathrm{K}\underset{k_2}{\overset{k_1}{\rightleftharpoons}}\mathrm{AK} \tag{2-61}$$

$$\mathrm{AK}+\mathrm{B}\underset{k_4}{\overset{k_3}{\rightleftharpoons}}\mathrm{ABK}\xrightarrow{k_5}\mathrm{K}+\mathrm{C} \tag{2-62}$$

这是一种串联反应，在反应的初始阶段，转化率和时间的关系并不能通过单纯的分析得知。而且随着反应物类型和催化效果的差异，表现情况也有不同。但在化学反应平稳进行时，中间物质的浓度维持恒定，在这种“稳态”状态下，化学反应速率方程可以按下式建立。由于中间物质浓度并不随时间而改变，所以：

$$\frac{\mathrm{d}[\mathrm{AK}]}{\mathrm{d}t}=\frac{\mathrm{d}[\mathrm{ABK}]}{\mathrm{d}t}=0 \tag{2-63}$$

根据稳态假设：

$$\frac{\mathrm{d}[\mathrm{ABK}]}{\mathrm{d}t}=k_3[\mathrm{AK}][\mathrm{B}]-(k_4+k_5)[\mathrm{ABK}]=0 \tag{2-64}$$

$$\frac{\mathrm{d}[\mathrm{AK}]}{\mathrm{d}t}=k_1[\mathrm{A}][\mathrm{K}]-k_2[\mathrm{AK}]-k_3[\mathrm{AK}][\mathrm{B}]+k_4[\mathrm{ABK}]=0 \tag{2-65}$$

合并以上二式得出：

$$[\mathrm{AK}]=\frac{k_1[\mathrm{A}][\mathrm{K}]}{k_2+[k_3-\frac{k_3k_4}{(k_4+k_5)}][\mathrm{B}]} \tag{2-66}$$

$$[\mathrm{ABK}]=\frac{k_1k_3[\mathrm{A}][\mathrm{B}][\mathrm{K}]}{(k_4+k_5)\{k_2+\left(k_3-\frac{k_3k_4}{k_4+k_5}\right)[\mathrm{B}]\}} \tag{2-67}$$

产物 C 生成速率为：

$$\frac{\mathrm{d}[\mathrm{C}]}{\mathrm{d}t}=k_5[\mathrm{ABK}]=\frac{k'[\mathrm{A}][\mathrm{B}][\mathrm{K}]}{k''+(1-k)[\mathrm{B}]} \tag{2-68}$$

式中：

$$k=\frac{k_4}{k_4+k_5},k'=\frac{k_1k_5}{k_4+k_5},k''=\frac{k_2}{k_3} \tag{2-69}$$

这类方程中存在许多速率常数，要从实验中测量是非常麻烦的，为了能根据实际结果进行计算，需要做一些假设以使方程组简化。

当 $k''\gg1$ 时，即 $k_2\gg k_3$（这时［AK］很小），速率方程简化为

$$\frac{\mathrm{d}[\mathrm{C}]}{\mathrm{d}t}=\frac{k'}{k''}[\mathrm{A}][\mathrm{B}][\mathrm{K}] \tag{2-70}$$

这个方程式说明对每个化学反应物和反应催化剂来说都是一级化学反应。在这种情况下，决速步骤就是先生成三分子的活化中间物［ABK］。

相反，当 $k''\ll1$ 时（即 $k_2\ll k_3$），k'' 与（$1-k$）［B］相比可以忽略，速率方程于

是变为：

$$\frac{d[C]}{dt}=\frac{k'}{1-k}[A][K] \tag{2-71}$$

这意味着 AK 和 B 的反应以及将 ABK 分解为 K 和 C 的反应都是比较快的，决速步骤为 A 和 K 的反应。对反应物 A 和催化剂 K 均是一级反应[12]。

2.4　催化剂结构与催化反应的关系

从化学角度分析，催化剂的主要功能是将反应物分解成离子、自由基以及配体等活性物质，进而增加化学反应物的反应活性。由最简单的 H^+、金属离子（M^{n+}）、复杂的配合物（ML_n）、酶等各种分子催化剂，到固体催化剂，催化剂的构造逐渐变得复杂。就分子催化剂来说，酶的构造显然比其他分子催化剂复杂得多，但酶催化剂之所以拥有特殊的催化剂特性，就是因为结构的特殊性。酶分子中至少存在着三种功能不同的部位：第一个部位，能与底物的某些部分直接接触起到催化作用；第二部位虽不起催化作用，但是能够将底物固定在一定的空间区域，从而决定了酶的特异性，一般叫作结合中心；第三部分称为支撑中心，它能够使得酶分子在底物的引导下，维持一定的空间构象。金属离子、配合物、有机化合物催化剂与酶催化剂相比特性上的主要不同点是，金属配合物催化剂能够在金属离子的活性中心附近按相应的顺序排列基体，而有机化合物催化剂则能够使底物固定于孔的空隙之间，诱导催化反应。这两类催化剂用不同方法实现了同样的功效，但同时也表现出了不同的活性和选择性。实验结果表明，金属酶正是将金属配合物配体的排列顺序与有机物催化剂的择形及其亲水或疏水等部分因素紧密结合在一起。根据现今催化剂的研究状况分析，催化剂催化作用的具体特性尚不明确。但是，若能给出均相、多相和酶三种不同催化系统各自的特性和三者之间相互联系的确切说明，那么对高效催化剂进行设计与制备也不是完全不可能的。

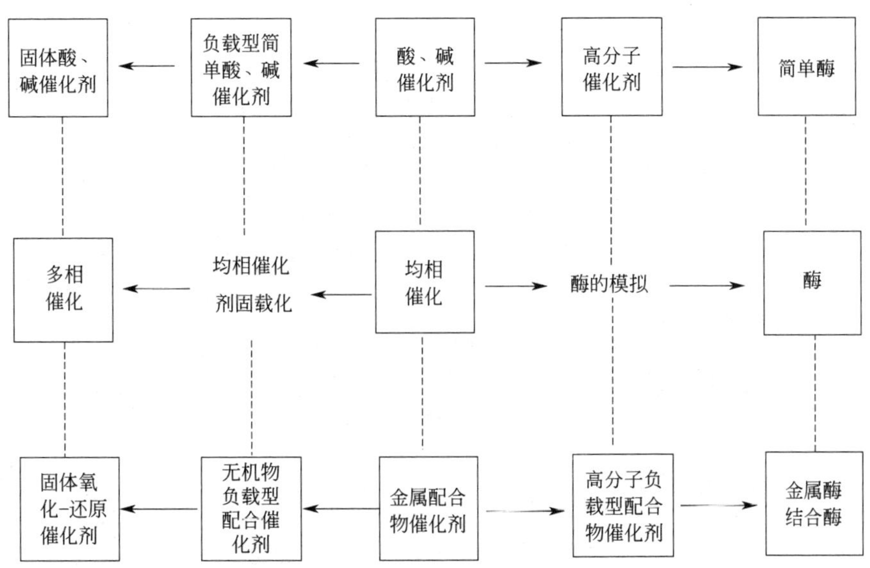

图 2-23　均相、多相、酶催化相互关系图

根据上述不同催化体系的特性，将它们之间的关系列到图 2-23 中。图 2-23 表明，以均相催化剂为轴心，向右可以借助合成的高分子产物和高分子负载型催化剂逐步进行酶的模拟；向左可借助均相催化剂的固载化进一步认识多相催化剂的化学本质。在图的最顶部揭示了均相、多相和酶催化三个体系中的酸碱催化间的关系。大部分以金属分子（M^{+}）为催化剂的反应都位于图的下半部分，反应机理也多种多样，远不如目前的酸碱催化反应机理明确。

参考文献

[1] 吴越．催化化学：上册．北京：科学出版社，1995.
[2] 曹声春．催化原理及其工业应用技术．湖南：湖南大学出版社，2001.
[3] 季生福，张谦温，赵彬侠．催化剂基础及应用．北京：化学工业出版社，2011.
[4] 高正中，戴洪兴．实用催化．2 版．北京：化学工业出版社，2011.
[5] 甄开吉，王国甲，等．催化作用基础．北京：科学出版社，2005.
[6] 辛勤，徐杰．现代催化化学．北京：科学出版社，2016.
[7] 唐晓东，王豪，汪芳．工业催化．北京：化学工业出版社，2010.
[8] 宋天佑．无机化学．3 版．北京：高等教育出版社，2015.
[9] 姜月顺，杨文胜．化学中的电子过程．北京：科学出版社，2004.
[10] 唐新硕，王新平．催化科学发展及其理论．杭州：浙江大学出版社，2012.
[11] 朱洪发．石油化工催化剂基础知识．北京：中国石化出版社，1995.
[12] 陈诵英，陈平，李永旺，等．催化反应动力学．北京：化学工业出版社，2007.

第3章 酸碱催化及配位作用机制

酸和碱都是比较重要的化学试剂，随着科学的不断发展与进步，人们对于酸和碱的认识逐步加深，酸和碱的范围越来越广泛，对于酸和碱的应用形式也越来越多样。酸和碱作为催化剂已经得到了大量的研究，相关理论知识比较成熟，酸碱作为催化剂进行的反应很多，已经在石油炼制以及更多的石油化工方面得到大量的应用（碱催化为数较少）。此外，随着人们对配合物的研究逐渐深入，配位催化得到了广泛的应用，由于配位催化在习惯上也属于均相催化的范畴，因此又将其称为均相配位催化。均相配位催化剂的实体通常只有分子大小，参与特定化学过程的仅仅是某一个基团，这种特定配位的特点可以确保其对反应物和生成物的选择性，而多相催化体系往往做不到这一点。本章将会对酸碱催化反应与配位催化反应的相关概念与机理进行详细的介绍。

3.1 酸碱催化的定义

正如之前所说，相较于多相催化反应，均相催化反应具有独特的优势，了解并学习均相催化反应是很有必要的。酸碱催化反应，作为均相催化反应中的一部分，当然也值得我们进行探索学习。通常，在无机化合物的各种液相反应中，离子反应的速度是最快的，而在有机化合物中，由于共价键的存在，有机化合物间的反应较慢。当然，除了使用光和自由基引发以外，也可以通过酸或碱即亲电试剂或亲核试剂的作用使其离子化来提高反应速率。在众多石油化工反应中（如烷基化、裂解、异构化、水解、水合和聚合等），催化剂的酸碱性质有着重要的实际使用意义。对于酸碱性质对不同反应催化性能影响的具体研究，有利于催化剂在实际工业生产中的研制和应用。

3.1.1 酸和碱的定义

酸和碱的定义和其他概念一样，随着人们的认识和实践的发展逐渐深化成熟。最开始，人们对酸碱没有具体的认识，基本是在感官的基础上分辨和感知酸碱，例如尝起来酸的为酸，尝起来涩涩的为碱。这种由感官确认的酸碱因不同个体的感知差异容易在实际辨别中存在分歧，没有说明酸碱的实际性质从而不能正确地辨认酸碱。英国化学家波义耳提出了最初的酸碱理论：凡水溶液能溶解一些金属，与碱接触会失去原有的特性，而且能使石蕊试剂变为红色的物质称为酸；凡水溶液具有苦涩味，会腐蚀皮肤，与酸接触会失去原有的特性，而且能使石蕊试剂呈蓝色的物质称为碱[1]。这个定义比感观确认更为科学，但仍有缺陷，例如有些物质反应后生成的产物仍有酸的性质或碱的性质。之后，拉瓦锡、德维、李比希等都曾试图解释酸碱，但都没能使相关的理论很好地解释实际实验现象。

（1）酸碱电离理论

在 19 世纪末期，Arrhenius 和 Ostwald 提出电离学说，第一次比较科学地给出了酸、碱的定义，即把在水中能解离出 H^+ 的物质称为酸，例如盐酸、硝酸和硫酸等；能解离出 OH^- 的物质称为碱，如氢氧化钠和氢氧化钾等。又根据强电解质与弱电解质的定义将水溶液中能全部电离的酸和碱称为强酸和强碱，如 HCl、H_2SO_4、NaOH 等；将在水中部分电离的酸和碱称为弱酸和弱碱，如 H_3PO_4、$NH_3 \cdot H_2O$ 等。实际上，酸碱反应是 H^+ 与 OH^- 结合生成水的过程［这里的氢离子在水中的呈现形态是水合氢离子（H_3O^+），为了简便，在不造成混乱的前提下可写为 H^+］。这就是有名的阿伦尼乌斯酸碱定义，但该定义只局限于水溶液体系，例如氯化氢气体和氨气反应产生氯化铵时，也有酸碱反应发生，但是不能用阿伦尼乌斯酸碱定义解释。众所周知，酸在任何溶液中都应该是酸，但阿伦尼乌斯酸碱定义反映出来的并非总是如此。例如，我们最常见的盐酸在水中时是一种酸，它的表现就像阿伦尼乌斯预期的那样。但是，如果将 HCl 溶解在苯中，就没有解离，HCl 仍然是未解离的分子。阿伦尼乌斯酸碱定义中，溶剂的性质对物质的酸碱性质起着至关重要的作用。

（2）酸碱溶剂理论

Franklin 等提出了酸碱溶剂理论，即在任意溶剂中，能生成和溶剂正离子相同的正离子的物质为酸，能生成和溶剂负离子相同的负离子的物质为碱。在酸碱溶剂理论中，酸和碱不是绝对的，在一种溶剂中起酸作用的物质在另一种溶剂中可能是碱。可以将酸碱溶剂理论理解为酸碱电离理论在非水溶剂中的扩展，酸碱电离理论中由水电离产生的 H^+ 与 OH^-，在酸碱溶剂理论中则变成溶剂电离出的正离子与负离子。

（3）酸碱质子理论

1923 年，J. N. Brönsted 等提出了酸碱质子理论。他们认为酸有失去一个质子的倾向，而碱有增加一个质子的倾向，换句话说，他们认为酸碱分别是质子的供体或受体。酸碱不再限制在电中性的分子或离子化合物的范围中，可以是正离子、负离子或中性分子。若某一种物质既可以给出质子，又可以接受质子，那么此物质既是酸，又是碱，通常将其称为酸碱两性物质。根据酸碱质子理论，酸与碱发生中和反应并不一定生成盐，可以看作是 H^+ 从较弱的碱转移到较强的碱上。为了能更好区分酸碱质子理论，有时会将该理论中的酸称作质子酸，将该理论中的碱称为质子碱。

$$\underset{\substack{H^+\text{给体}\\(\text{酸})}}{HA} + \underset{\substack{H^+\text{受体}\\(\text{碱})}}{B} \rightleftharpoons \underset{\substack{H^+\text{给体}\\(\text{酸})}}{BH^+} + \underset{\substack{H^+\text{受体}\\(\text{碱})}}{A^-}$$

上面反应式中的酸和碱称为共轭酸碱对，其中碱是酸的共轭碱，酸是碱的共轭酸，这说明酸和碱是相互依赖的。酸在给出质子后生成其相应的碱，而碱与质子结合后生成相应的酸，酸与碱的依赖关系称为共轭，对应的酸碱对称为共轭酸碱对。共轭酸越强，共轭碱的碱性就越弱，相反，共轭酸越弱，共轭碱的碱性就越强，显然，酸碱质子理论扩大了酸碱的范围。然而酸碱质子理论仍有解释不了的反应，有些实验证明有些化合物不含氢但仍然可以与碱反应，但按照酸碱质子理论，不认为它们是酸。故酸碱质子理论还需要进一步改进。部分 Brönsted 酸碱见表 3-1。

表 3-1 部分 Brönsted 酸碱

酸		碱	
分子	HF、HCl、HBr、HI H_2O、H_2S、H_2SO_4	F^-、Cl^-、Br^-、I^-、OH^-、O^{2-}、 HS^-、S^{2-}、$HSO_4{}^-$、$SO_4{}^{2-}$	负离子
正离子	NH_4^+、$[Fe(H_2O)_6]^{3+}$、 $[Al(H_2O)_6]^{3+}$	NH_3、H_2O、NH_2OH	分子
负离子	HSO_4^-	$[Fe(OH)(H_2O)_5]^{2+}$、 $[Al(OH)(H_2O)_5]^{2+}$	正离子

(4) 酸碱电子理论

在 Brönsted 提出酸碱质子理论的同时，Lewis 基于化学键理论提出了酸碱电子理论，进一步扩展了酸碱的定义范围。Lewis 从电子对概念出发，以接受或放出电子对作为判据，认为凡是在电子结构上具有未饱和状态的原子定具有接受外来电子对的能力，将这种物质称为酸；凡是在电子结构上具有未共用的电子对并能向外提供这一电子对的物质称为碱。Lewis 酸碱反应是一个单电子从 Lewis 碱（LB）的孤对电子转移到 Lewis 酸（LA）的空受体轨道上，两个自旋电子对相互靠近产生的。在此理论体系下的酸碱反应称为酸碱加成反应。这样，许多没有质子的化合物也可被归入酸碱体系中。

通常，将酸碱电子理论中的酸称为 Lewis 酸，是具有空轨道的物种，可以指一个离散的分子，如 BF_3，也可以是一个简单或复杂的离子，如 H^+、Cu^{2+} 与 Ag $(NH_3)^{2+}$，甚至可以是在一个或多个维度上表现出非分子性的固体材料。酸碱电子理论中的碱被称为 Lewis 碱。酸碱电子理论认为许多有机反应也是酸碱反应，进一步扩大了酸与碱的范围，能说明不含质子的物质的酸碱性，更深刻地指出了酸碱反应的实质。

(5) 酸碱正负理论

化学家 Mikhail Usanovich 在 1939 年提出了酸碱正负理论：酸是一种可以中和碱形成盐并释放正离子或与负离子（电子）结合的物质；碱是一种能中和酸并释放负离子（电子）或与正离子结合的物质。例如，氰化铁与氰化钾作用生成铁氰化钾和三氧化硫与氧化钠生成硫酸钠的反应，就是符合正负理论的酸碱反应。

$$\underset{\text{酸}}{Fe(CN)_3} + \underset{\text{碱}}{3KCN} \longrightarrow \underset{\text{盐}}{K_3Fe(CN)_6}$$

$$\underset{\text{酸}}{SO_3} + \underset{\text{碱}}{Na_2O} \longrightarrow \underset{\text{盐}}{Na_2SO_4}$$

根据酸碱正负理论，氧化还原反应也属于酸碱反应，只不过是一种极端的酸碱反应。因此，酸碱正负理论比酸碱电子理论的酸碱范围大，几乎把所有的化学反应都包括在内。但酸碱正负理论中酸碱定义的个别特征不易掌握，例如过分强调离子的化合和产物盐的关系，所以有时不便于使用。由于很大程度上是由逻辑概念推导的，所以酸碱正负理论缺乏广泛的实验事实，因此该理论未引起人们的广泛重视。

（6）氧离子理论

1939 年，德国化学家 Hermann Lux 提出了氧离子理论，即酸是氧离子的受体，碱是氧离子的给体。例如：

$$碱 \longrightarrow 酸 + O^{2-}$$
$$BaO \longrightarrow Ba^{2+} + O^{2-}$$
$$SO_4^{2-} \longrightarrow SO_3 + O^{2-}$$
$$\underset{碱}{BaO} + \underset{酸}{SO_3} \longrightarrow \underset{盐}{BaSO_4}$$

（7）软硬酸碱理论

虽然 Lewis 酸碱电子论定义范围很广，但对于定量的考虑却比较少。1963 年，皮尔逊对此进行了进一步探究，根据许多配合物的实验资料以及亲电试剂和亲核试剂间相对亲和性的强弱，给出了一种判定酸碱强度的办法，即软硬酸碱理论，也叫广义酸碱理论。即：凡是能释放出 H^+、正离子或者能与电子或负离子相结合的都是酸；相反，能释放出电子、负离子或者能够与 H^+或正离子相结合的都是碱。

软硬酸碱理论的基础依旧是酸碱电子理论，根据酸或碱的核是否抓紧外围的电子以及抓紧的程度来定义“软”和“硬”。抓得紧的为硬酸或硬碱，抓得松的为软酸或软碱。将酸和碱分为软和硬两部分时，出现了 Lewis 软硬酸碱规则，硬酸喜欢和硬碱结合，而软酸喜欢和软碱结合[2]；双向碱（酸）倾向于通过它的软反应位点与软酸（碱）结合，通过它的硬反应位点与硬酸（碱）结合，所谓硬亲硬，软亲软，交界酸碱两边管。

起初，几乎没有具体内容描述什么是硬试剂或软试剂，只指出，小的、非极化的、高度带电的物种应该被归为硬试剂；相反，较大的、极化的、较少带电的物种应该被归为软试剂。酸碱的硬度或软度的特性可定性表述为：硬酸一般具有较高的正电荷，亲电中心的原子较小，价层中无未共用电子对存在，极化度低，电负性高，用分子轨道理论描述是最低未占分子轨道（LUMO）的能量高，与其相反的为软酸；而硬碱的亲核中心的原子电负性大，极化度低，难以被氧化，持有价电子的能力强，用分子轨道理论描述是最高占据分子轨道（HOMO）的能力较低，与其相反的为软碱。部分软、硬酸碱如表 3-2 与表 3-3 所示。

表 3-2　软、硬酸的分类

硬酸	软酸	交界酸
H^+、Li^+、Na^+、K^+、Mg^{2+}、Ca^{2+}、Mn^{2+}、La^{3+}、Cr^{3+}、Co^{3+}、Al^{3+}、Fe^{3+}、BF_3、$AlCl_3$、SO_3	Au^+、Cu^+、Ag^+、Pd^{2+}、Pt^{2+}、Hg^{2+}、BH_3、I_2、Br_2、Ti^{3+}、ICN、$GaCl_3$	Fe^{2+}、Co^{2+}、Ni^{2+}、Cu^{2+}、Pb^{2+}、Zn^{2+}、Sn^{2+}、Bi^{3+}、Sb^{3+}、Ir^{3+}、Rh^{3+}、SO_2

表 3-3　软、硬碱的分类

硬碱	软碱	交界碱
H_2O、OH^-、F^-、Cl^-、NO_3^-、CO_3^{2-}、PO_4^{3-}、ClO_4^-、NH_3、N_2H_4、ROH	I^-、CN^-、RCN、CO、C_6H_6、H^-、BH_4^-、C_2H_4、R_2S、RSH、$S_2O_3^{2-}$	N_3^-、Cl^-、Br^-、NO_2^-、SO_3^{2-}、$ArNH_2$

由于软硬酸碱理论是根据大量实验总结出来的，相应的描述较为粗略，是一种定性的评判标准，不能定量计算反应的程度。同样地，一个原子的软硬度也不是固定的，随着电

荷数的改变而改变。当酸与碱结合时，电子结构和软硬程度也会产生变化。软硬酸碱理论的最大成就在于应用，在有机化学中的应用具有很高的价值，有时也用来解释相关化学现象。

3.1.2　一般酸碱催化反应

许多反应都能被酸和碱或二者催化，此时，催化剂在机理中起到根本性的作用。这类有机反应的第一步几乎都是催化剂和反应物之间的质子转移。根据 Brönsted 的观点，酸或碱催化的反应可以分为两种形式，即一般催化反应与特殊催化反应。一般酸（或碱）催化反应指的是在催化反应中，所有的酸（或碱）都起到催化作用，包括质子和还没有解离的酸（或碱），在均相酸碱催化反应中占很大的比例。酮的烯醇化与溴化、醛与肼脲氨基缩合以及甲醇-醋酸酯化等以 B 酸为催化剂的反应，都是一般酸催化反应。酮的溴化也可以使用碱催化，除此以外，醋酸与酚的酯化和氯醛水解等多种反应都是一般碱催化反应。在任何发生质子转移的反应中，一般酸催化和一般碱催化都是增强反应特异性和提高反应速率的重要机制。例如，在低碳脂肪酸的乙醇酯（原乙酸乙酯）的水解中，水解反应速率不仅与溶液中的氢离子浓度有关，还与缓冲剂间硝基苯酚的浓度有关。

$$CH_3C(OC_2H_5)_3 + H_2O \longrightarrow CH_3COOC_2H_5 + 2C_2H_5OH \tag{3-1}$$

$$k = k_0[H_2O] + k_{H^+}[H_3O^+] + k_n[m\text{-}NO_2C_6H_4OH] \tag{3-2}$$

式中，k 为酸催化下的总催化速率常数；$k_0[H_2O]$为没有催化剂时的水解速率常数；$k_{H^+}[H_3O^+]$为氢离子的催化速率常数；k_{H^+} 为氢离子的催化系数；$k_n[m\text{-}NO_2C_6H_4OH]$为间硝基苯酚的催化速率常数；$k_n$ 则为间硝基苯酚的催化系数。

由于亲核试剂（H_2O）和亲电试剂（乙酸乙酯的羰基）都不反应，在中性条件下这是一个非常缓慢的反应。若能提高亲核试剂或亲电试剂的反应活性，则可加快反应速率。pH 的升高增加了氢氧根离子的浓度，氢氧根离子是一种比水更好的亲核试剂，事实上，在更高的 pH 下水解速率增加。同样，pH 的降低也会增加水合氢离子的浓度，使酯羰基质子化，从而增加其亲电性，这也会增加水解速率。但是在这种情况下，如果碱和酸加在一起水解速率也不会提高，因为在溶液中加入酸和碱只会导致中和反应而失去催化作用。一般的酸催化反应会由于加入其他酸（不仅是水合氢离子）而加快反应速率，类似地，一般碱催化反应也会因为加入除氢氧根离子以外的碱而加速。溶液中，在 pH 和离子强度不变的条件下，随着缓冲液浓度的增加，一般酸碱催化反应速率增加，当缓冲液中酸碱组分浓度较高时，反应速率增加较快。

一般酸催化反应，其反应速率不仅仅随着溶剂正离子浓度的增加而增大，也随着其他酸浓度的增加而增大。即使溶剂正离子浓度维持恒定，其他酸浓度的增加也可增大反应速率。对于这种催化反应，酸性越强催化效果越好。这种催化剂酸性与催化能力的关系可用 Brönsted 催化方程表示。

$$\lg k = \alpha \lg K_a + C \tag{3-3}$$

催化方程中，k 是酸催化反应的速率常数；K_a 为离子化常数。若用一系列酸催化特定反应，将得到的数据 $\lg k$ 对 $\lg K_a$ 作图通常会得到一条直线，式中的 α 与 C 即为所得直线的斜率与截距。但当比较不同种类的酸时，该关系式不再成立。比如其适用于酚类和羧酸，而不适用于既有苯酚又有羧酸的情况。之所以称为一般是指反应能被一般的给质子体催化，不只是限于 H_3O^+，一般的酸催化作用只有在较高的 pH 值时才明显，在较低的 pH 值也可能出现，但被 H_3O^+ 较强的作用遮蔽了。一般的酸催化作用的特征是对反应物的质子化慢，即为反应的决速步骤，随后是将中间体迅速转化成产物。

而在一般的碱催化作用中，除了 OH^- 之外还包括其他碱类，例如由碱催化的丙酮溴化反应。与酸催化相似，一般的碱催化反应的特征是从反应物移去质子是缓慢的，也就是为反应的决速步骤，之后再将中间体迅速地转换为产物。同样，关于碱的 Brönsted 方程可以表示为：

$$\lg k=\beta \lg K_b+C \tag{3-4}$$

Brönsted 方程将速率常数 k 与一个平衡常数 K_b 相关联。该关系式对很多碱催化反应都适用，但当碱的结构变化较大时，理论计算值与实际测量结果有较大的偏差，这是结构变化导致自由能的不同造成的。

下面我们以丙酮的卤化反应为例来说明一般酸碱反应的机理。之所以选择这一反应，不仅因为它既是一般酸催化反应，又是一般碱催化反应，也因为这类催化反应研究已经比较成熟。有趣的是，早在大约 1904 年时就发现，即使反应是溴化反应，酮的溴化反应速率与酮的浓度成正比，而与溴的浓度无关，溴没有参与限制反应速率并形成过渡态的步骤[3]。这意味着反应中会有一些中间产物形成，并且生成的速度较慢，是反应的决速步骤，中间反物一旦形成，就会与溴反应迅速形成产物，换句话说，实际测量的是中间产物的生成速度，而中间产物和溴反应的速率是非常快的以至于无法测量。在一般的有机化学反应中，酮-烯醇互变异构是常见的，如之前我们提到的，酮的卤化反应可以被许多酸或碱催化，这自然会让人想到在催化剂作用下酮的质子转移和烯醇中间结构形成的可能性[4]。根据这一观察和其他结果，可以推断烯醇生成酮在酸或碱催化卤化反应中的限速过程，由于卤素不参与烯醇的形成，所以它不出现在通常使用的卤素浓度下的速率规律中。在此基础上，探讨了丙酮在酸或碱作用下的卤化反应机理。为了讨论方便起见，本书采用文献中常见的符号：HA 和 B 为酸和碱，A^- 为 HA 的共轭碱，而 BH^+ 为 B 的共轭酸。

(1) 碱催化反应历程

在碱催化反应中，可以假定丙酮首先与碱作用，生成烯醇负离子及碱的共轭酸，前者再与溴迅速反应生成溴代丙酮，如图 3-1 所示。

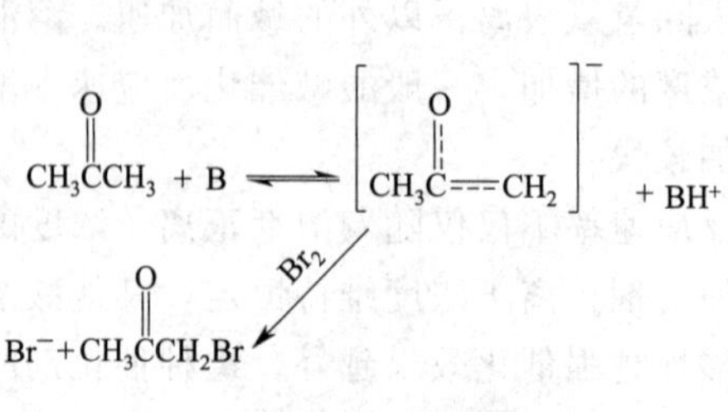

$$CH_3\overset{O}{\overset{\|}{C}}CH_3+B \rightleftharpoons \left[CH_3\overset{O}{\overset{\|}{C}}{=\!=}CH_2\right]^- + BH^+ \xrightarrow{Br_2} Br^- + CH_3\overset{O}{\overset{\|}{C}}CH_2Br$$

图 3-1　碱催化丙酮与溴反应

尽管在丙酮与碱的平衡反应中只能生成少量烯醇，但是它与溴迅速反应后，破坏了平衡体系，使平衡右移不断溴化和生成烯醇。而且如果碱的强度不同，反应速率也会有所差别。例如，用羟基作为催化剂时的反应速率比乙酸根离子为催化剂时的反应速率快。这个反应机理已通过许多方法进行过验证。已知具有旋光性的酮与碱作用时能发生消旋化，这种现象和上述反应机理历程是一致的。因为烯醇负离子是没有不对称因素的，无旋光性，当它转变为取代酮时，生成左、右旋光体的机会是相等的，故生成的产物是消旋混合物，表现出消旋化。用消旋方法测定反应速率，证明消旋化速度正好等于烯醇负离子的形成速度[5]。此外，氘的交换也进一步证明了这一点。酮在含氘的碱性水溶液中形成的烯醇负离子能迅速与氘结合生成氘丙酮，可证明氘化的速度与烯醇负离子的生成速度、旋光酮的消旋化速度以及酮的卤化速率完全相同。

酮-烯醇互变异构现象，经常是在碱存在时达到平衡状态，玻璃容器本身的碱性能够起到碱催化的作用。如果排除了这种影响因素，把酮式异构体放在石英容器里，转变为烯醇的反应速率就会很大程度地减慢，可以将两种异构体分离开来。丙酮在碱性溶液中的卤化反应仅仅能将三卤代丙酮分离出来，如得到三溴代丙酮，而不能得到一溴或者是二溴代丙酮。这是因为一溴代丙酮或者二溴代丙酮的酸性相对母体丙酮来说更强，更容易与碱作用，进而生成烯醇负离子，连续反应至生成三溴代丙酮。三溴代丙酮还容易与碱继续反应生成卤仿。与酮类化合物相似，硝基化合物、酯等 α-碳上的卤代反应速率同样与卤素的浓度无关。另外，羟醛缩合反应以及醛、酮与酯、羧酸和酐等在碱性条件下的缩合反应同样是先生成负离子后再继续进行反应。

（2）酸催化反应历程

酸作为催化剂也可以催化丙酮的卤化反应，反应速率也与卤素浓度无关（酸浓度高除外）。旋光性酮在酸性水溶液中的卤化反应速率等于消旋化速率。大量的实验证明，丙酮在酸催化下的反应历程如图 3-2 所示。

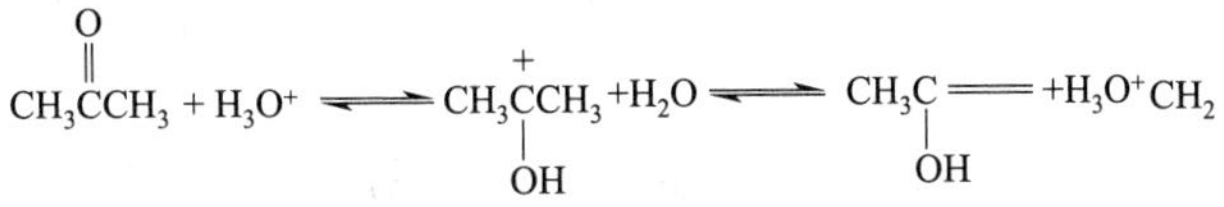

$$CH_3C(=O)CH_3 + H_3O^+ \rightleftharpoons CH_3\overset{+}{C}(OH)CH_3 + H_2O \rightleftharpoons CH_3C(OH){=}CH_2 + H_3O^+$$

图 3-2　酸催化丙酮反应历程

烯醇的形成在这个过程中为限制速率的步骤，换句话说，碳正离子先形成，然后立即转化成烯醇，生成的烯醇与卤素快速反应。像其他烯烃一样，烯醇与卤素反应，但与普通烯烃不同的是，烯醇只添加一个卤素原子。在把第一个卤素加到双键上之后，得到的碳正离子中间体失去一个质子，而不是加入第二个卤素（第二个卤素的加入会形成一个四面体的加成中间体，在这种情况下，相对不稳定），如图 3-3 所示。结果表明，反应速率与分离的烯醇和卤素的直接反应速率相同。

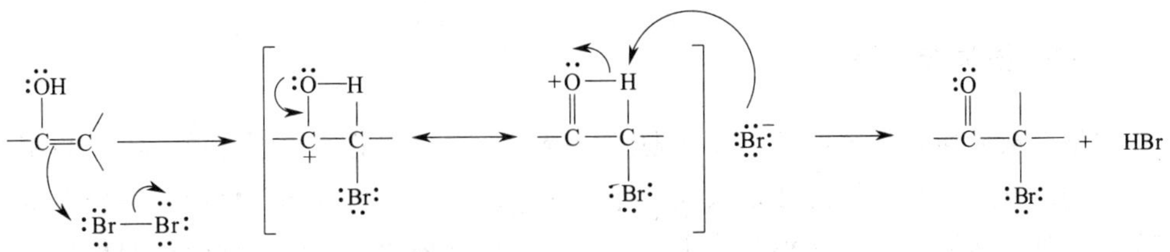

图 3-3　烯醇与卤素的反应过程

由于卤代丙酮的碱性比母体丙酮的碱性略弱，二者接受质子的能力没有明显差别，因此，反应可以停留在一卤代和二卤代的阶段，可以制得相应的一卤代和二卤代化合物。

3.1.3 特殊酸碱催化反应

在酸碱催化反应中，除了水合氢离子（H_3O^+）与氢氧根离子（OH^-）以外，其他的离子或分子没有起明显的催化作用的反应称为特殊酸或特殊碱催化反应。特殊酸或碱催化反应在原则上与一般酸碱催化反应没有区别，只是影响反应速率的因素有所不同。特殊酸或碱催化反应的反应速率与催化剂酸或碱的强度和浓度有关，强度越大，给质子能力越强，反应活性越高；浓度越大，反应活性也越高。当然，与反应物的浓度也有关系。硫酸催化醇脱水反应就是特殊酸催化反应，首先，醇分子上羟基氧原子上的孤对电子与质子结合，然后再解离为碳正离子，最后是 H^+ 脱离形成产物烯烃[6]。脱水过程如图 3-4 所示。

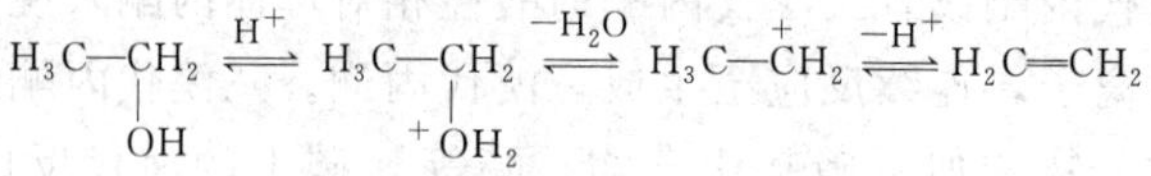

$$H_3C{-}CH_2(OH) \underset{}{\overset{H^+}{\rightleftharpoons}} H_3C{-}CH_2({}^+OH_2) \overset{-H_2O}{\rightleftharpoons} H_3C{-}\overset{+}{C}H_2 \overset{-H^+}{\rightleftharpoons} H_2C{=}CH_2$$

碱催化二丙酮醇分解为特殊碱催化反应，反应过程如图 3-5 所示。

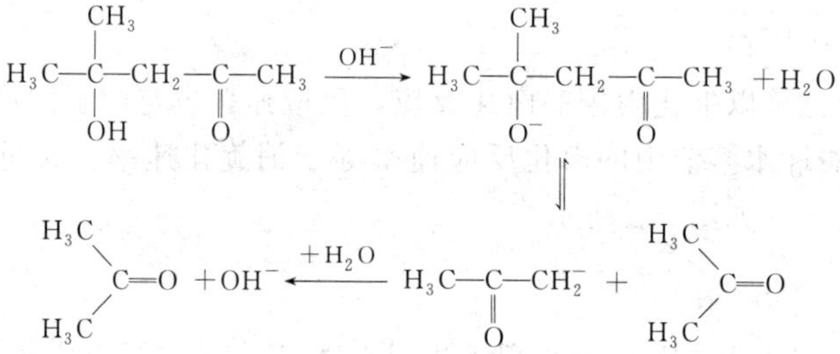

$$H_3C{-}C(CH_3)(OH){-}CH_2{-}C({=}O){-}CH_3 \xrightarrow{OH^-} H_3C{-}C(CH_3)(O^-){-}CH_2{-}C({=}O){-}CH_3 + H_2O$$

$$\Downarrow$$

$$(H_3C)_2C{=}O + OH^- \xleftarrow{+H_2O} H_3C{-}C({=}O){-}CH_2^- + (H_3C)_2C{=}O$$

图 3-5　碱催化二丙酮醇反应过程

从以上介绍可以看出，特殊的酸碱催化反应是按照离子机理进行的，反应速率很快，活化时间不长，以质子转移为其反应的特点。质子转移快的部分原因是它没有电子，只有一个正电荷，而且很容易与其他极性分子的带负电的部分形成化学键。另外，质子的半径极小，表现出很强的电场强度，其附近的分子容易极化，有利于形成新的键，使质子化的底物形成不稳定的中间复合体，表现出较大的活性。如果酸是催化剂，底物分子必须包含容易接受质子的原子或基团，而如果碱是催化剂，那么底物必须有质子给予位点才能形成活化的复合物。

3.1.4 酸碱协同催化反应

在化学合成领域，传统的催化途径通常依赖于一种独特的催化剂与单一底物的相互作用，虽然利用这种单催化策略在过去几十年里成功地产生了大量的新反应，但仍有很多的反应无法实现。协同催化是一种合成策略，其中亲核试剂和亲电试剂同时被两种独立且不同的催化剂激活，以提供一个单一的化学转化。这种催化策略带来了几个好处，特别是协同催化可以引入新的、以前无法实现的化学转化，或者提高现有转化的效率以及提高催化剂对映体选择性等。在一些酸碱作为催化剂的反应中，当酸和碱同时存在时催化反应才能进行，酸碱协同作用下的催化效率往往更好。

3.1.4.1 双激活催化

当两种催化剂协同工作时，我们称之为双激活催化。糖类的变旋就是其中的一个例子。变旋反应过程中，既要将质子加上又要将其脱去，在质子攻击桥氧原子的同时，B攻击 OH^- 中的H，反之亦然，溶液中同时有酸和碱才能使反应顺利进行。如果溶液只含有酸（如甲酚，一种弱酸，碱性可以忽略），或只含有碱（如吡啶，它是碱性的，没有酸性），则变旋发生得相当缓慢[7]。若把甲酚和吡啶的两种溶液混合，然后反应，就可以加快反应的速度，快速产生变旋现象。另外，还进一步证明了这种变旋现象在苯溶液中，与糖、吡啶和甲酚的浓度成正比，为三级反应，即：

$$v=k[\text{糖}][\text{吡啶}][\text{甲酚}] \tag{3-5}$$

3.1.4.2 双官能团催化

如果亲核试剂和亲电试剂被同一催化剂上的离去官能团分别激活，也就是既有酸性中心又有碱性中心，并且能在催化反应过程中起到协同作用，有较好的活性和选择性时，称为双官能团催化。双官能团催化剂的两个催化中心的强度因子和结构因子与反应物分子的作用位点相容，适应性越好，催化剂的活性和选择性越高，远远高于两个催化中心单独作用的效果。例如 α-羟基吡啶酮，尽管其碱性强度只有吡啶的万分之一，酸强度仅为苯酚的百分之一，但对于吡喃型葡萄糖的两种异构体旋光转化活性比相同浓度下（10^{-3} mol）的吡啶与苯酚混合物的强7000倍，并且反应速率和 α-羟基吡啶酮的浓度成正比。可以推断，这种催化活性来自催化剂中提供电子的碱性中心和接收电子的酸性中心之间的双功能关系。与苯酚酸性强度大致相同的有机酸有时比苯酚具有更高的催化活性，这也与有机酸作为双功能催化剂所发挥的作用有关。

如果两种催化剂都激活了相同的反应，但按照一定的顺序（即活化的底物产生中间体，该中间体被第二种催化剂进一步激活），我们将这种策略归为级联催化。级联催化反应的明显优点是减少浪费，通常反应的效果比单独的步骤要好。此外，级联催化反应使人们能够利用不实用或不容易分离的反应中间体，使其继续反应，对于复杂分子的构造是非常有效的。级联催化反应可以显著地提高合成效率，即在一锅反应中连续发生多个反应，快速构建出复杂的分子结构，其已经发展成为构建各种支架和合成复杂天然产物的最有效策略之一。相反，当亲核试剂和亲电试剂同时被两种不同的催化剂激活以提供单一的化学转化时，我们将这种策略归为协同催化。事实上，协同催化在自然界中是普遍存在的，因为许多酶的功能是通过两个或多个催化剂（或活性位点内的催化基团）的合作来实现的。这在一些酶反应中，尤其是在关于水解酶的反应中，是司空见惯的[8]。一般地，酸碱协同催化反应的机理可以表示为：

$$\text{HS}+\text{B} \underset{k_{-1}}{\overset{k_1}{\rightleftharpoons}} \text{BHS} \xrightarrow[\text{慢}]{k_2} \text{P} \tag{3-6}$$

反应遵循这一机理，动力学方程将由几个酸、碱对组成项的和表示。比如在水溶液中时：

$$v=k_{\text{测}}[\text{S}]=k_0[\text{S}]+k_{\text{H}^+}[\text{H}^+][\text{S}]+k_{\text{OH}^-}[\text{OH}^-][\text{S}]+\sum_i k_i^{\text{A}}[\text{A}][\text{S}]+\sum_j k_j^{\text{B}}[\text{B}][\text{S}] \tag{3-7}$$

其中第一项表示无催化剂的反应，第二项和第三项分别表示 H^+ 和 OH^- 的贡献项，而最后两项是酸 HA 及其共轭碱 B 催化的反应。

虽然在实施协同催化方面仍有不小的挑战，但在最近的文献中已经报道了许多成功的应用，正如我们已经提到的，协同催化不仅可以实现一些之前无法实现的化学反应，而且可以引入并提高催化剂的选择性，具有很大的发展潜力。

3.2 配位化合物及其催化反应原理

3.2.1 配位化合物的概念

配位化合物已经为人所熟知和使用，然而，由于若干原因，这些物质的化学性质尚不清楚。例如，许多被称为复盐的化合物已为人所知，如 $AlF_3 \cdot 3KF$、$Fe(CN)_2 \cdot 4KCN$ 和 $ZnCl_2 \cdot 2CsCl$，但是为什么 $AlF_3 \cdot 3KF$ 是以这样的形式存在，而不是以 $AlF_3 \cdot 4KF$ 形式存在？种种疑问使人们对配位化合物的性质产生兴趣，并对此进行了大量的研究。本节主要讨论配位化合物和配位化合物催化剂的基本理论和概念，以及催化反应的经典机理。

3.2.1.1 配合物的定义

配位化合物是由一系列阴离子或中性分子通过配位共价键与中心原子（M）结合而成的化合物，配位化合物也称为配位配合物。接受电子的离子或者金属原子称为中心原子，一般情况下，所有元素都可以作为中心原子，但常指能够提供空轨道的阳离子，其中金属离子是最为常见的中心原子。与中心原子结合的分子或离子称为配体（也称为络合剂），用“L”表示。在配位化合物中，直接与中心原子结合的配体叫作配位原子，所谓的配体数就是配位原子的总数。配位原子与中心原子间形成的键叫作配位键，通常用“→”表示，要注意与共价键的表示方法“—”区分开来。配体与中心原子组成的内配位层称为内界，用“[ ]”表示，除此以外的部分为外界[9]。

3.2.1.2 配体类型

配位化合物的每个分子或离子都包括一些配体，在给定的物质中，配体可以完全相同，也可以不同。

（1）按配体所带的电荷分

根据配体所携带的电荷，将其分为 3 种不同的类型：最少带一个负电荷的阴离子配体，如 CN^-、Cl^-、Br^-；最少带一个正电荷的阳离子配体，如 NO^+；配体上不带电荷的中性配体，如 CO、H_2O、NH_3。

（2）按配体中配位原子的数目分

① 单齿配体：只有一个原子能与配位中心结合的配体，氨（NH_3）是一个很好的单齿配体。一些常见的单齿配体有 F^-、Cl^-、Br^-、I^-、H_2O 等。

② 双齿配体：有能力通过两个独立的供体原子与中心原子结合的配体，如乙烷-1,2-

二胺、乙二胺、草酸根等。

③ 多齿配体：有许多能与配位中心结合的供体原子，可以占据多个配位位置的配体。由于多齿配体与金属原子连接的位置不止一个，因此所得到的配合物为环状的，也就是包含一个原子环。

④ 螯合配体：当一个多齿配体通过两个或多个供体原子附着到同一个中心金属原子上时，被称为螯合配体，上述多齿配体就是螯合配体的一种例子[10]。人们将多齿配体与中心原子形成的环状配位化合物称为螯合物，且将螯合物的形成称为螯合[11]。螯合物比具有单齿配体的配合物更稳定，因为螯合物的解离涉及两个以上键而不是一个键的断裂。

⑤ 两可配体：有些配体能够通过两种不同元素的原子与中心原子结合，例如，SCN^-可以通过氮原子或硫原子与配体结合，这样的配体被称为两可配体。

3.2.1.3 配位数与配体数

在配位化合物中与中心原子相连的配体数目称为配体数，而配位数是指在配体中与中心原子真正相连的配位原子总数。很明显，单齿配体中的配体数与配位数是相同的，但在多齿配体中，两者数目是不同的。比如，在 $[Fe(CN)_6]^{3+}$ 中，Fe^{3+} 的配位数与配体数相同，均为 6。然而在$[Cu(CN)_2]^{2+}$中，Cu^{2+} 的配体数为 2，但其配位数为 4。

配合物中，配位数不仅与其中心原子、配体的性质（电荷数、原子半径和电子层结构）有关，还与配合物形成的条件有一定的联系，一般地，中心原子的电荷越多，吸引配体的能力就越大，配位数也就越大。但若增加配体的电荷，虽然可以增大中心原子对配体的吸引力，但也会明显地提高配体之间的排斥力，从而导致配位数的降低。中心原子半径越大，其配体体积就越小，可围绕中心原子的配体越多，配位数也越大。但如果中心原子半径太大，反而会削弱配体的吸引力，甚至会降低配位数。

通常，高浓度配体有助于形成高配位数的配合物。例如，SCN^- 和 Fe^{3+} 可以形成配位数为 1 ～ 6 的不同配离子。在分析化学中，经常有目的地使用过量的 SCN^- 来形成配位数为 6 的配合物。而且在形成配合物的过程中，降低温度有利于形成高配位数配合物。总的来说，配位数的多少与很多因素有关，但在一定范围内，中心离子一般都有一个比较典型的配位数。

3.2.1.4 配位键的类型

配位键又称配位共价键，是指配位化合物与配位原子中心形成的化学键。它本质上是共用电子对形成的共价键，分为 σ 键与 π 键，σ 键中配体的配位原子给中心原子提供孤对电子，而 π 键中由配体或中心原子提供电子对形成 π 键（π 酸配合物）。

3.2.1.5 配合物的类型

（1）简单配位化合物

简单配位化合物是指由单齿配体与中心离子通过配位形成的配合物。这种配合物通常都含有较多的配体，并且能在溶液中逐步解离成多种不同配位数的配位离子，这种解离现象被称为逐级解离现象。简单配合物也被称为维尔纳型配合物。

（2）螯合物

螯合是在中心原子与离子或其他物质间的一种键合，它会在配体与单中心金属原子之间形成一个及以上的配位键。通过螯合得到的配合物具有环状结构，该种配合物被称为螯合物。具有两个及以上配位原子的配体（多齿配体）与中心原子结合，配体中的两个配位原子被另外两个或三个原子隔开，以便与中心离子形成一个稳定的五元或六元环。例如，乙二胺可以与 Cd^{2+} 形成螯合物（图 3-6）。

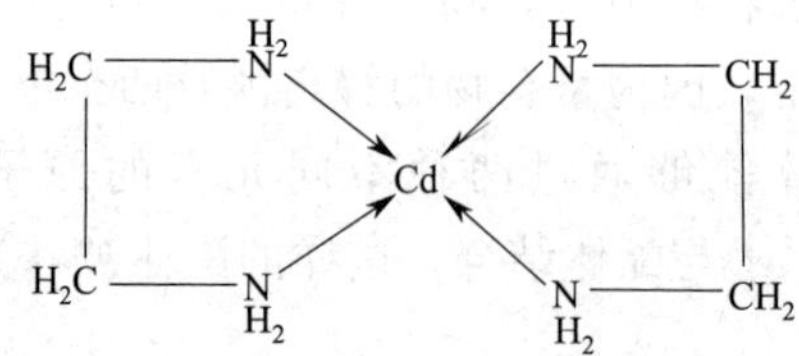

图 3-6　乙二胺与 Cd^{2+} 形成螯合物

乙二胺是一种双齿配体，2 个 N 提供孤对电子并与 Cd^{2+} 形成配位键，就像蟹爪钳住中心原子，形成环状结构，将中心原子嵌到中间。少数无机物也可形成螯合物，如三聚磷酸钠和 Ca^{2+} 可形成螯合物。

（3）多核配合物

多核配合物是在一个配位层中含有两个或两个以上有限金属原子或离子的配位化合物，如双核配合物、三核配合物甚至上百个核的配合物。这两个原子可以通过直接的金属-金属键结合在一起，可以通过桥接配体结合在一起，也可以两者结合在一起。多核配合物中，如果中心原子（M）相同，则称之为同核配合物，反之为异核配合物或杂核配合物。中心原子间直接键合时称为原子簇合物，当中心原子是金属时称为金属原子簇合物，后面我们会对其进行具体解释。

（4）羰基配合物

羰基配合物是一氧化碳作为配体的化合物，如 $Co(CO)_8$ 与 $Ir_4(CO)_{12}$，CO 可以直接和金属相连，也可以起桥连作用和金属相连[12]。一氧化碳是过渡金属化学中一种常见的配体，部分原因是它与过渡金属的结合具有协同作用。

（5）金属簇状配合物

由两个或多个金属原子以金属-金属（M-M）键合而成的化合物称为金属簇状配合物或金属原子簇合物[13]。金属簇状配合物在均相催化反应中具有不可替代的作用，与单核配合物催化剂相比，金属簇状配合物可以同时向反应物提供多个活性位点，使反应物可以发生多位配合，表现出单核配合物没有的催化功能。比如一氧化碳与氢气合成乙二醇，这个反应的第一步就同时需要两个金属中心，很显然单核配合物不能达到这个要求。

（6）夹心配合物

夹心配合物通常是指那些由一个金属中心和两个位于金属中心两侧的平面共轭配体组成的有机金属配合物，呈现出“板-心-板”结构[14]。制得的第一个夹心配合物是二茂铁，即双环戊二烯基合铁（Ⅱ）。

（7）大环配体配合物

大环配体配合物是由 O、N、P、S 等配位原子在环状骨架上形成的多齿配体环状配合物。

3.2.1.6 配合物的命名

每年都有大量的各种类型的配位化合物在实验室中合成。如果这些化合物是随机命名的，那么世界上所有的化学家可能都不能有效地沟通。因此，必须采用统一的方法来命名这些复杂的化合物。参考国际纯粹与应用化学联合会（IUPAC）推荐的系统命名方法，中国化学会无机专业委员会在 1980 年制定了一套关于配合物的命名方法。

（1）简单命名

如果是简单酸根的阴离子（如：Cl^-、OH^-）与配阳离子结合，那么先写出阴离子的名称，然后写下阳离子的名称，即“某化某”（就像我们平时命名盐一样）。如果是复杂酸根离子（如 CO_3^{2-}、SO_4^{2-}、NO_3^-）与配阳离子结合，那么先写出复杂酸根离子的名称，再写出阳离子的名称，即“某酸某”。中性分子配合物还是按照中性化合物命名，没有变化。

（2）内界命名

① 一般的内界命名中，先命名配体，再命名中心原子（M），也就是所谓的“某合某”。例如：

$[Co(NH_3)_6]Cl_3$　　三氯化六氨合钴(Ⅲ)

② 若配体无机含氧酸阴离子的词头带倍数，那么在命名时需要用括号括起来，例如三磷酸根。当配体为有机配体时，也要用括号括起来，如：

$[Cr(en)_3](ClO_4)_3$　　三高氯酸三(乙二胺)合铬(Ⅲ)

③ 一般地，配体数倍数大于一时，用“二、三、四、五……”表示，若倍数为一，则可以省略不写，如：

$[Cu(NH_3)_4]SO_4$　　硫酸四氨合铜(Ⅱ)

④ 中心离子的氧化数用罗马数字表示，并写在名称的后面，若氧化数是 0，则省略，若氧化数是负数，就在罗马数字前面添加一个负号。

$K_3[Fe(CN)_6]$　　六氰合铁（Ⅲ）酸钾

$Na[Co(CO)_4]$　　四羰基合钴（－Ⅰ）酸钠

$Ni(CO)_4$　　四羰合镍

（3）配体命名

有时配合物中不止有一种配体，此时，配体名称间需使用“·”隔开，且配体先后顺序也有规定：

① 当配合物中无机配体和有机配体同时出现时，先无机配体后有机配体。

$K[Pt(C_2H_4)Cl_3]$　　三氯·(乙烯)合铂(Ⅱ)酸钾

② 在无机配体中，先列出阴离子，再列出中性配体，最后列出阳离子配体。

$K[PtCl_3NH_3]$　　三氯·氨合铂(Ⅱ)酸钾

③ 若同一类配体不止一种，则按照各配体中配原子元素符号的英文字母顺序排列。

$[Co(NH_3)_5H_2O]Cl_3$　　三氯化五氨·一水合钴(Ⅲ)

④ 若同一类配体的配原子也相同，则将原子数较少的配体排在前面，原子数较多的配体排在后面。

$[Pt(NO_2)(NH_3)(NH_2OH)(py)]Cl$　　　　氯化硝基·氨·羟胺·吡啶合铂(Ⅱ)

⑤ 若配体不仅种类与配原子相同，且配体的原子数也相同，则根据与配位原子连接的原子的元素符号的前后顺序排列。

$[Pt(NH_2)(NO_2)(NH_3)_2]$　　　　氨基·硝基·二氨合铂(Ⅱ)

⑥ 有些配体化学式相同但是配位原子不同，命名时名称不同，例如 SCN^- 中以 S 配位，我们称它为硫氰根，而 NCS^- 中以 N 配位，则称它为“异硫氰根”。有时配位原子还不清楚，就以化学式中的书写顺序排列。如：

$Na_2[Fe(CN)_5NO]$　　　　五氰·亚硝酰合铁(Ⅲ)酸钠

⑦ 当基团配体与金属连接时，一般都以阴离子命名，称之为“基”，比如：

$K[B(C_6H_5)_4]$　　　　四苯基合硼(Ⅲ)酸钾

3.2.1.7 配合物的立体结构

研究结果表明：中心原子的配位数与配合物的立体结构密切相关，且配合物的立体结构随配位数的变化而变化。即使配位数相同，由于中心原子和配体类型的不同以及它们之间相互作用的不同，配合物的立体结构也可能不同。

(1) 配合物的结构

配位数为 1 的配合物数量比较少，报道过的只有两个，分别是 2,4,6-三苯基苯基合银(Ⅰ)与 2,4,6-三苯基苯基合铜(Ⅰ)。二者都是中心原子与一个大体积的单齿配体键合产生的金属有机化合物。配位数为 2 的配合物也比较少，大部分是如 Ag^+、Au^+、Cu^+、Be^{2+} 等具有 s^2 和 d^{10} 电子构型的配合物，通常为直线形。配位数为 3 的配合物同样也是比较少的，配合物构型有平面三角形、三角锥形以及 T 形分子。需注意的是并不是所有化学式为 MX_3 的配合物都是三配位的配合物，比如 $CrCl_3$ 为层状结构，为六配位配合物。另外，$CuCl_3$ 是链状的，同样也不是三配位，是四配位配合物，而 $AuCl_3$ 真正的化学式为 Au_2Cl_6，也是四配位化合物。配位数为 4 的配合物比较常见，有四面体和平面四边形两种构型。一般来说，当四个配体与不含 d^8 电子构型的过渡金属离子或原子配位时，可以形成四面体构型配合物。d^8 组态的过渡金属离子或原子一般形成平方四边形配合物，但如果原子太小或配体原子太大而不能形成平面正方形，d^8 组态的金属也可能形成四面体构型。配位数为 5 的配合物主要有三角双锥和四方锥两种构型。其中三角双锥型大多以 $d^{8\sim9}$ 以及 d^0 的电子构型的金属离子配合物为主，中心原子以 dsp^3 或 sp^3d 杂化轨道与配体轨道成键。但需注意的是，理想中的规则三角双锥结构很少，一般会发生不同程度的畸变，若稍微有一些差异，也应近似看作规则的三角双锥构型。在四方锥配合物中，中心原子可以以 $d_{x^2-y^2}sp^3$、d^2sp^2、d^4s、d^2p^3、d^4p 杂化轨道与配体轨道成键，当然，大部分四方锥构型也会发生畸变。配位数为 6 的配合物主要有八面体和三角棱柱两种构型，在过渡金属中，6 是最普遍也是最为重要的配位数。中心原子以 d^2sp^3 或 sp^2d^3 杂化轨道成键，也经常发生畸变。三角棱柱是比较少见的构型，因为是由配位原子之间的斥力较大形成的。配位数为 7 的配合物有五角双锥、帽形三角棱柱以及帽形八面体三种构型。配位数为 8 的配合物也有三种几何构型，分别是立方体、十二面体和四方反三棱柱。配位数为 9 的配合物比较常见的是三帽三棱柱构型。配位数为 10 及 10 以上的配合物比较少见，主要为双帽四方反棱柱构型。

（2）配合物的异构

同分异构体是具有相同化学式的不同化学物质，若有两个或两个以上具有相同分子式的不同化合物我们就将其称为同分异构体。人们发现，由于原子排列的不同，异构体的物理或化学性质也有差异。过渡金属通常可以形成几何异构体，其中相同的原子通过相同类型的键连接，但它们在空间上的方向不同。在配位化合物中已知有两种主要的异构现象，即立体异构与构造异构。值得注意的是，只有反应慢的配合物能表现出异构现象，因为反应快的配合物会发生重排从而生成比较稳定的异构体。

① 立体异构：立体异构是由原子或基团的不同排列现象引起的。忽略特殊情况，立体异构体有相同的原子，相同的键，但这些键的相对方向不同。立体异构又分为几何异构和旋光异构。

a. 几何异构。这种类型的异构现象存在于异质配合物中。它是由配体的不同几何排列引发的。两个配体在顺式异构体中可能彼此相邻，在反式异构体中可能彼此相对。若相邻则称之为顺式，用“顺-”或者“*cis*-”表示，若两个配体相对则称之为反式，用“反-”或者“-*trans*”表示，这种类型的异构称为顺反异构。当然，与中心原子相连的配体原子不一定是相同的，只要求螯合环的两半是不同的。平面正方形和八面体的配合物中顺反异构现象是比较常见的，但不可能在四面体上出现。

Pt(Ⅱ）的配合物是很稳定的，且反应很慢，如 [Pt $(NH_3)_2Cl]_2$ 为平面正方形结构，相同的两个配体可以相邻，也可以相对。此处的顺式结构名称为顺-二氯-二氨合铂（Ⅱ），简称顺铂，是临床上常用的抗肿瘤药，而反式的结构则无药效。[pt $(NH_3)_2Cl]_2$ 的顺式与反式结构如图 3-7 所示。

Cl　NH_3　Pt　Cl　NH_3
(a)顺式

N_3N　Cl　Pt　Cl　NH_3
(b)反式

图 3-7　[Pt $(NH_3)_2Cl]_2$ 的顺式与反式结构

含有不对称双齿配体的平面正方形的配合物也有几何异构现象。比如甘氨酸根离子（$NH_2CH_2COO^-$），可以与 Pt(Ⅱ）配位成顺反异构体[15]。结构表示如图 3-8 所示。

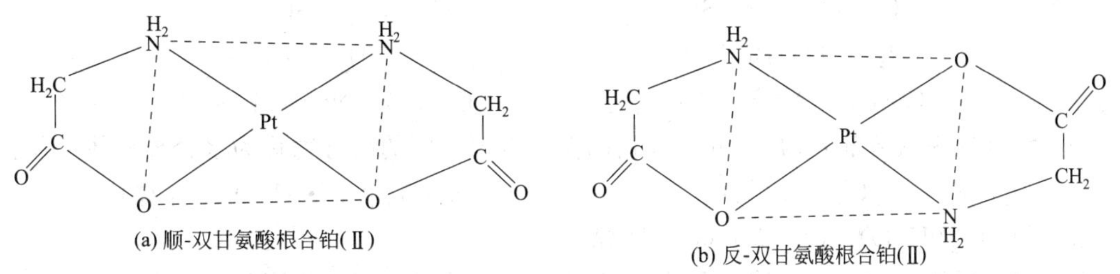

图 3-8　顺、反-双甘氨酸根合铂（Ⅱ）

b. 旋光异构。由于构型不同，两个或多个分子表现出不同的旋光性，这些分子互为旋光异构体，或称为彼此的对映异构体。旋光异构体在四面体和八面体配合物中都有可能存在，但在正方形平面上不会出现。使分子或离子具有旋光性的是不对称现象，即所谓的缺乏对称性。就好像是我们的左右手一样，结构有着微妙的差别，大拇指的位置是相同的，但两只手是不同的，可以说一只手是另一只手的镜像。同样，若分子或离子具有旋光性，也必定存在类似的情况。确定一个具体的结构是否具有旋光性时，将其与它的镜像作对比，当二者不同，则结构具有旋光性。旋光异构体的性质也是不同的，例如在天然烟草中存在的左旋尼古丁比实验室人工合成的右旋尼古丁的毒性大很多。对于旋光异构体来说，与中心原子相连的配体原子不要求是不同的，只要求异构体的镜像是不同的，如三草酸根合铬（Ⅲ）（图 3-9）。

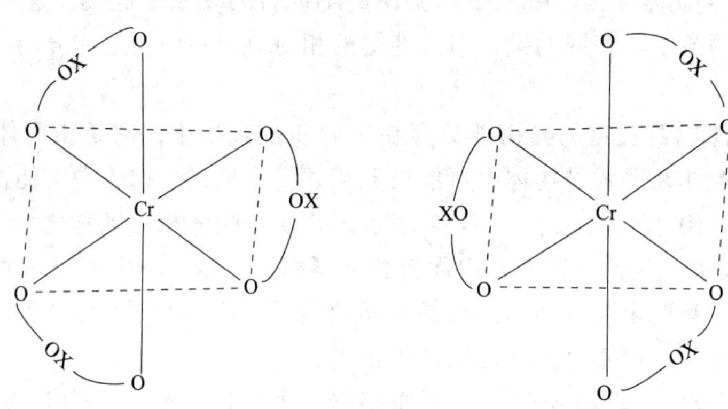

图 3-9 三草酸根合铬（Ⅲ）的旋光异构体

② 构造异构：构造异构体的变化是由配位化合物结构的差异引起的。构造异构分为配位异构、电离异构、水合异构以及键合异构。

a. 配位异构。不同的配体在不同的中心离子之间交换形成不同的配位化合物称为配位异构。如：

$[Co(NH_3)_6][Cr(C_2O_4)_3]$　　$[Cr(NH_3)_6][Co(C_2O_4)_3]$

$[Cr(NH_3)_6][Co(SCN)_6]$　　$[Cr(SCN)_6][Co(NH_3)_6]$

$[Pt(NH_3)_4][Ni(CN)_4]$　　$[Ni(NH_3)_4][Pt(CN)_4]$

b. 电离异构（离子异构）。用于描述在溶液中产生离子的异构体，即配位化合物分子式相同但配位阴离子不同的配位化合物（在水溶液中形成不同的离子）。如：

$[Co(NH_3)_5Br]SO_4$　　$[Co(NH_3)_5SO_4]Br$

$[Pt(NH_3)_3Br]NO_2$　　$[Pt(NH_3)_3NO_2]Br$

$[Co(en)_2(NCS)_2]Cl$　　$[Co(en)_2(NCS)Cl]NCS$

c. 水合异构（溶剂异构）。分子式相同但水合数不同的配合物称为水合异构体。如：

$[Cr(H_2O)_6]Cl_3$（紫色）　　$[CrCl(H_2O)_5]Cl_2\cdot H_2O$（亮绿色）

$[CrCl_2(H_2O)_4]Cl\cdot 2H_2O$（暗绿色）

d. 键合异构。由不同配体的配位原子与中心离子结合而成不同的配位化合物称为键合异构，即一个异构体中金属和配体间键合的配位原子与它的异构体键合的配位原子不同。如：

$[Co(NH_3)_5NO_2]Cl_2$（黄色）　　$[Co(NH_3)_5(ONO)]Cl_2$（红棕色）

3.2.2　配位化合物类催化剂

配位化合物的一个主要应用是用作改变化学反应速率的催化剂。配位催化是指反应物与配位化合物催化剂进行配位后活化，得到相应的活化分子、离子或自由基，从而加快和控制反应直到得到产物的过程。反应过程包括反应物与配位化合物催化剂的中心原子配位，继而在内界发生一定的化学变化形成产物，最后配位化合物催化剂复原等步骤。配位催化降低了反应能垒，影响反应方向甚至产物结构；还促进了电子传递，并且建立了电子与能量偶联的传递途径。在工业生产中，有很多配位化合物作为催化剂对相应的反应进行催化，提高了反应性能。一些配位化合物催化剂在工业生产中的应用如表 3-4 所示。

表 3-4　一些配位催化反应的工业应用

过程	反应	典型催化剂
烃类氧化	$H_2C=CH_2+1/2O_2 \longrightarrow CH_3CHO$	$PdCl_2$-$CuCl_2(H_2O)$
烯烃聚合	$n(C_3H_6) \longrightarrow \leftarrow\!\!\!\left(C_3H_6\right)\!\!\!\rightarrow_n$	α-$TiCl_3$-$Al(Et)_2Cl$
选择加氢	$RCH=CH_2+H_2 \longrightarrow RCH_2CH_3$	$RhCl(PPh_3)_3$
羰基合成	$H_2C=CH_2+CO+H_2 \longrightarrow CH_3CH_2CHO$	$HCo(CO)_4$

3.2.2.1　过渡金属配合物催化剂

随着一些可溶性过渡金属配合物催化剂在化学工业合成中大放异彩，人们对配合物催化剂的关注不断增加。特别是自齐格勒-纳塔型（Ziegler-Natta）催化剂出现后，以金属配合物为催化剂的配位催化的研究取得了很大进展，在精细化工、农药以及医药等领域显示出了良好的应用前景。配位催化剂往往都是过渡金属配合物及其盐类。但是并不是所有过渡金属化合物作为催化剂的反应都是配位催化，且极少的非过渡金属化合物也可以催化配位催化反应。

3.2.2.2　配位化合物催化剂的作用特点

我们可以发现，配位化合物催化剂的催化性能与配位化合物的不同特性相关联，过渡金属成键形式、配位数与价态的多变性，以及配体的多样性，使二者组成的配合物具有不同的催化性能，既与中心原子有关，又与配体有关，不能只孤立地考虑其中一方。配位化合物特性很多，其中在催化过程中起重要作用的有配离子的稳定性、酸碱度、配体的作用、金属离子的氧化-还原特性以及配位数和配合物的空间构型。下面将介绍一些起关键作用的特性。

（1）配离子的稳定性

在热力学上，配合物催化剂的稳定性对催化性能有明显的影响。例如，双烯烃定向聚合中的稀土元素的活性，与元素离子和草酸配位时的稳定常数有一定的对应关系，比较典型的是钕（Nd），其配位能最低而聚合活性最大。根据 Irving-Williams 规律可以得出，二价金属离子与相应配体生成的配合物的稳定性顺序可以表示为：$Ba^{2+}<Sr^{2+}<Ca^{2+}<Mg^{2+}<Mn^{2+}<Fe^{2+}<Co^{2+}<Ni^{2+}<Cu^{2+}<Zn^{2+}$。影响配离子稳定性的因素包括热焓效应和熵效应两方面，其中，热焓效应的影响因素包括配位场效应、配合物中配体间的空间和静电排斥以及配体带电荷时的键能变化等；熵效应中的影响因素包括形成配合物时溶

剂化的变化、非配位体的熵效应以及中心原子的溶液熵等。此外，配体酸碱度也对配合物稳定性有影响，陈荣悌先生认为配体酸碱度与配合物稳定性之间存在一定的关系。他也因此在配位物理化学领域具有广泛的影响，有很多国际学者认为这项工作在 20 世纪 60 年代时处于国际领先水平。

（2）酸碱性——软硬度

在形成配合物的过程中，我们会发现有些配体只和特定的一些金属离子形成最稳定的配合物。若将金属离子与配体都分为软硬酸碱，以及边界酸碱，根据软硬酸碱规则中的“软亲软，硬亲硬，边界酸碱两边管”，硬酸与硬碱、软酸与软碱都能形成稳定的配合物，而且拥有比较快的反应速率[16]。当然，硬碱与软酸以及软碱与硬酸之间也能形成配合物，只是形成的配合物相比来说不太稳定，反应速率相对较慢。而边界酸碱，都可以与软硬酸碱配对，形成的配合物相对来说也不太稳定，反应速率适中。

根据大量的实验以及经验总结，可以将中心原子的软硬酸碱归纳为：“硬”的性质为体积较小，有高的正电荷数，可极化性低，对外层电子的约束能力较大；“软”的性质为体积较大，正电荷数较低甚至为 0，可极化性较高，对外层电子的约束能力较小。按照类似的性质，可以将配体的软、硬碱加以区分：可极化性低，电负性较高，对外层电子的吸引能力较大的称为硬碱；可极化性较高，电负性较低，容易失去电子的称为软碱。介于软硬酸碱之间的酸碱称为边界酸碱。值得注意的是，软硬酸碱并不是固定的，与其所带电荷以及所处条件也有一定的关系，有关配合物催化剂中中心原子与配体的酸碱度还需要进一步的研究探讨，但目前已经有的规则对于研究配位催化反应也具有实际的指导意义。

（3）配体

大多数元素与大多数有机化合物都能与过渡金属形成配合物，因此，过渡金属配合物催化剂是极为丰富的。根据配体的类型，可以将配体粗略分为中性配体（如 CO）和离子配体（如 Cl^-、CN^-）。但实际上，离子配体与过渡金属形成的配位键为共价键，而且有时中性分子配体与过渡金属形成的配位键所表现出来的电荷分离比离子配体还要明显。

虽然催化剂中的配体不直接参与催化反应，但是影响着金属-碳键以及金属-烯烃键，进而影响配合物催化剂的催化性能。配体影响催化剂的程度和它推拉电子的能力有关，若某些区域的电子密度增加，另一些区域的电子密度将降低，改变了配合物催化剂的电子结构，从而改变一些键的强度。配体的位阻也会对催化反应产生影响，它可以影响反应的快慢，甚至影响产物的构型。当溶剂作为配体时，有时配体的配位能力就决定了催化反应的快慢，甚至决定着反应能否发生。

（4）金属离子的氧化还原特性

氧化还原反应在化学中是很常见的反应，从金属离子的氧化还原电位来看，形成的配合物的稳定性与其氧化态有关，无论配合物的原子价高或低，作为催化剂都是具有一定意义的。当然，要想催化活性与氧化还原电位间有关联，则需要电子在转移过程中符合可逆平衡的要求。配合物催化剂在影响反应速率过程中起到的作用有很多，其中配体效应是比较重要的一种，通过配体的桥连，金属离子与底物间的电子转移会受到一定的影响。在分子间的反应中，共轭有机基团的桥连可以提高反应速率已经得到了认可，在混合氧化态的钌配合物之间的电子的传递频率可以达到 $10^9\ s^{-1}$，Fe(Ⅲ) 与 Fe(Ⅱ)-血红素间的传递频

率达到了 $6\times10^{9}\ s^{-1}$。这充分证明了电子迁移型催化反应中配合物作用的重要性。

（5）配合物空间构型

众所周知，任何一种化学键都具有方向性，由于含有 d 轨道，配合物中的过渡金属配合物具有很强的方向性。而且，由于配合物的中心离子不同，配体数也有所限制。比如，Ni^{2+} 通常以形成六配位的正八面体为主，但有时也能形成六配位的四角双锥形和四配位的正方形。在配位催化反应中，配位是必需的，在催化剂有“空位”的条件下，才能实现活化底物的目的，此外，“空位”的排布还需要能与反应分子的立体化学匹配，继而使催化剂对底物产生影响。

3.2.3　配位化合物催化反应的经典机理

3.2.3.1　配位催化的基本原理

配位催化与金属、半导体催化反应的机理不同，是通过配位催化剂对反应物的配位作用使反应进行的过程，主要的步骤可以总结为配位、插入和空位的恢复。为使配合物催化剂与反应物分子发生配位，必须为其提供配位空位，反应物分子通过配位活化，不同的反应物分子的活化方式也不同，但活化过程的共同点是削弱了反应物的化学键，化学键容易断裂[17]。活化后的反应物分子插入相邻的配位键，形成一个新配位体，并且留下了配位空位。之后新的配合物再经过裂解或重排生成产物，同时配合物催化剂得到复原，进而继续新一轮的配位催化反应，形成配位催化循环。

3.2.3.2　配位催化的基元反应

配位化合物催化剂催化范围广泛，要想了解催化反应的实质，就需要清楚配合物催化反应的特性，这些特性就是催化反应中发生的各种基元反应。多个基元反应组成了催化反应从初始状态到终态的整个过程，很好地了解基元反应有利于对不同配位催化反应催化机理的认识，从而更好地使用甚至制备配合物催化剂。大多催化反应都有共性的基元反应，如配体的配位和解离、氧化加成和还原消去反应以及底物的插入和消去。

（1）配体的配位和解离

配体的配位和解离又可以称为配体的缔合和解离。在液相的配位催化反应中，作为配合物催化剂的金属配合物周围通常有大量的溶剂分子和还没有配位的游离配体。在发生催化反应时，往往有金属配合物的配位体不停地配位和解离，以此满足配合物在催化反应进程中需要的不饱和配位条件[18]。而所谓的配位不饱和是指液相中反应物在配合物的金属离子上反应时，需要空位来供其配位。在反应物与中心原子配位后，得到的产物从中心原子上解离，就这样按照一个配体解离后另一个配体配位的连续过程，形成了配体的取代反应。配体的取代反应又可以分为解离配位取代与缔合配位取代。解离配位取代是指原有的配体解离后，反应物顺式配位至中心原子上；缔合配位取代是指反应物先在中心原子上配位，之后被取代的配体从配合物上解离。

通常，配体的配位和解离是按照解离机理进行的，反应速率与配体的浓度无关，与配合物的浓度有关。例如 $Ni(CO)_4$ 被配体 L 取代时，第一步是 $Ni(CO)_4$ 失去 CO，第二步是中间体 $Ni(CO)_3$ 被 L 加成形成稳定的 $Ni(CO)_3L$。

$$Ni(CO)_4 \longrightarrow Ni(CO)_3 + CO \qquad （慢）$$

$$Ni(CO)_3 + L \longrightarrow Ni(CO)_3L \qquad （快） \qquad (3\text{-}8)$$

（2）氧化加成（OA）和还原消去（RE）反应

氧化加成反应中，中心原子的形式氧化态和配位数都会相应增加，是催化反应中重要的基元反应，而还原消去反应是氧化加成反应的逆反应。氧化加成反应多发生在 d^7、d^8 与 d^{10} 的过渡金属配合物中，中心原子的氧化态越低，周期数越大，氧化加成的倾向越大。参与氧化加成的配体有氢、卤素、卤化氢以及卤代烷等类似的分子，与极性无关，无论配体是否具有极性都可以进行加成反应。但配体的极性会影响配体配位时进入的位置，一般的非极性分子在均裂后加在顺位，而卤代烷在顺位和反位都可能，大部分加在反位。配体通过改变中心原子周围电荷密度来影响氧化加成反应，配体给电子能力越强，中心原子越容易转移电荷，那么中心原子氧化加成越容易进行。

还原消去反应过程中配合物中金属的形式氧化态和配位数减小。还原消去反应常常涉及分子的消除，如 H-H、R-H、R-X（R 为烷烃，X 为卤素），由于反应物分子在活化后反应生成新的分子，之后在配合物上发生解离生成产物的过程必须经过消去反应这一步骤，所以还原消去反应与产物的消除甚至催化剂的再生有密切的联系。

（3）底物的插入和消除

将不饱和化合物插入初始键合的金属-配体间（M-H、M-C）的反应称为插入反应。消除反应为插入反应的逆反应，也称之为挤出反应。在最终得到的产物中，如果中心金属原子和配体连接到同一个原子上，那么就称之为 1,1-加成；如果中心金属原子与配体连接到的原子相邻，则将其称为 1,2-加成[19]。在 M-H 键中的插入反应称为氢化金属取代，在 M-C 中的插入反应称为碳化金属取代。需要注意的是，这里的插入反应是指金属的形式氧化态在反应中不发生变化的反应，不包括在一些反应中金属氧化态变化的反应，如图 3-10 所示。

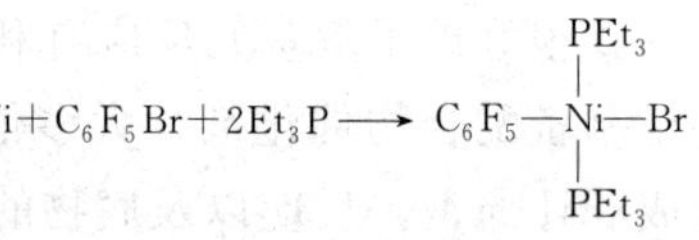

$$Ni + C_6F_5Br + 2Et_3P \longrightarrow C_6F_5\text{—}Ni(PEt_3)_2\text{—}Br$$

图 3-10 金属氧化态变化的“插入反应”

虽然这个反应也叫插入反应，但不是我们在这里说的插入反应。烯烃插入 M-H 是很多均相催化反应的基础。例如烯烃的加氢反应（图 3-11）、聚合反应以及甲酰化反应等都与其有关。

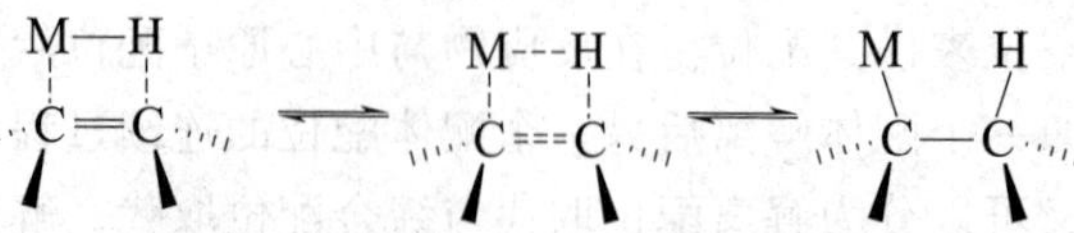

图 3-11 烯烃插入 M-H 时可能的机理

消除反应为插入反应的逆反应，若消除反应时的离去基团为烯烃，就称之为 β-H 消除反应。在发生 β-消除反应时，配体上的 β-位上的 H 会转移并与中心金属配位。β-H 消除反应需要的金属中心不饱和配位，正如上面所提到的，β-H 消除反应在微观上的可逆过程就是插入反应，在很多反应过程中，烯烃的插入反应与 β-H 消除反应是平衡共存的。

3.3　基于均相催化剂的典型化学过程

均相催化反应中，催化剂与参与反应的反应物都在同一相中，分为气相反应和液相反应（大多为液相反应）。在许多反应中，均相催化剂以分子的状态存在于反应过程中，直径较小、结构比较复杂的反应物分子不能多个官能团同时靠近催化剂分子，而且没有催化剂孔道内扩散的影响，因此均相催化剂通常具有较好的选择性。均相催化反应的条件通常都是比较温和的，具有多相催化反应不可比拟的优势。虽然均相催化过程在化学工业中的贡献明显小于非均相催化过程，仅为 17%～20%，但均相催化的重要性日益显著，均相催化在医药和工业领域的重要性正在迅速增加。在反应过程中，虽然催化剂并不会被消耗，但催化剂实际上也参与了反应，且改变了反应机理。但催化剂只是改变了反应的机理，并没有改变其反应的初始状态和终态。因此，我们对均相催化剂的催化机理进行探究是非常必要的。

根据催化剂种类的不同，一般可将催化反应分为酸碱催化反应、金属离子催化反应、配位催化反应等。H^+ 与 OH^- 是最简单的均相催化剂，但由于对其改性比较困难，所以这类物种的催化活性作用范围很小。广义酸催化中包括的质子酸参与的催化反应，在结构上是可以改性的。这类催化剂对于极性分子参与的反应有很高的催化活性。金属离子催化剂有着超强酸的作用，从而加速一些均相反应，某些过渡金属离子已经很好地应用于电子转移反应。而均相反应中配位催化反应是最主要的反应，可以说均相催化的发展很大程度上依赖于配位化合物催化剂的设计。随着对该领域的认识逐渐加深，在针对特定反应研制与之相适的配合物催化剂方面已经取得很大的进展。本节将对几种均相催化反应的机理及其在工业领域中的应用进行介绍。

3.3.1　几种典型的均相酸碱催化反应

酸碱催化反应是均相催化反应的重要组成部分，许多离子型有机反应都可以用酸碱催化，均相酸碱催化反应机理通常以离子型进行，反应速率很快，不需要太长的时间，广泛应用于石油化工生产。在酸碱催化中，酸和碱都可以作为溶液中的催化剂。H^+ 用于使中间体质子化，而碱或溶剂用于在后期去除质子。酸碱反应的速率取决于 pH 值，因为速率是 H^+ 和 OH^- 浓度的函数。质子转移机理一般可以表示为：

$$B^- + H—A \rightleftharpoons [B\cdots H\cdots A]^- \rightleftharpoons B—H + A^- \tag{3-9}$$

可以发现，均相酸碱催化反应中都包括了质子转移这一关键性步骤，因此，大多数的有质子转移的反应都可以通过酸碱催化完成，如我们常见的酯化反应、脱水反应、水解反应以及烷基化反应等等。

3.3.1.1　以乙醇和乙酸为原料，用酸催化合成乙酸乙酯

乙酸乙酯通常缩写为 EtOAc 或 EA。乙酸乙酯可以产生香蕉花或过熟水果特有的气味，用于胶水、指甲油去除剂生产以及茶和咖啡的脱咖啡因过程中。乙酸乙酯也存在于所有啤酒中，因为它是酵母发酵过程的一种自然产物，这种风味在啤酒的整体口感中扮演着重要的角色。它是作为溶剂大规模生产的，在实验室中，乙酸乙酯是柱色谱和薄层色谱的

常用溶剂。温度越高，其在水中的溶解度越高，它在强碱和强酸的存在下是不稳定的。有许多不同的反应可用于酯的制备，目前工业生产中最常用的方法有两种，一种是在浓硫酸、磷酸等酸催化剂存在下，以乙醇和乙酸为原料生成乙酸乙酯和水的反应。与其他酯化反应相比，该反应所使用的化学物质和产生的副产品对环境无毒。这个反应是一个经典的酸催化的费舍尔酯化反应。在室温下，乙酸、乙醇以及酸催化剂的混合物以大约 65%的合成收率转化为酯，目前仍然是应用最广泛的商业合成方法。另一种方法是季先科(Tishchenko) 反应，在该反应中，在醇氧化物催化剂的存在下乙醛歧化生成醇和酸，然后原位酯化。费舍尔酯化反应过程如下所示：

总反应：

$$CH_3CH_2OH + CH_3COOH \rightleftharpoons CH_3COOCH_2CH_3 + H_2O \quad (3\text{-}10)$$

具体反应过程如图 3-12 所示。

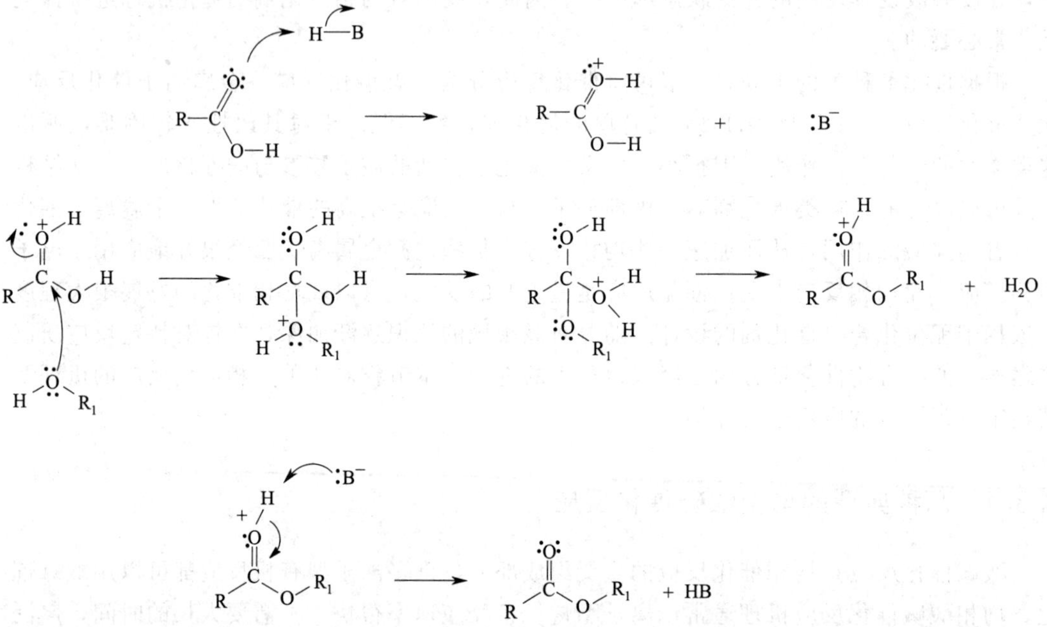

图 3-12 费舍尔酯化反应过程机理

费舍尔酯化反应机理与其他酯化机理相比相对简单，可以简单地描述为羰基的质子化，然后对羰基进行亲核攻击，质子转移到羟基上，脱除水，最后进行去质子反应。我们可以看到，首先，羰基氧被酸催化剂质子化，形成一种高度活化的羰基亲电试剂，然后醇的氧原子上的一对孤对电子与羰基碳成键，破坏了羰基碳与另一个氧的键。π 键上的电子向氧移动并中和了它的正电荷形成了氧离子。之后，一个质子从氧离子上转移到羟基上，形成了一个活化的复合物。这可以进一步分为两步，醇首先使氧离子脱质子，形成四面体中间体，然后 OH 基团从醇中接受质子。接下来，发生了水的 1,2-消去反应生成质子化酯，形成 C═O 键，从而将水排出。最后剩下的带正电荷的氧被去质子化，生成所需的酯并再生酸催化剂。费舍尔的酯化反应是最常见的羧酸反应之一，在酸催化剂存在的情况下，用醇处理羧酸有助于形成酯，同时去除水分子。

费舍尔酯化反应中，平衡存在性是其主要缺点。在能量上，产物的稳定性与原料几乎相同，反应没有显著的驱动力，由于大部分步骤是可逆的，整个过程最终需要很长时间，当反应在一个封闭的容器中进行时，需要去除生成的产物或水来推动反应继续完成。还有一种方法是加入过量的一种反应物，在平衡中产生干扰，使之变成生成物，当其中一种反应物很便宜时，这种方法是最可取的。在以乙醇和乙酸为原料，用酸催化合成乙酸乙酯的反应中，乙酸的成本较低，可以使用大约四倍多的乙酸来推动反应的发生。费舍尔酯化反应使用的是一种强酸，如果使用弱酸，反应时间会更长。但使用浓硫酸催化乙酸乙酯工业生产，腐蚀严重，副反应多，工艺复杂，产生大量含酸废水。显然该工艺不符合绿色催化的要求，还需研究者们进一步的探索。随着国际环境保护法的日益严格，寻求价格低廉、易于回收、可重复使用、催化量低的环保绿色催化剂将成为未来的发展趋势。

3.3.1.2　酸催化环己酮肟重排制己内酰胺（贝克曼重排反应）

贝克曼重排反应是有机化学中一个重要的人名反应，因为是德国化学家恩斯特·奥托·贝克曼发现了该反应，所以将其命名为贝克曼重排反应，在很多有机反应中都用到了贝克曼重排反应。贝克曼重排反应中催化剂一般是乙酸、盐酸、硫酸等酸，在实际工业生产中通常使用硫酸作为催化剂。贝克曼重排反应具体过程如图 3-13 所示。

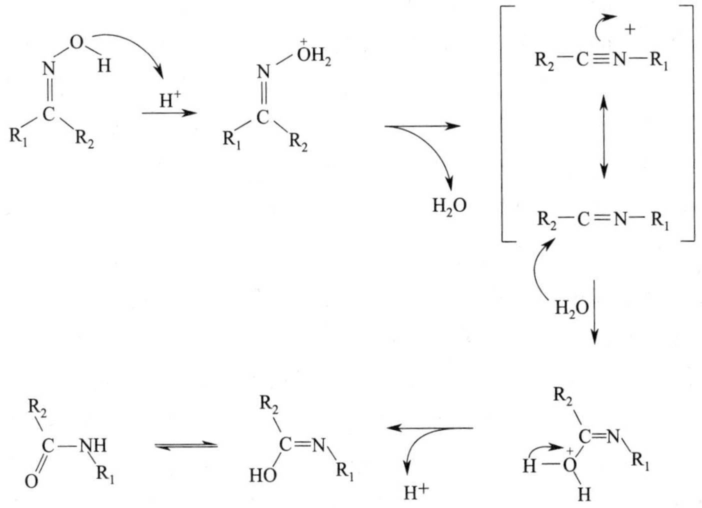

图 3-13　贝克曼重排反应具体过程

首先肟在酸的作用下被质子化，脱去一分子水得到缺电子氮，然后与羟基处于反位的烷基或芳基迁移到缺电子的氮上形成碳正离子，水分子以亲核试剂的形式进攻碳正离子，然后发生去质子反应。质子化的化合物消除质子，使烯醇形式转变为酮形式，即 N 取代的酰胺。

尼龙 6 和尼龙 66 是最早的两种商用聚酰胺，就其产量而言，目前它们仍然是最重要的聚酰胺。尼龙是重要的工程塑料，并以其纤维应用而闻名，尼龙 6 被用于制造地毯、纺织袜子、针织服装，也制造各种线、绳、长丝、网、轮胎以及用于引擎盖下的汽车部件。ε-己内酰胺（CL 或 CPL）是生产尼龙 6、锦纶纤维和塑料的重要单体，广泛用于制造优质纤维和工程塑料。除了尼龙 6 纤维和树脂，少量的己内酰胺在全球范围内被用于合成各种小吨位的精细和特殊化学品。它主要由苯通过环己烷、环己酮和环己酮肟三种中间体产生。环酮肟与内酰胺的贝克曼重排是聚酰胺生产过程中的一个重要步骤，重排生成ε-己内酰胺的反应过程与经典贝克曼重排过程相似。

在工业规模上，用化学计量量的浓硫酸或发烟硫酸作为催化剂，在液相反应条件下生产己内酰胺。在这种方法中，己内酰胺分两步合成。在第一步中，环己酮与硫酸羟胺的氨肟化反应生成环己酮肟，第二步环己酮肟在硫酸和发烟硫酸催化剂上重排成己内酰胺，工艺中的第二步就是贝克曼重排反应。该应用路线的一个明显的缺点是作为副产物的硫酸铵数量过多，但硫酸铵[$(NH_4)_2SO_4$]是一种有价值的肥料，能为土壤提供需要的氮和硫。在该液相反应体系中还存在其他一些缺点。主要缺点是反应后得到的产品分离困难，而且用浓酸作催化剂会腐蚀反应器。为了克服上述问题，许多课题组广泛研究了用于环己酮肟气相贝克曼重排的固体酸催化剂，而不使用发烟硫酸。

3.3.1.3 酸催化乙醇脱水制乙烯

乙烯（$CH_2{=}CH_2$）是无色气体，这种化合物具有很高的活性，当加入许多化学试剂时很容易发生反应，是生产不同等级聚乙烯和其他基础化学品的原料，是化工生产中重要的化工原料之一，广泛应用于生产乙醛、乙醇、醋酸酐等多种有机中间体，进而可以生产醋酸纤维素等化工产品。而聚乙烯是大多数塑料和石化工业产品的主要成分之一，所以乙烯是石化工业中重要的化学品。不同时期的乙烯生产路线在工业上是共存的，乙醇脱水作为传统的乙烯生产工艺，得到了广泛的应用。然而，这条路线在过去几年里被逐步淘汰，因为当时的投资和运行成本更有竞争力，乙烯主要来源于石脑油和天然气原料的碳氢蒸气裂解。由于日益增长的能源需求、更严格的环境法规，以及化石原料的持续消耗，替代能源和可再生能源在最近的研究中引起了越来越多的关注。随着原油的枯竭和原油价格的不断上涨，乙醇脱水工艺因其相对于油气流裂解工艺的巨大优势而重新回到人们的视野中。鉴于现有来源对乙烯可用性的潜在限制，乙醇（特别是生物乙醇）催化脱水制乙烯已成为一种完全可再生的乙烯生产工艺，且随着生物质制乙醇技术的重大突破，乙醇原料价格大幅度下降，使得乙醇脱水工艺更加可行。乙醇脱水工艺具有较高的乙烯选择性，得到的产物纯度较高，直接降低了分离成本。资金投入低，工艺简单，施工周期短，投资回报快，使乙醇脱水制乙烯工艺更具吸引力。最重要的是，乙醇脱水过程由于其对乙烯的高选择性，对环境的影响有限。该工艺被认为是一种环境友好型工艺。在乙醇脱水制乙烯过程中，常使用酸性催化剂。在几乎所有工业规模的生产过程中，都采用硫酸或磷酸作为传统的均相催化剂。

总反应：

$$CH_3CH_2OH \xrightarrow{H^+} H_2C{=}CH_2 + H_2O \tag{3-11}$$

乙醇脱水是一个去除水分子的过程，在乙醇催化脱水过程中，有两个平行发生的反应，主反应乙醇脱水生成乙烯，副反应乙醇分子间脱水会生成醚。

$$CH_3CH_2OH \rightleftharpoons H_2C{=}CH_2 + H_2O \tag{3-12}$$

$$2CH_3CH_2OH \rightleftharpoons C_2H_5OC_2H_5 + H_2O \tag{3-13}$$

在一定的反应温度和压力下，乙醇催化转化为乙烯和水。这是一个吸热和分子增加的反应，因此最佳反应温度较高，在180～500℃之间。低温有利于副反应生成乙醚，较高的反应温度理论上有利于主反应（乙醇脱水）。但是还可能发生其他的反应，例如乙醇脱氢生成乙醛和氢，乙烯齐聚裂解生成甲烷、乙烷等。影响脱水反应的主要因素是反应温度和反应压力。此外，催化剂性能和乙醇原料中所含杂质也会在一定程度上影响反应。

乙醇脱水生成乙烯的反应机理较其他反应来说较为简单，在酸催化乙醇脱水形成乙烯的过程中，酸催化剂首先使羟基质子化，使其形成水分子。然后催化剂的共轭碱使甲基脱质子，碳氢化合物重排成乙烯。具体过程如图 3-14 所示。

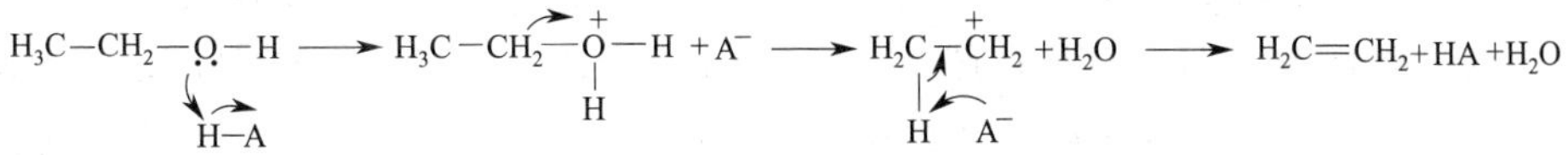

$$H_3C-CH_2-\ddot{O}-H + H-A \longrightarrow H_3C-CH_2-\overset{+}{O}(H)-H + A^- \longrightarrow H_2C(H)-\overset{+}{C}H_2 + H_2O + A^- \longrightarrow H_2C=CH_2 + HA + H_2O$$

图 3-14　乙醇脱水生成乙烯的反应机理

为了使乙醇脱水更加工业化，许多研究人员研究了不同的催化剂来提高乙烯产率和降低反应温度。硫酸和磷酸已被氧化铝等多相催化剂所取代，已经采用多种不同的技术和使用各种酸性多相催化剂（如氧化铝、二氧化硅、沸石、金属氧化物和杂多酸）对其进行了许多研究。尽管从乙醇中生产乙烯已经取得了很大的进步，但该过程还不能取代使用化石燃料的方法来满足对乙烯的需求，还需要进一步的探索。世界上大约 90%的乙烯仍采用管式炉蒸气裂解工艺进行生产，但直到 20 世纪末，该项技术一直被国外专利商垄断，我国石油化工行业发展受制于人，为了发展我国乙烯工业，实现自主控制，我国很多的优秀科研人员经历艰难险阻，相继突破多种技术难题，加快了我国石油化工行业的发展，也使中国石化成为世界五大乙烯专利商之一，为我们国家的繁荣昌盛提供了巨大的助力。除乙烯外，丙烯生产技术也被美国、德国等国家长期垄断，天津大学成功研制的高效铂基催化剂，明显提升了丙烯生产效能，有望打破西方国家对丙烯工业的长期技术垄断。

3.3.2　几种典型的配合物催化反应

均相催化的一个重要新进展是有机金属配合物作为催化剂的应用。有机金属催化剂的使用彻底改变了均相工艺，提高了经济可行性。配位化合物在很多方面都扮演着重要的角色，我国科学家利用配合物在能源转化与储存方面做出了杰出的贡献。此外，配合物作为催化剂催化的反应有很多，在过渡金属羰基配合物领域，计亮年院士首次从实验上证明了茚基效应，这项成果为用廉价金属锰代替贵金属作为氧化均相催化剂开创了一条新途径。下面就几种典型的配合物催化反应的机理进行介绍，以便更好地了解配合物催化反应中催化剂的作用及特性。

3.3.2.1　烯烃的相关反应

（1）烯烃加氢反应

过渡金属配合物催化剂的优异性能，吸引了众多研究者对其进行研究，使其在很多领域得到了广泛的应用，例如配合物催化加氢就在化工生产中得到了很好的应用。加氢反应是在配合物催化反应中研究得最详细的反应，许多的金属配合物都能活化氢，尤其是 $RhCl(PPh_3)_3$，能有效地催化加氢，由于 Wilkinson 应用这个配合物进行了卓越的研究，因此该配合物被称为 Wilkinson 配合物。室温下，Wilkinson 催化剂能在 0.1MPa 下高效率催化烯、炔加氢。Wilkinson 配合物的中心原子在溶液中与烯烃和氢配位，并使双键与氢键活化，继而在中心原子上进行烯烃的加氢反应。化学反应就是破坏旧键形成新键的过程，所以催化剂应对旧键的破坏以及新键的形成起到促进作用，因此在加氢反应中，催化剂也应当能够促进分子氢的活化。

$RhCl(PPh_3)_3$ 催化剂中的配体 PPh_3 发生解离，生成溶剂化配合物和二氢化配合物。二氢化配合物既可以由 $RhCl(PPh_3)_3$ 配合物与 H_2 直接作用通过氧化加成反应生成，也可以由溶剂化配合物与 H_2 作用生成，但因为 $RhCl(PPh_3)_2$ 配合物与 H_2 反应的速度比 $RhCl(PPh_3)_3$ 快，所以二氢化配合物由配合物 $RhCl(PPh_3)_2$ 与 H_2 反应生成，这就是分子氢的活化过程。之后烯烃与二氢化配合物配位，生成六配位配合物，然后烯烃通过迁移插入 Rh—H 键生成中间配合物——烷基氢基配合物，紧接着烷基氢基配合物发生还原消除反应生成烷烃并解离离去，新的 $RhCl(PPh_3)_2$ 生成，完成整个催化加氢反应的循环。反应过程如图 3-15 所示。

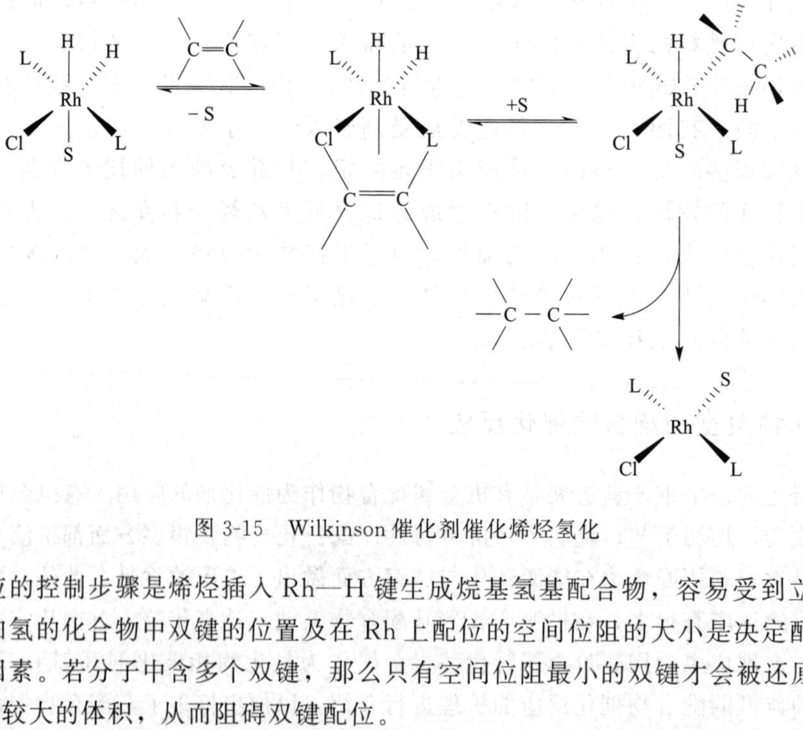

图 3-15 Wilkinson 催化剂催化烯烃氢化

该反应的控制步骤是烯烃插入 Rh—H 键生成烷基氢基配合物，容易受到立体效应的影响。被加氢的化合物中双键的位置及在 Rh 上配位的空间位阻的大小是决定配体加氢快慢的影响因素。若分子中含多个双键，那么只有空间位阻最小的双键才会被还原，这是因为 PPh_3 有较大的体积，从而阻碍双键配位。

配体 PPh_3 对该催化剂的选择性有较大的影响，因此，可以通过选择不同的膦配体来改善催化剂的催化活性。目前，已有不同膦配体的 Wilkinson 催化剂以及与其相似的化合物被用于多种催化循环反应中。均相配合物催化加氢主要是应用在不对称加氢以及选择加氢中，世界上第一个实现工业化的不对称催化反应就是不对称催化氢化反应。如 L-二羟基苯丙氨酸（L-多巴）作为治疗帕金森病的特效药，就是用具有光学活性配体的铑金属配合物通过不对称加氢反应合成的。因此，通过调节配体不但可以使配合物催化剂的催化活性发生改变，而且可以改变配合物催化剂的选择性（包括光学选择性）。再加上配合物催化反应条件较为温和，所以将其用于合成新的化合物具有极大的发展潜力。

(2) 烯烃氧化反应

乙醛是合成乙酸、乙酸乙烯酯的重要原料，工业上，生产乙醛的方法主要有以乙烯为原料的液相直接氧化法、以乙炔为原料的水合法、以乙醇为原料的氧化法和烷烃氧化法(20世纪50年代前主要用乙炔水合法和乙醇氧化法)。乙烯易和亲电试剂发生加成反应，但经典方法的制备过程需要经过合成乙醇和脱氢两个步骤，这种方法成本较高，不适合工业中的大规模生产。还有一种方法是用乙烯的取代反应合成乙醛，乙烯中的氢被OH^-取代产生乙烯醇，乙烯醇进一步异构化为乙醛，但乙烯发生取代反应具有一定的难度，相较于亲核试剂OH^-，更倾向于与亲电试剂反应，因此该方法也不可取。20世纪50年代以后，使用$PdCl_2$-$CuCl_2$催化剂催化乙烯直接氧化合成乙醛的Wacker (瓦克) 法出现，并在1959年实现了工业化生产。生产方法分为一步法和两步法，所谓的一步法是指在装有$PdCl_2$-$CuCl_2$催化剂的反应器中同时通入过量的乙烯和氧，反应后用水吸收产生的乙醛得到乙醛的水溶液，同时催化剂再生继续催化剩下的乙烯和氧气反应。两步法是同时将催化剂与反应物通入反应器，反应后将乙醛分离出来，催化剂溶液再通入另外一个反应器中，通入空气再生后进行下一次的催化反应。无论是使用一步法还是两步法，反应条件都很温和，在常温常压下就可发生，催化效率都达到95%～99%，副产物以二氧化碳、醋酸、草酸以及极少的气态氯代烃为主，目前仍是生产乙醛的常用方法。

使用$PdCl_2$-$CuCl_2$催化剂催化乙烯氧化反应的总反应如下：

$$C_2H_4 + 1/2O_2 \xrightarrow{PdCl_2\text{-}CuCl_2} CH_3CHO \tag{3-14}$$

催化反应中，首先，C_2H_4被Pd^{2+}氧化生成乙醛，Pd^{2+}被还原为Pd^0；然后催化剂再生，Pd^0被氧化为Pd^{2+}，同时Cu^{2+}还原成Cu^+；最后，助催化剂再生，Cu^+被氧化为Cu^{2+}。具体来说，催化反应中第一步是乙烯取代$[PdCl_4]^{2-}$ ($PdCl_2$在体系中存在的一种形式) 配离子中的Cl^-进而配位到Pd^{2+}上，然后烯烃被水进攻失去一个H^+，之后通过β-氢消除形成Pd-H键并失去一个Cl^-；之后H发生迁移，Cl^-配位，紧接着H^+、Cl^-和乙醛离去，Pd^{2+}还原为Pd^0。催化剂再生时Pd^0被$CuCl_2$氧化为Pd^{2+}，同时$CuCl_2$被还原为CuCl。最后CuCl可以被氧气氧化得到$CuCl_2$，助催化剂再生。前面我们提到，相较于亲核试剂，乙烯更容易被亲电试剂进攻，但该反应中乙烯与$PdCl_2$生成配合物$[PdCl_3(C_2H_4)]^-$后使乙烯的反应性能发生了改变，乙烯分子得到了活化，可以使其更容易被亲核试剂进攻，之后再进行一系列的反应。反应机理如图3-16所示。

将Wacker (瓦克) 法中的水用醋酸代替，使用$PdCl_2$-$CuCl_2$催化剂可以催化乙烯直接氧化合成醋酸乙烯，反应过程与合成乙醛相似。总反应式为：

$$C_2H_4 + CH_3COOH + 1/2O_2 \xrightarrow{PdCl_2\text{-}CuCl_2} CH_3COOC_2H_3 + H_2O \tag{3-15}$$

(3) 烯烃聚合反应

在石化工业中，聚合反应是最重要的反应之一，已有三十多个可以工业化生产的聚合物种类。目前，配合物催化剂已经可以很好地应用在多种烯烃的聚合反应中，能够催化合成多种高分子化合物。从常见的塑料玩具到更加复杂的人造器官，这些合成材料在工业、交通、医学甚至国防等各个领域都得到了很好的应用，可以说聚合反应遍布我们的生活。在塑料工业的发展中，聚烯烃是发展最快的，其中，聚乙烯的产量最大，聚丙烯也在迅速发展。1953年，齐格勒 (K. Ziegler) 发现有机金属化合物$Al(C_2H_5)_3$ (乙烯插入Al-H

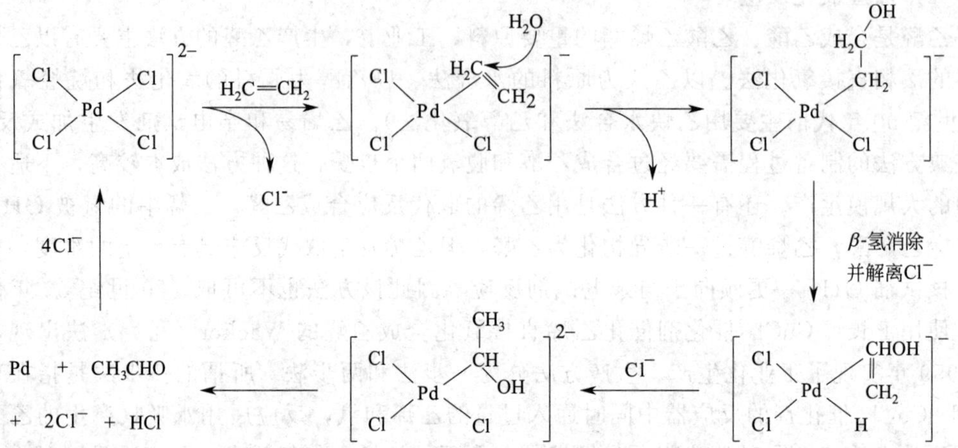
Cl
Cl
Pd
Cl
Cl
2–
H_2C═CH_2
Cl⁻
H_2O
H_2C
CH_2
–
H⁺
OH
H_2C
CH_2
–
β-氢消除
并解离Cl⁻
CHOH
CH_2
H
Cl⁻
CH_3
CH
OH
2–
4Cl⁻
Pd + CH_3CHO
+ 2Cl⁻ + HCl

图 3-16 $PdCl_2$-$CuCl_2$ 催化剂催化乙烯氧化反应

形成）可以与 $TiCl_3$ 构成催化剂，在常温下催化乙烯定向聚合，得到分支链少、结晶度高的聚乙烯。而意大利科学家纳塔（Natta）发现在结晶性 $TiCl_3$ 与 $Al(C_2H_5)_3$ 催化下，手性碳原子按照一定方式聚合得到的聚合物熔点高、结晶度高、立体规整性高，可以催化丙烯聚合。之后，两人同时获得了诺贝尔奖，催化剂被称为 Ziegler-Natta 催化剂。

关于烯烃聚合的机理至今存在很多观点，说法不一，此处我们介绍两种普遍接受的观点：第一种是 Cossee-Arlman 机理，该机理认为，$TiCl_4$ 与烷基铝反应生成 $TiCl_3$（α-$TiCl_3$），$TiCl_3$（α-$TiCl_3$）再与烷基铝进一步反应得到活性烷基钛配合物，聚合反应在 α-$TiCl_3$ 晶体表面进行，烷基铝的作用是烷基化和链转移。聚合过程如图 3-17 所示。

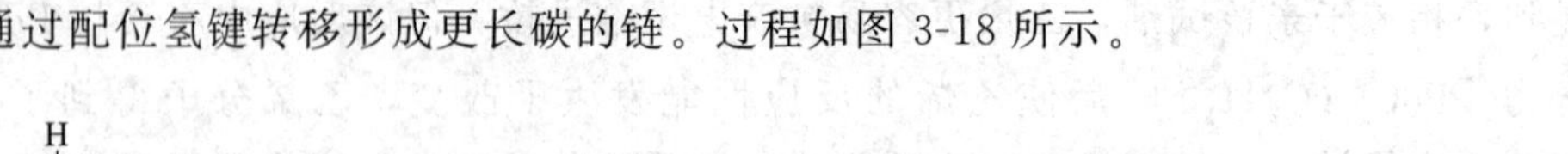
Ti—CH_2R + H_2C═CH_2 ⟶
H_2C═CH_2
Ti—CH_2R ⟶ Ti—CH_2CH_2—CH_2R ······⟶ Ti (CH_2CH_2)$_n$$CH_2$R

图 3-17 Cossee-Arlman 机理

第二种机理与金属环丁烷的中间体聚合有关，烷基金属配合物转变为亚烷基金属配合物。之后，乙烯插入亚烷基金属配合物中的金属-碳键中，形成金属环丁烷，最后金属环丁烷通过配位氢键转移形成更长碳的链。过程如图 3-18 所示。

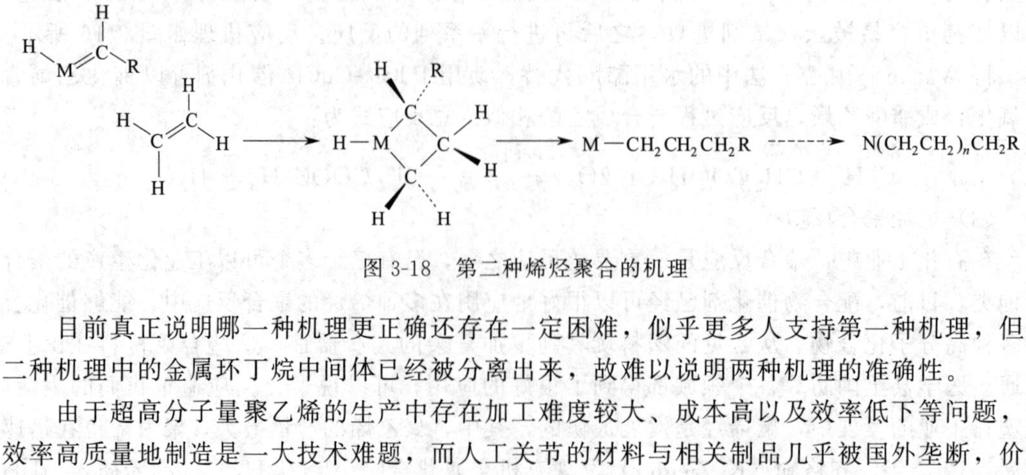
M—$CH_2CH_2CH_2$R
N(CH_2CH_2)$_n$$CH_2$R

图 3-18 第二种烯烃聚合的机理

目前真正说明哪一种机理更正确还存在一定困难，似乎更多人支持第一种机理，但第二种机理中的金属环丁烷中间体已经被分离出来，故难以说明两种机理的准确性。

由于超高分子量聚乙烯的生产中存在加工难度较大、成本高以及效率低下等问题，高效率高质量地制造是一大技术难题，而人工关节的材料与相关制品几乎被国外垄断，价格高昂。2016 年，瞿金平院士的团队开始对超高分子量聚乙烯生产技术进行研究探索，研发出的新型技术攻克了传统技术难题，助推相关产业链技术跨越式发展，产生了显著的经济效益。除此之外，先前聚丙烯催化合成技术也被日本垄断，克服重重困难，中国工程院院士毛炳权成功研制出多种催化剂，使我国的聚丙烯催化合成技术处于国际先进水平。

3.3.2.2　羰基化反应

羰基化反应是指在反应物分子中引入羰基的反应，以不饱和烃为原料，在配合物催化剂的作用下，生成碳数增加的含氧化合物。羰化反应催化剂大多为 Fe、Co、Ni、Pt、Ru、Rh、Pd 等金属配合物，使用较多的为羰基钴，一般来说，Pt 与 Ru 仅用于实验研究，只有 Rh 和 Co 才真正用于工业生产。羰基化反应主要有氢甲酰化反应、氢酯基化反应等，可以合成如醛、酸、酯和醇类等多种含氧化合物，具有很重要的发展意义。

（1）氢甲酰化反应

氢甲酰化反应（也称 OXO 反应）是均相催化中发现最早的、最成熟的反应之一，是将烯烃与一氧化碳和氢气转化为其他有机物的过程。如由烯烃氢甲酰化反应制醛，醛可以进一步加氢得到醇，醇可以作为溶剂或者加工生产洗涤剂与增塑剂。在 1995 年，C_8～C_{11} 的增塑剂醇与 C_{12}～C_{18} 的洗涤剂醇的消耗量巨大，极大地促进了氢甲酰化的快速发展，在某种程度上甚至可以说氢甲酰化反应与洗涤剂和增塑剂的工业化发展是密切相关的。目前，对于氢甲酰化反应的反应条件以及产物的分离已有多种工业化方法，除经历了由 Fe、Co 发展到 Rh 以外，催化剂还由无配体发展成了有配体的配合物催化剂，每次的发展与变化都提高了产率与反应选择性，降低了反应要求，简化了反应设备技术。氢甲酰化反应适用于多种反应物，绝大部分含 C ═C 键和部分含碳-杂双键的化合物都可以发生，各反应速率与具体反应物和反应条件有关。

为了使其得到更好的应用，研究者们不断地对氢甲酰化催化剂进行优化，先后经历了羰基钴催化剂、叔膦改性的羰基钴催化剂以及后来的 Rh 催化体系取代 Co 催化体系的氢甲酰化催化剂。在 20 世纪 70 年代中期，研究者们将进一步改进的铑配合物催化剂实现了工业化应用，采用低压铑法，在更为温和的条件下得到了更好的催化效果。而后法国和德国的两家公司将低压铑法工艺进行了改良，开发了水溶性铑-膦配合物催化剂的两相催化，由于该催化剂具有水溶性，因此可以将其控制在水相中，而产物在有机相中，在反应后只需要简单地倾滤就可以将催化剂与产物分离开来。这种新的催化工艺被称为 RCH/RP 工艺，既拥有像低压铑法工艺一样温和的反应条件、良好的催化活性和选择性，又具有产物与催化剂容易分离的优势。

对于烯烃的氢甲酰化反应的机理已经进行了大量的研究，先前人们提出了一些机理如四步反应机理、离子机理与自由基机理等等多种解释方法，但遗憾的是都不能解释大量的实验结果。经过大量的研究，氢甲酰化反应的机理才逐渐明朗起来。烯烃的氢甲酰化总反应为：

$$RCH═CH_2 + CO + H_2 \longrightarrow RCH_2CH_2CHO + RCH(CHO)CH_3 \qquad (3\text{-}16)$$

整个氢甲酰化反应机理比较复杂，大致可分为三部分，首先，烯烃发生配位并插入 Rh-H 键间，然后 CO 插入 Rh-C 间，最后发生氢的氧化加成或者发生醛的还原消除。在烯烃氢甲酰化反应中有两种产物，分别为直链醛和支链醛。我们以铑配合物催化剂催化丙烯氢甲酰化反应为例对烯烃氢甲酰化反应机理进行介绍，如图 3-19 所示。

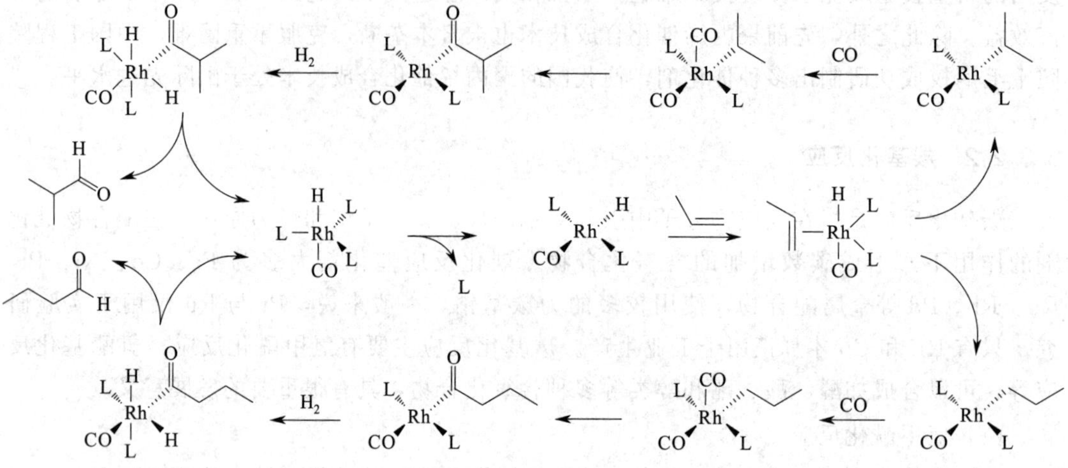

图 3-19 烯烃氢甲酰化反应机理

在丙烯氢甲酰化反应中，由于膦配体体积比较大，主要形成的产物为空间位阻较小的直链烷基铑配合物，所以反应最后的产物以直链产物正丁醛为主。为保证直链醛的选择性，在工业生产中，都会使用大量的膦配体，但若膦配体过量，将不利于催化剂前体解离生成活性中间体，影响反应速率。铑配合物催化剂成本较高，所以烯烃氢甲酰化反应发生后，催化剂的回收很重要。在均相催化反应中，铑催化剂一般通过蒸馏进行回收，但按照上面我们提到过的 RCH/RP 工艺，就很好地解决了催化剂回收的问题。催化剂的使用寿命与金属配合物和膦配体分解的速度有关，对膦配体不断进行补加可以延长催化剂的使用寿命，反应条件中较高的反应温度与较高的 CO 压力会减短催化剂的使用寿命。

（2）甲醇羰化制醋酸

醋酸是一种常见的有机化工材料，可以用于生产醋酸乙烯酯、醋酸纤维素、醋酸酐、乙酰氯和溶剂乙酸酯。国外主要生成乙酸的方法有甲醇羰化法、乙醛氧化法以及丁烷和轻烃氧化法等等。其中，乙醛氧化法中的原料乙醛价格较高，丁烷和轻烃氧化法催化反应的选择性较差，而甲醇羰化法反应条件温和，在低压下就可以发生（工业上一般采用 175℃，1.5MPa）。甲醇作为原料价格也相对比较低，催化反应选择性较好，因此，目前全球醋酸的生产中，绝大部分使用的是甲醇羰化法。在反应过程中，甲醇与一氧化碳经催化剂催化羰化合成醋酸，甲醇羰化法制备醋酸的总反应式为：

$$CH_3OH + CO \xrightarrow{\text{催化剂}} CH_3COOH \tag{3-17}$$

该反应中反应物的所有原子都进入产物，是比较典型的原子经济反应，原子经济性达到了 100%，符合如今的工业生产要求。甲醇羰化法制醋酸的催化反应中，催化剂经过一系列的发展，实现了由钴催化剂向铑催化剂的变化，而经过这一优化，铑配合物催化剂又一次进入了工业领域的生产反应中。铑配合物催化剂相较于钴配合物催化剂来说，在催化反应中，催化剂用量减少了，反应条件也更为温和，且反应的选择性更好，以甲醇作为研究对象，选择性可以达到 99%。除主催化剂铑配合物以外，还有碘甲烷（可以用 HI 与甲醇反应制得）作为助催化剂起作用。当然，其他卤代甲烷也有助催化剂作用，但与碘甲烷相比作用要小很多。研究认为，在 CO 与 I^- 存在的情况下，铑配合物可以转化为

$[Rh(CO)_2I_2]^-$，$[Rh(CO)_2I_2]^-$是构型为平面四方形的配合物，具有催化活性。催化反应机理如图 3-20 所示。

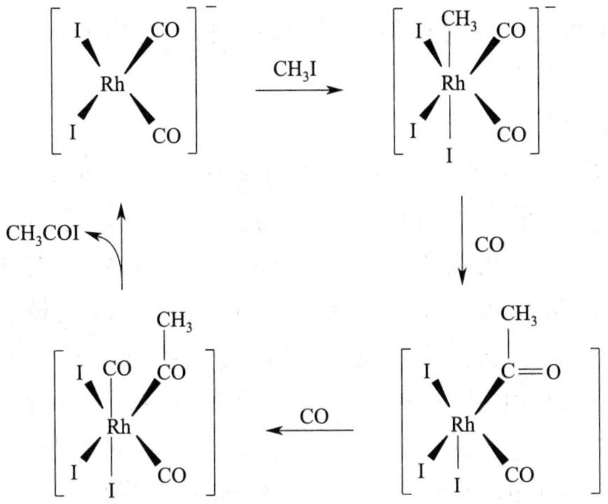

图 3-20 甲醇羰化法制备醋酸

甲醇羰化制醋酸的反应中，主要副产物有二甲醚和醋酸甲酯，但二甲醚会转化为甲醇，进一步转化为产物醋酸，除此之外，副产物还有氢、甲烷和二氧化碳，具体副产物的分布与反应中醇酯的比例有关。该工艺使用了贵金属铑，在工业生产应用中，一定程度上增加了生产成本。计亮年院士在实验中首次证明了茚基效应，为使用过渡金属羰基配合物-廉价金属锰配合物代替传统贵金属作为氧化均相催化剂开创了一条新途径。

(3) 醋酸甲酯羰化制醋酸酐

醋酸酐主要可以用来生产醋酸纤维。以前，使用乙醛氧化法生产醋酸酐，直到 1983 年 Eastman 化学公司开发了醋酸甲酯羰化制备醋酸酐的工艺生产过程。催化剂体系包含 $RhCl_3$、CH_3I、LiI，反应在 175℃、5.6MPa 下进行。这就可以利用煤或天然气经过合成气与甲醇反应生产醋酸酐，实现了化工原料由石油向非石油的转变，具有突破性意义。醋酸甲酯羰化合成醋酸酐反应的机理与甲醇羰化制醋酸的反应机理是相似的，助催化剂 LiI 催化醋酸甲酯反应生成 CH_3I 和醋酸锂，之后醋酸锂再与循环反应中生成的乙酰碘反应生成醋酸酐和 LiI，完成反应循环。关于醋酸甲酯羰化反应催化剂的研究很多，人们想制备非铑系催化剂，但遗憾的是，仍是铑系催化剂的催化效果最好，除铑与镍以外，其他的金属体系催化剂只有在高压下才能表现出一定的催化活性。

3.3.2.3 不对称催化反应

20 世纪 60 年代，不对称催化进入研究者们的视线，到 90 年代，已经得到了快速的发展。如今，不对称催化已经成为精细化工合成，尤其是药物合成的最重要的方法之一。不对称催化反应催化剂与普通催化剂的不同点是不但需要取得较好的产率，而且需要产物有较高的光学纯度。最早时候，酶一直占据着不对称催化剂的主导地位，经过一系列的研究，如今，不对称催化反应通常使用的是由手性配体与金属盐制得的手性金属配合物催化剂。不对称金属配合物中的金属通常为过渡金属如铁、镍、钴、钌、钯等，以及部分ⅠB族元素如铜。常用的配体有具有手性的膦化物、胺类化合物、醇类化合物和酰胺类化合物等。目前对于不对称催化反应的研究有不对称催化氢化、不对称催化氧化、不对称催化异构化、不对称催化氢甲酰化、不对称催化环丙烷化和不对称 Diels-Alder 反应等。此处将对几种较为常见的反应进行介绍。

(1) 不对称催化氢化反应

不对称氢化反应是一种将两个氢原子加到具有三维空间选择性的目标分子上的化学反应，使得空间信息（手性）可以从一个分子转移到目标分子，形成单一的对映体。手性信息通常包含在催化剂中，在这种情况下，单分子催化剂中的信息可以传递到许多底物分子中，从而增加了手性信息的存在量。通过模仿这一过程，化学家可以合成许多新颖的分子，它们以特定的方式与生物系统相互作用，从而产生新的药剂和农用化学品。在 20 世纪 30 年代，有研究者将金属负载到蚕丝上成功催化合成了具有光学活性的产物，但遗憾的是，之后在很长的时间中都没有更进一步的结果。一直到 1968 年，美国孟山都公司利用不对称膦配体与铑合成的铑配合物催化剂进行了不对称催化氢化反应，正式将不对称催化氢化反应引入人们的视线中。以此为基础，该公司在 70 年代用脱氢氨基酸不对称加氢反应工业合成了 L-DOPA（治疗帕金森病的 L-多巴手性药物）。这是世界上第一次实现手性合成工业化，对不对称催化合成手性分子这一领域的发展起到了极大的促进作用。

之后，日本的 Noyori 以手性双膦 BINAP（2,2′-双二苯膦基-1,1′-联萘）为代表性配体与金属配位，合成了一系列手性催化剂。这些催化剂应用于不对称催化氢化反应中时，大多底物转化率为 100%时，立体选择性也能达到 90%，甚至达到 100%。20 世纪 80 年代开始，Noyori 的研究成果在日本得到了大规模应用，用来生产香料和香味薄荷脑，并与高砂香料公司合作，实现了选择性生产左旋薄荷脑（左旋薄荷脑有好闻的香味，右旋薄荷脑没有）[20]。1987 年，Noyori 报道了在温和反应条件下，用 RuX_2(BINAP) 为催化剂催化 β-酮酸酯加氢反应，得到的产物光学纯度接近 100%。在不对称催化加氢反应中，催化剂 $RuCl_2$（BINAP）先与 H_2 发生反应，失去一个 Cl^- 得到 RuHCl（BINAP），之后 RuHCl（BINAP）与酮酸酯形成配合物 A，配合物 A 从金属中心 Ru 向配位酮的负氢转移形成 B，然后 B 解离出产物与 C，C 会与 H_2 反应，进而完成整个催化氢化循环。反应过程如图 3-21 所示。

(2) 不对称催化氧化反应

在不对称催化氢化反应迅速发展的同时，不对称催化氧化方面也得到了很好的研究。美国科学家 Sharpless 的研究小组在 1980 年报道了用酒石酸二乙酯（DET）或酒石酸二异丙酯（DIPT）处理 Ti(OPr-i)$_4$ 形成的手性配合物催化烯丙醇不对称氧化，实现了烯烃的不对称环氧化［被称为 Sharpless 不对称环氧化（SAE）］，并在之后对其进行了改进和完善，这被认为是不对称催化领域的又一里程碑。反应得到的环氧醇可以进行区域和立体控制的亲核取代反应，环氧化合物的衍生化和官能化可以获得多种对映体分子，因此，反应具有广泛适用性。之后，Sharpless 的研究小组将该反应进行了扩展，将不对称双羟基化反应用于合成抗癌药物紫杉醇侧链，他们还提出了不对称催化氧化中的手性放大和非线性效应等多种新的概念，无论是在理论上还是在实际应用上都具有重要的意义。

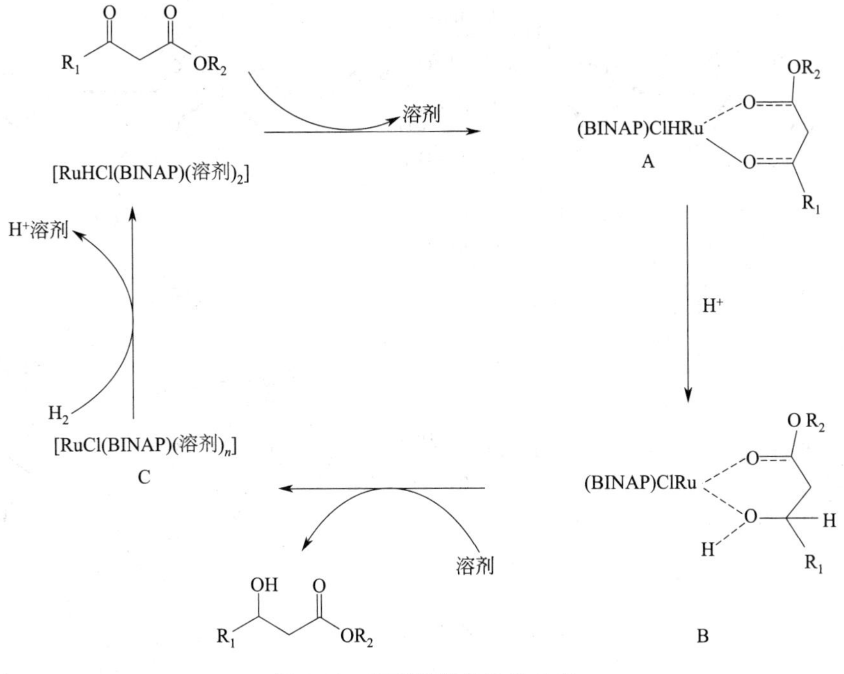

图 3-21　不对称催化氢化反应

不对称环氧化反应通常用 5%～10%（摩尔分数）的手性钛催化剂催化进行。为了发挥真正的催化作用，需要严格的干燥条件（活化的分子筛），通常以叔丁基过氧化氢（TBHP）为氧化剂，以 CH_2Cl_2 为溶剂，该反应使环氧化物具有较高的对映选择性。其他烷基过氧化物如异丙苯过氧化氢（CHP）和三丁基过氧化氢（THP）也可使用，而 CHP 对烯丙醇和甲基丙醇的环氧化反应特别有效。烯丙醇的不对称环氧化反应如图 3-22 所示。

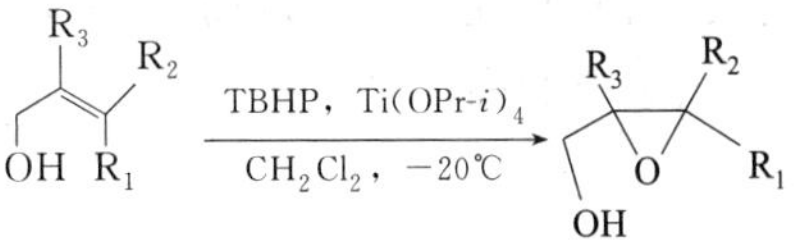

活性催化剂是由两个 DET 配体桥接两个 Ti 原子形成的二聚体复合物，每个 DET 配体与 Ti(OPr-*i*)$_4$ 的配位需要进行配体交换，即需要取代两个异丙基。每个 Ti 原子也与 DET 配体的一个 C ═O 键配位。尽管不能排除两个 Ti 原子的合作参与，但为了了解催化循环的分子细节，只考虑其中一个 Ti 中心发生的反应就足够了。TBHP 和烯丙醇在供氧阶段都与同一个 Ti 结合。TBHP（氧的来源）取代了异丙氧基，并以双齿的方式与 Ti 结合，这种与两个氧协调的能力激活了过氧化氢，使氧转移到烯丙醇上，烯丙醇通过剩余的异丙氧基的位移轴向结合。由于配合物 C 的形状特点，烯烃从它的下表面攻击过氧化物的氧，配体交换得到环氧化物，之后继续催化循环。不对称催化氧化反应机理如图 3-23 所示。

TBHP，Ti(OPr-*i*)$_4$
CH_2Cl_2，−20℃

配体＝D-(−)-酒石酸二乙酯或
L-(＋)-酒石酸二乙酯

图 3-22　烯丙醇的不对称环氧化反应

（3）不对称催化反应发展

从 1968 年第一例不对称催化反应被发现，到如今，虽然对于手性催化剂的研究时间不长，但在理论基础和实际应用方面都已经取得了很大的进展，是近年来化学学科中最活跃的研究方向之一。通过合成大量的手性配体分子与催化剂，不对称催化反应已经在很多有机合成反应中得到应用，并实现了工业化。但手性催化剂的研究仍处于发展阶段，在工

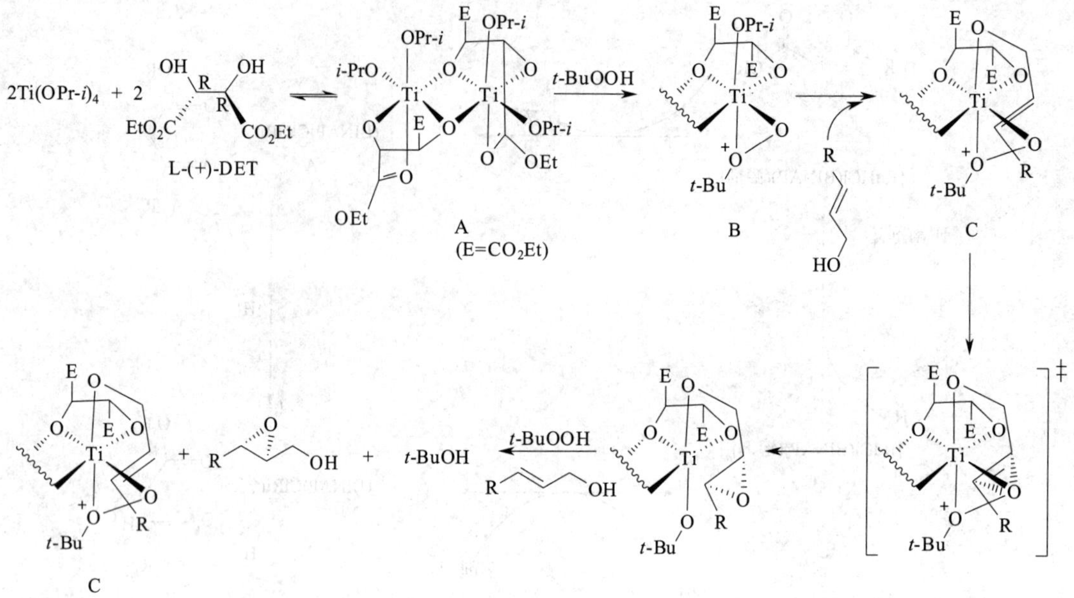

图 3-23　不对称催化氧化反应机理

业中的试剂应用也比较有限。例如，大部分手性催化剂只能对特定的反应起作用，甚至有些催化剂只对某个特定的反应底物有效，大大地限制了催化剂的使用。而且可溶性手性金属配合物的不对称催化反应与一般的均相催化反应一样，也存在反应后催化剂与产物分离困难的问题，往往也不能进行重复使用，限制了催化剂的实际应用。比较有效的解决方法是将手性配合物固载化，即均相手性催化剂的共价接枝固载，但还需要研究者们的进一步探索。所以，设计更加高效的新型手性催化剂解决催化剂的催化性能和回收再利用等问题是手性催化研究领域正在面临的挑战。不对称催化合成的研究会继续成为有机化学领域中学者们的研究热点，进而扩展到其他方面，诸如超分子化学等的研究中，从而实现在高技术领域中的高水平应用。

参考文献

[1] Luder W. Journal of Chemical Education，1948，25：555.

[2] Ho T L. Hard and soft acids and bases principle in organic chemistry. Elsevier，2012.

[3] Lapworth A. Journal of the Chemical Society，Transactions，1904，85：30-42.

[4] Wirz J. Advances in Physical Organic Chemistry，2010，44：325-356.

[5] 任有达．酸碱理论及其在有机化学中的应用．北京：人民教育出版社，1979.

[6] Xu X，De Almeida C，Antal Jr M J. The Journal of Supercritical Fluids，1990，3（4）：228-232.

[7] 吴越．应用催化基础．北京：化学工业出版社，2009.

[8] Park J M，Jang M U，Oh G W，et al. Journal of Microbiology and Biotechnology，2015，25（2）：227-233.

[9] 刘伟生．配位化学．北京：化学工业出版社，2013.

[10] 李晖．配位化学．北京：化学工业出版社，2020.

[11] 罗勤慧．配位化学．北京：科学出版社，2012.

[12] Hughes A K，Wade K. Coordination Chemistry Reviews，2000，197（1）：191-229.

[13] 游效曾．配位化合物的结构和性质．北京：科学出版社，1992.

[14] Yu C，Wu B，Yang Z，et al. Bulletin of the Chemical Society of Japan，2020，93（11）：1314-1318.

[15] Quagliano J，Schubert L. Chemical Reviews，1952，50（2）：201-260.

[16] 韩维屏，等．催化化学导论．北京：科学出版社，2003.

[17] 王桂茹．催化剂与催化作用．大连：大连理工大学出版社，2015.

[18] 黄仲涛．工业催化剂手册．北京：化学工业出版社，2004.

[19] 李贤均，陈华，付海燕．均相催化原理及应用．北京：化学工业出版社，2011.

[20] 韩巧凤，朱俊武，陈胜．催化材料导论．南京：南京大学出版社，2020.

第4章

多相催化及其化学基础

4.1 多相催化剂的结构

多相催化剂是化学反应的参与者，在提高化学反应速率的同时其自身的质量和化学性质在反应前后都不会发生改变。目前，工业上使用最广泛的是多相催化剂，如氨的催化合成、SO_2 的催化氧化、石油的催化裂化等重要工业过程均为多相催化过程。由于多相催化体系至少会涉及气、液、固三相中的两相，所以，原则上多相催化体系可以有多种相-相组合的方式，包括气-固、气-液、液-固和气-液-固三相体系等。例如，铑基纳米催化剂在甲烷转化方面的应用。铑基催化剂具有较高的功能化活性，在催化甲烷直接转化方面表现出巨大的潜力，在甲烷转化反应工艺中，选择碳基材料作为铑基纳米催化剂的载体材料。这就是典型的气-固相结合的多相催化反应体系。

影响催化效率的因素有很多，如催化剂的类型、晶体结构、缺陷类型等。我国在早期就开始了对晶体结构的研究，有许多科学家在这个领域做出重大的贡献。其中，中国科学院院士郭可信在物理冶金、晶体结构与缺陷以及准晶研究等方面取得了卓越成就。本章在介绍多相催化反应过程机理之前，从多相催化剂的结构出发，系统地分析了多相催化剂的晶体结构及其缺陷类型，为学习反应过程的机理奠定基础。

4.1.1 多相催化剂的晶体结构

4.1.1.1 金属催化剂的晶体结构

金属催化剂是固体催化剂最重要的一部分，其应用非常广泛。化学元素种类繁多，在门捷列夫周期表中元素可以分为主族元素和副族元素，其中主族元素又可分为金属元素与非金属元素；副族元素分为过渡金属元素、镧系元素、锕系元素。金属催化剂以晶体的形式存在时，原子按照一定规则有序排列，并且向三个维度延伸形成的结构为晶体结构。一般用晶格描述晶体结构，晶格是指晶体中的每个原子通过金属键相互连接，形成的空间几何图形，其中组成晶格的最小单元被叫作晶胞。晶体和非晶体的结构如图 4-1 所示。

金属催化剂最常见的三种晶体结构是面心立方晶体、体心立方晶体和六方紧密堆积。下面分别介绍每种晶体结构的排列方式。

（1）面心立方晶体结构

许多金属的晶体结构都存在一个立方几何单元，原子位于所有立方面的每个角落和中心，这种结构被称作面心立方晶体结构（FCC，face centered cubic）。这是在自然界中发现的一种原子排列方式，具有这种晶体结构的金属有镍、钙、银等。因为具有特殊的原子排列，所以金属合金具有低杨氏模量、低屈服强度、低硬度和高塑性的特点。面心立方晶体结构如图 4-2 所示。

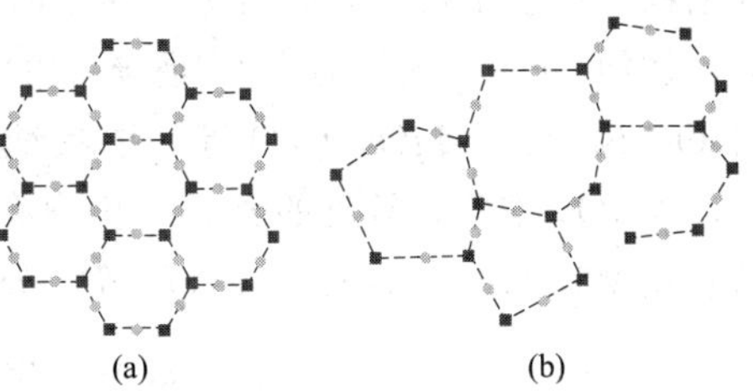

图 4-1　晶体结构（a）和非晶体结构（b）

（2）体心立方晶体结构

不同的晶体结构会使催化材料产生不同的催化性能，下面将详细地分析体心立方晶体结构，探索晶体结构对材料性能的影响。

体心立方晶格结构（BCC，body centered cubic）中同样有一个立方体结构，在这个立方体中心有一个原子，在立方体的八个顶点上都有属于每个立方体的四分之一个原子，即一些原子被四个立方体结构所共有，另一些原子完整地处于立方体结构中心。正是因为这样的原子排列，具有体心立方晶体结构的金属具有高强度的性能。这种特殊的原子排列，引起了学者对体心立方晶体结构的广泛研究，例如，有研究者认为体心立方（BCC）合金是具有发展前途的储氢材料。当金属中存在体心立方晶体结构时，该金属具有高强度的性能，但是体心立方合金储氢性能还没有得到全面研究，在今后的工业应用中还需进一步的探索。体心立方结构图如图 4-3 所示。

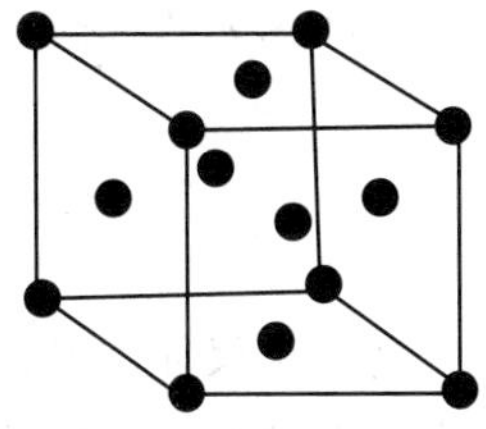
图 4-2　面心立方晶体

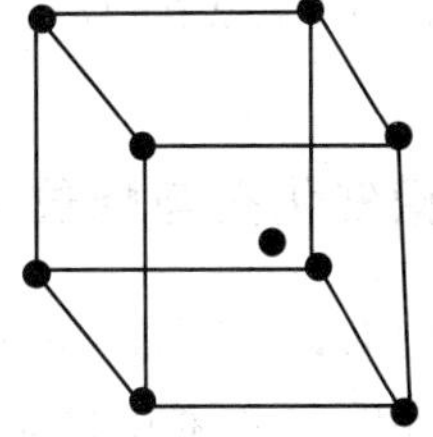
图 4-3　体心立方结构

（3）六方紧密堆积结构

六方紧密堆积（HCP，hexagonal closest packed）几何结构的顶面和底面都是由原子排列形成的正六边形，在顶面和底面各有一个原子处于正六边形的中心，在顶面和底面之间存在一个由三个原子组成的平面。由于原子特殊的排列方式，晶体结构具有低屈服强度、无法成行的性质。六方紧密堆积的结构如图 4-4 所示。常见的金属晶体结构类型如表 4-1 所示。

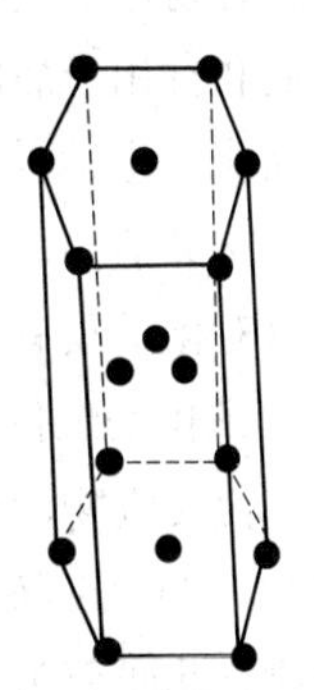
图 4-4　六方紧密堆积结构

4.1.1.2　金属氧化物的晶体类型

金属氧化物的结构类型可以分为四大类：立体结构、层状结构、链状结构和分子结构。立体结构中的晶体结构包括萤石型、反萤石型、金红石型、纤锌矿型等，例如，CaF_2 属立方晶系是典型的萤石型结构。立体结构中常见的金属氧化物有 Li_2O、Na_2O、MgO、CaO 等。层状结构中的晶体结构存在较多类型，例如，反碘化镉型、As_2O_3 型等，常见的金属氧化物有 Cs_2O、As_2O_3、V_2O_5 等。链状结构中常见的金属氧化物有 HgO、SeO_2、CrO_3 等。分子结构中常见的金属氧化物有 Tc_2O_7、Sb_4O_6 等。

表 4-1 常见的金属晶体结构类型

常见金属	晶体结构类型	常见金属	晶体结构类型
铝	FCC	镉	HCP
镍	FCC	铬	BCC
金	FCC		

总之，种类多样的金属氧化物和晶体结构，构成了丰富多样的催化材料，对工业催化具有重要的意义。例如，有研究证实锰氧化物有望作为从废水中捕获 Pb(Ⅱ) 的吸附剂。研究人员分析了 5 种不同晶体相的锰氧化物：α-、β-、γ-、δ-和 λ-MnO_2。结果表明，锰氧化物对 Pb(Ⅱ) 的吸附能力随晶体结构的不同而变化，其中 δ-MnO_2 对 Pb(Ⅱ) 的吸附能力最强。常见晶体结构图，见图 4-5。

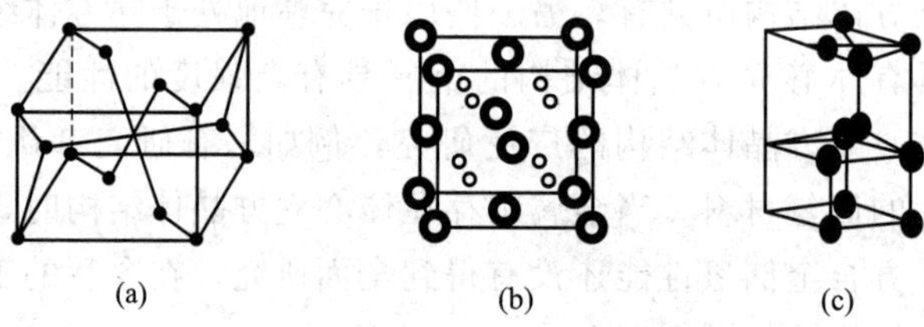

图 4-5 金红石型晶体结构（各个顶点和立方体中心的球体为钛原子，其他球体为氧原子）(a)，萤石型晶体结构（b）和纤锌矿型（氧化锌）晶体结构（c）

4.1.2 多相催化剂与配位化学

1989 年 12 月，全国第一届配位化学会议在南京大学召开，此次会议促进了我国配位化学相关领域的发展，这离不开中国科学院化学学部委员戴安邦的倡议和指导。戴安邦教授长期从事无机化学和配位化学的教学和研究工作，他对硅、铬、钨、钼、铀、钍、铝、铁等元素的多核配合物化学进行了系统的研究，其中“硅酸聚合作用理论”的研究成果，澄清了百年来多种片面和自相矛盾的有关报道，是该领域第一个定量理论。随着化学工业的快速发展，配位化学逐渐成为化学科学研究的主要内容，并且配位化学与许多学科都存在着密切的联系，也形成了许多交叉学科，例如，配位高分子化学、配位光化学、界面配位化学等一系列学科。配位化学不仅对化学具有促进作用，同时也促进了材料科学、环境科学等多种学科的发展。

催化是配位化学最重要的应用之一，配位催化即催化剂和反应物进行配合形成中间配合物，使反应物活化，最终解络为反应产物的过程。例如，有研究者通过测定［Ni(en)(≡SiO)$_2$］中 Ni—O—Si 桥上的金属和 Si 的距离，首次直接证明了金属接枝，即与表面基团形成内球配合物。此研究为采用浸渍、选择性吸附、接枝、沉积-沉淀或沸石功能化等方法制备和优化催化剂奠定了基础。

配位是电子给体和电子受体相互作用形成各种配合物的过程。配位化合物一般是指由过渡金属原子或离子与含有孤对电子的分子或离子通过配位键结合形成的化合物。配位化合物可以参与多种反应，如取代反应、电子转移反应、分子重排反应等，其中配位取代反应被广泛研究。配位取代反应包括两类，分别为亲核取代反应和亲电取代反应。在配位化学当中可以通过反应发生的位置来区分亲电取代和亲核取代。其中发生在配体之间的反应是亲核取代，发生在金属离子之间的反应是亲电取代。另外，在配体取代反应中存在多种机理，例如，当配合物 ML_n 被 B 取代时，B 先接近反应物 ML_n，生成较高配位数的配合物 ML_nB，L 基团快速离去形成 $ML_{n-1}B$ 和 L，即为配合机理，如下所示：

$$ML_n + B \longrightarrow ML_n \cdots B \longrightarrow ML_nB \longrightarrow ML_{n-1}B \cdots L \longrightarrow ML_{n-1}B + L$$

当 ML_n 先解离出一个配体 L 形成 ML_{n-1}，然后快速与 B 结合形成 $ML_{n-1}B$，即为解离机理，如下所示：

$$ML_n \longrightarrow ML_{n-1} \cdots L \longrightarrow ML_{n-1} + L \longrightarrow ML_{n-1} + B \longrightarrow ML_{n-1} \cdots B \longrightarrow ML_{n-1}B$$

解离机理的特点是旧的化学键断裂形成空位，新的配位基团进入空位形成新的化学键。但是在大多数反应中，新配体的进入结合与原配体的离开基本是同时进行的，这种情况展现的是交换机理。交换机理可以进一步分为交换配合机理和交换解离机理。

除了配位取代反应之外，电子转移反应也非常重要。电子转移反应中的内球机理和外球机理被大家普遍关注。其中内球机理是在配位化合物中常见的电子转移类型，在氧化还原反应中还原剂首先进行配位，然后与氧化剂生成桥联双核过渡态配合物 A，配合物 A 充当氧化剂和还原剂的金属离子之间的桥梁，将两个中心离子连接起来，还原剂通过配合物 A 将电子转移到氧化剂上，形成新的配合物 B，配合物 B 解离得到反应产物。在这个电子转移的过程中，金属离子的配位层发生了改变，同时伴随着旧的化学键断裂和新的化学键生成。外球机理是发生在不同化学物种之间的电子转移。无论是哪种机理，电子转移反应在配位化学中的应用都非常广泛。

另外，配位化学在单原子催化剂领域起到了重要的作用。单原子催化剂已成为新材料中的后起之秀，表现出卓越的催化效率、选择性和重复性。单原子催化剂指的是一类负载型催化剂，其活性中心是相互孤立的单个原子。一般均相催化剂的选择性和催化活性较好，但是稳定性较差，而多相催化剂有较高的稳定性但是金属的利用率较低，而单原子催化剂与传统的负载型金属纳米催化剂相比可以在保持稳定性的情况下将金属原子的利用率最大化至 100%[1]。在催化反应中，催化剂可以通过增加暴露的活性位点的数量来增强反应动力学。一个高度分散的活性原子催化剂可以提供最大的原子效率，但是金属催化剂在合成的时候金属的表面能较高，容易引起金属原子的迁移和团聚。多相催化通常发生在固体催化剂的表面，反应物与表面活性位点相互作用。而在许多情况下，底层原子在此过程中的作用可以忽略不计。因此，高比表面积对提高催化剂的性能至关重要，特别是在活性方面。为了实现高比表面积，一种简单且常用的方法是将催化剂颗粒的尺寸减小到纳米级。为了稳定这些纳米级颗粒（NPs），通常将它们沉积在高比表面积材料上，包括氧化物、碳、陶瓷和沸石等，以形成负载催化剂。然而，即使在极小的维度上，催化剂表面的原子比例仍然很低，需要进一步增加。

2011 年，大连化学物理研究所张涛团队和清华大学的李隽以及亚利桑那州立大学的刘景月合作，成功地证明了使用简单的共沉淀方法制造稳定高效的单原子 Pt 催化剂的可行性，首次提出“单原子催化”的概念。2016 年 12 月，张涛团队有关单原子催化的成果入选美国化学会 2016 年度化学化工领域“十大科研成果”。张涛率领科研团队在催化科学和技术研究中取得的创造性成果，拓展了催化剂在航空航天应用中的新领域。单原子催化剂的原子分布，如图 4-6 所示。

当负载贵金属作为活性位点时，由于贵金属的稀缺性和高成本，单原子催化的概念尤为重要。到目前为止，合成具有高稳定性又符合可持续发展策略的单原子催化剂仍然是一个具有挑战性的课题。单原子分散催化剂提供了最大的原子效率，为了使单原子催化剂在催化反应中稳定存在，金属原子通常与载体上的 O、N、S 或其他原子进行配位，从而使金属原子稳定地固定在载体表面，这有助于创造具有高稳定性的催化剂。配位化合物是由一系列阴离子或中性分子组成的化合物，这些阴离子或中性分子通过配位共价键与中心原子结合。例如，将金属原子嵌入纯石墨烯中，由于 C 原子中缺少孤对电子，所以 C 原子与金属原子的结合能低，在纯碳基上的单原子催化剂通常是在高温退火下合成的。为了进一步调节碳材料负载的单原子催化剂的配位环境，掺杂其他具有更高结合能的原子是一种有效的策略。例如，N 掺杂碳材料，与 C 原子相比，N 原子在价电子壳层多一个电子，提供了更高的结合能。总结了一些常见的配体，详见表 4-2。

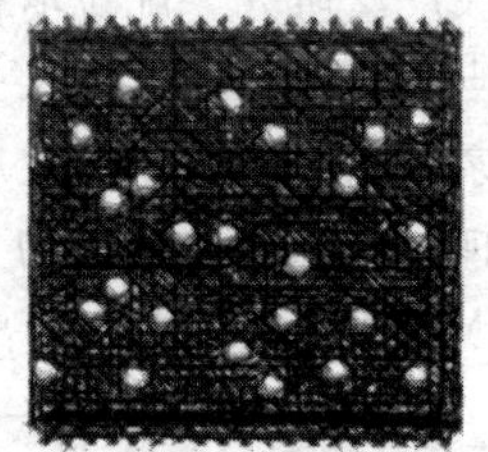

图 4-6 单原子催化剂（SAC）原子分布示意图

表 4-2 常见的配体名称及其化学式

配体名称	化学式	电负性	配体名称	化学式	电负性
氟离子	F^-	带负电	氢氧根离子	OH^-	带负电
氯离子	Cl^-	带负电	水	H_2O	电中性
溴离子	Br^-	带负电	一氧化碳	CO	电中性
碘离子	I^-	带负电	氨	NH_3	电中性

单原子分散催化剂的合成除了掺杂原子之外，有研究者提出一种不涉及外来配体或掺杂原子的合成策略，即提出在原子分散催化剂中强金属-载体相互作用的原子机制。这种强金属-载体相互作用的原子机制不需要任何官能团、配体分子或高电子亲和度的掺杂原子参与合成，就可以完成单原子分散催化剂的制备。总的来说，进一步调节配位环境，优化单原子催化剂的催化性能，仍面临着挑战。

4.1.3 催化剂的缺陷类型

物质的内部结构决定物质的性能，如果结构上存在一些缺陷，这些缺陷也会直接或者间接影响材料的性能。在实际的晶体中，由于晶体形成条件、原子的热运动及其它条件的影响，原子的排列不可能那样完整和规则，往往存在偏离了理想晶体结构的区域。这些与完整周期性点阵结构的偏离就是晶体中的缺陷，它破坏了晶体的对称性。晶体中缺陷的种类很多，缺陷分类的方式也各不相同。根据缺陷在晶体中的位置，缺陷可分为体积缺陷和表面缺陷。按照宏观和微观分类可以分为两大类：微观缺陷和宏观缺陷。在微观晶体缺陷中又可以按照几何形状分为点缺陷、线缺陷、面缺陷等。另外，空隙、裂纹、杂质等一些较大的缺陷称为宏观缺陷[2]。缺陷与材料的一些性能密切相关，如材料的电学性质、磁学性质、光学性质、声学性质、硬度等。因此，了解晶体材料的缺陷，掌握晶体缺陷的基础知识有利于开发多功能的晶体材料，可以使晶体材料的性能进一步提高。接下来将按照几何形状的分类对缺陷进行具体的介绍。

4.1.3.1　点缺陷

点缺陷是晶体缺陷中常见的一种缺陷，在 20 世纪 30 年代由肖特基、弗仑克尔、瓦格纳等人提出。点缺陷是晶体在快速形成时，原子排列出现偏差而形成的。由于在空间三个方向上的缺陷尺寸都非常小，因此点缺陷也被称为零维缺陷。点缺陷的类型很多，如空位、间隙原子、取代原子等，并且点缺陷在晶体中的分布是杂乱无序的。典型的点缺陷又可以分为本征缺陷、杂质缺陷和色心。

（1）本征缺陷

晶体结构中本征缺陷产生的原因只有一个那就是温度作用，是单纯的由温度变化而引起的缺陷。本征缺陷根据原子行为的不同可以分为三类：晶格中会缺失一些原子，原有的位置会产生空缺，即空位缺陷；有一些原子处于在晶格间隙当中，即间隙缺陷；原子 A 占据了属于原子 B 的晶格位置，即位错缺陷。例如，有学者研究了各种点缺陷对扶手椅式硅烯纳米带的结构、电子和弹道传输特性的影响，实验结果表明点缺陷可以改变纳米带的电子结构，并且可以增加或减少弹道电流。另外，点缺陷还会影响材料的热导率，有学者系统地研究了高点缺陷浓度对金红石型 TiO_2 热传输的影响，发现功能性氧化物材料的热导率会随点缺陷浓度的变化而显著变化。其中，肖特基缺陷就是非常典型的空位缺陷，由空位缺陷和间隙缺陷构成的一种典型的缺陷被称为弗仑克尔缺陷。

① 弗仑克尔缺陷　当晶体温度提高至一定程度时，晶体中的原子就可能脱离原来占据的阵点，形成空位，并且移动到晶格的间隙位置，因此晶体产生了一个空位以及一个处于晶格间隙的原子，这种情况产生的缺陷就是弗仑克尔缺陷。这种情况下空位和间隙原子的数量是一致的，温度一定时，弗仑克尔缺陷的产生和复合达到平衡状态，所以这种缺陷也被称为平衡热缺陷。弗仑克尔缺陷的空位情况如图 4-7 所示。

② 肖特基缺陷　肖特基缺陷是热缺陷的一种，而热平衡缺陷在高温条件下起着至关重要的作用，例如会产生自扩散以及各种杂质的扩散，还会导致生长缺陷的形成。肖特基缺陷是 FCC 和 BCC 等金属中的空位。这主要是因为在高温中晶体表面上的原子 A 脱离晶体表面上的位置 a 之后，位置 a 就会闲置，这就会吸引原子 B 占据位置 a，原子 B 是从晶体内部而来，导致晶体内部出现了空位 b，空位 b 即是肖特基缺陷。在产生肖特基缺陷的过程中晶体表面和晶体内部产生了原子的流动，导致空位最终出现在晶体的内部。这种空位的产生使得晶体的体积增大，即密度减小。但是，肖特基缺陷的数量并不多，所以晶体的密度变化程度并不大。此外，肖特基缺陷不仅只发生在表面，也可以发生在位错或晶界处。肖特基缺陷的原子位置如图 4-8 所示。

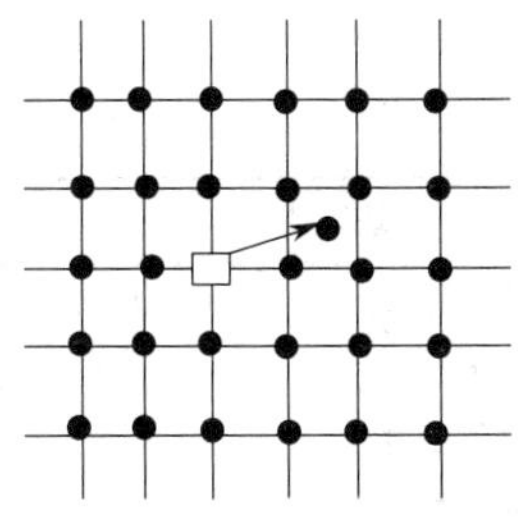

图 4-7　弗仑克尔缺陷的空位情况

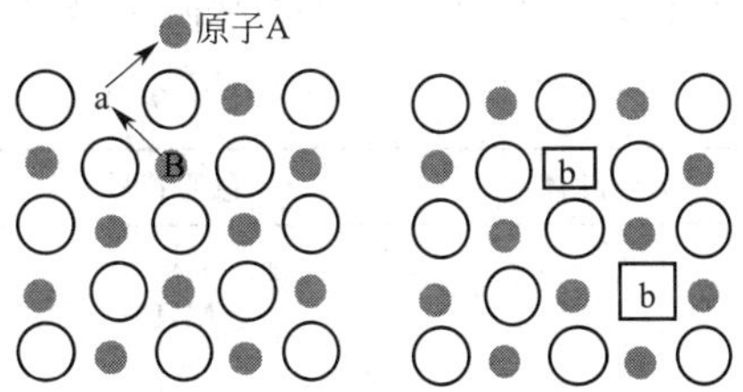

图 4-8　肖特基缺陷的原子位置

肖特基缺陷和弗仑克尔缺陷有一个重要的区别，即在肖特基缺陷模型中，晶体单独产生空位和间隙，而在弗仑克尔模型中，空位和间隙同时产生并解离。另外，对于简单晶体来说，将相同大小的原子挤进晶格间隙是非常困难的，因此简单晶体中弗仑克尔缺陷的数量远远小于肖特基缺陷的数量。有研究者发现 Au/Bi-CeO_2 纳米棒由于弗仑克尔型晶格缺陷的数量较多而具有较高活性。另外，有研究者在 ZnO 表面形成肖特基缺陷，通过实验表明催化剂的寿命得到了明显的延长。这些研究可以证实弗仑克尔型晶格缺陷会对催化剂材料产生一定的影响，但是由于材料的不同，催化反应不同，弗仑克尔型晶格缺陷对催化材料的影响也不同，需要研究者进行更深入的研究。

(2) 杂质缺陷

与晶体中基质原子不属于同一类的原子被称为杂质原子，另外，同位素原子也是杂质原子的一种。晶体中的杂质原子有两种存在形式，一种形式是杂质原子取代基质原子，另一种形式是杂质原子进入晶体中的间隙。所以杂质缺陷也分为两种：取代杂质缺陷和间隙杂质缺陷。

① 取代杂质缺陷　这类缺陷是指晶体中原有的基质原子被外来的杂质原子或者离子取代，杂质原子占据其位置。为了改善材料的性能，一般会有目的地、有控制地引入一些外来杂质原子，特意使晶体形成取代式杂质缺陷，如半导体的制备过程中经常会采用这种方式来提高材料的性能。例如，金刚石具有高硬度和良好的导热性，一直吸引着科学家的注意。

② 间隙杂质缺陷　晶体中的间隙位置可能会被原子占据，并不是所有原子都可以进入间隙位置，只有原子半径小的原子才有机会进入晶体中间隙位置形成间隙杂质缺陷。例如，铜杂质对 ZnO 光学性质可能会产生影响所以被学者广泛研究。研究人员通过实验证明铜杂质可以进入 ZnO 的间隙。这种缺陷对催化材料的催化性能是具有促进作用还是抑制作用以及作用机理，都需要研究人员进一步探索。

(3) 色心

色心是晶体材料中固有的原子缺陷，也可以通过一些工艺引入。色心对材料的光学性能会产生一定的影响，例如色心影响材料的光吸收、发射特性等。合理地引入色心可以有效地控制材料的光学特性，有利于新一代光子器件的开发。目前引入色心的方法有化学气相沉积法、高温退火法、激光诱导法、离子注入法等。点缺陷产生的电荷中心使它周围的电子或空穴被约束形成束缚态，通过光吸收被约束的电子或空穴可以在束缚态之间发生跃迁，所以晶体会产生不同的颜色。但是，并不是晶体中只要存在色心就可以产生颜色，因为有些吸收光谱峰的位置超出了可见光谱的范围。色心具有不同的类型，通常会用一些字母进行标记。常见色心及其缺陷类型见表 4-3。

表 4-3　常见色心及其缺陷类型

基质晶体	色心符号	缺陷类型
碱金属卤化物(MX)	F	电子捕获了负离子的空位
	M, F_2	一对相互作用的相邻 F 中心
	F_A	碱金属取代杂质旁边的 F 中心
	F', F^-	F 中心有两个捕获的电子
	R, M^+, F_2^+	三个相邻的相互作用的 F 中心在(111)上
	V_K	两个相邻的负离子空位，捕获一个电子

续表

基质晶体	色心符号	缺陷类型
碱土卤化物(MX_2)	F	电子捕获了负离子的空位
	M	沿着[100]排列的一对相邻的F中心
	F_3	三个相邻的F中心沿着[100]排列
碱性土氧化物(MO)	F	氧空位上有两个捕获的电子
	F',F^-	氧空位上有三个捕获的电子
	F^+	含一个电子的氧空位
石英(二氧化硅)	E',E^-	含一个电子的氧空位
金刚石(C)	C,P_1	孤立的N原子取代了C原子
	A	两个C原子被N取代
	N_3	三个N原子在C空位周围的C位置上
	N_2	两个N原子在C位上,靠近一个C空位
	NV	一个N原子在碳空位附近的碳位置上
	NV^-	NV中心带负电荷

4.1.3.2 线缺陷

位错是一种缺陷，晶体位错的概念是由 Polanyi、Orowan 和 Taylor 在 1934 年提出的。位错是在远低于完美晶体的理论剪切强度的应力下产生的晶体塑性变形[3]。当整排原子排列出现一些偏差时形成的位错是线缺陷。结晶材料的塑性变形导致了三维位错的形成，也影响了位错的分布。位错的形成和晶体结构、变形的温度、应变和应变率密切相关。位错的分布和晶界、沉淀以及堆叠断层能量密不可分。位错密度的增加以及位错之间的相互作用提高了晶体在力学上的硬度。位错在材料科学中非常重要，因为它们可以帮助材料提高强度。但是并不是所有位错对材料性能都有促进作用，如 SiC 中的主要晶体缺陷是位错，它们会降低高电场器件的性能。位错有两种常见的类型，分别是边缘位错和螺型位错，如果晶体中同时存在这两种位错，这种缺陷被称为混合型位错。

(1) 边缘位错

晶体中出现一列或多列原子有规则的偏差，这种线缺陷被称为边缘位错。这种位错会导致附近的晶格结构产生两种极端的变形，靠近位错线变形或者远离位错线变形。晶体结构中原子平面如果断裂，原子平面上中断的边缘就是边缘位错，它像刀片一样插入晶体，在刀刃处即与晶体接触的这排半原子称为边缘位错，也被称为刃型位错，见图 4-9。

(2) 螺型位错

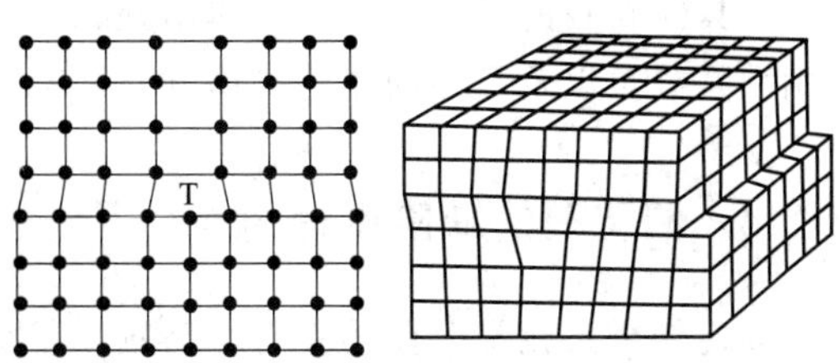

图 4-9 刃型位错的原子模型

将一个晶体从上至下分为 $A_上$、$B_下$ 两部分，$A_上$ 与 $B_下$ 发生相对滑移，螺旋轴线与滑移的方向垂直，发生滑移后，$A_上$ 和 $B_下$ 不吻合的区域为过渡区域，过渡区域中会裸露出一定数量的原子，此时原子原有的排列顺序被打乱，过渡区域的原子以与滑移方向垂直的方向为轴线依次连接，即螺旋轴线附近的原子是按照螺旋排列的，这种位错称为螺型位错，详见图 4-10。

4.1.3.3 面缺陷

晶体结构中的某一平面可能因为原子排列出现错误，而出现不连续的现象，这种现象被称为面缺陷。在工程材料学中面缺陷是指二维尺度很大而第三维尺度很小的缺陷。按照两侧晶体间的几何关系将界面分为三类，即平移界面、孪晶界面和晶粒界面，与之相对应也存在三种面缺陷，即平移界面缺陷、孪晶界面缺陷和晶粒界面缺陷。综上，面缺陷包含了很多不同的类型，这里着重介绍堆垛层错。在具有密堆积结构和层状结构的晶体中经常会出现堆垛层错面缺陷。堆垛层错又分为两种类型，分别为插入型层错和抽出型层错，具体的原子层变化见图 4-11。另外，在平移界面缺陷中原子的配位数和间距不会改变，晶格也几乎不会发生改变。还有一种较为常见的面缺陷为孪晶界面缺陷。孪晶分布在缺陷平面两侧的晶体部分完全对称，所以孪晶界面可以被看成一面镜子。

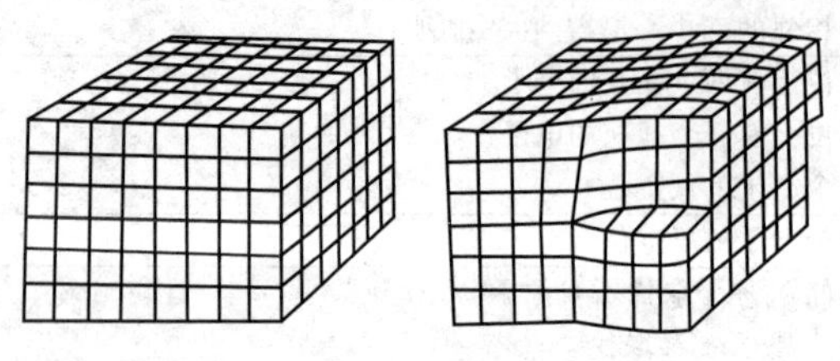

图 4-10 螺型位错的原子模型

4.1.3.4 其他宏观晶体缺陷

体缺陷是一种三维宏观的晶体缺陷。一般在原料提炼过程和材料制备工艺中，不可避免地会出现一些较大杂质，在最终形成的材料中变成外来夹杂物，即一些宏观缺陷。宏观缺陷和微观缺陷的作用有所不同，宏观缺陷对材料的弊大于利，在现有工艺条件下和晶体生长过程中，宏观缺陷不可避免地会受到各种复杂因素不同程度的影响。

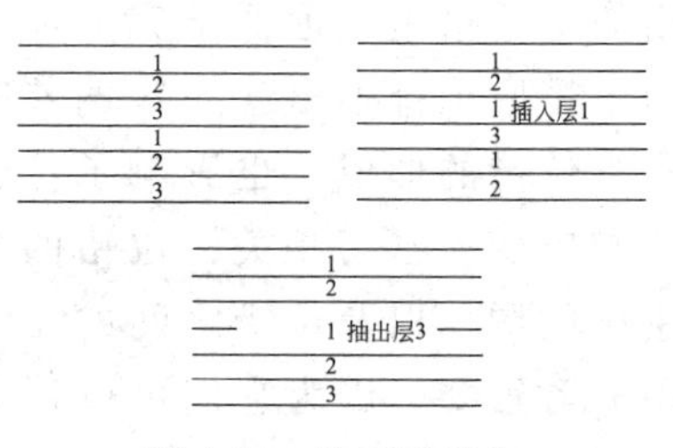

图 4-11 原子层变化

不同类型的晶体缺陷对材料的作用是不同的。下面将以具体的实例来体现晶体缺陷与催化剂的联系。例如，研究人员研究了具有层状晶体结构的铁电 Bi_2WO_6 纳米片。结果表明，晶体尺寸和氧空位分别影响正交畸变程度和缺陷能级的形成，进而影响压电电位的分布和压电催化活性。除此之外，关于晶体缺陷对半导体光催化性能的影响也被广泛证实。实验表明合理设计引入晶体缺陷不仅对电子动力学和能带结构产生了有益的影响，而且还促进了单电子和双电子反应。综上，缺陷对于材料的性能和催化反应的利弊情况，都要结合具体材料的具体情况、具体用处和缺陷的具体类型来判断。在合理引入晶体缺陷、控制缺陷数量以及具体的作用机理方面还都有待进一步研究。

4.1.4 催化剂的缺陷设计

催化作用是化学工业的基石，高效、稳定的催化材料是解决日益严峻的环境污染和能源危机问题的基础。而晶体缺陷的种类、数量都和催化材料的催化性能密切相关。那么合理有效地引入缺陷并且控制其数量和位置是关键工作。不同的领域引入缺陷的方法各不相同，需要引入的缺陷类型和数量也都无法一概而论。

首先介绍有关光催化领域的催化剂设计进展。为了改善人类的生存环境和地球的可持续发展，科学家们提出了很多基于金属氧化物的光催化剂。此类催化剂具有稳定性高、成本低、原料丰富和潜在催化活性高的优点，并且应用范围广，可以用于二氧化碳还原、氮气固定和污染物高级氧化等领域。在这些金属氧化物中，普遍存在的缺陷为氧空位，这对催化剂的物理化学性质都有非常显著的影响。研究人员发现，氧空位在催化反应中改善了氧化还原行为，可以为催化剂提供更优越的氧吸收和释放能力[4]。在对 α-MnO_2 的研究当中，研究人员发现氧空位有利于形成活性氧物质。引入氧空位需要对时间、压力、温度等条件进行精密的控制，可以通过化学还原、溶剂热处理、离子掺杂等方法引入氧空位。

以上实例说明，研究者通过前期工作清楚地知道光催化剂的局限性有难以分离、选择性低、聚集和沉淀和可见光的使用率低等。而引入氧空位可以增强某些材料的导电性，在动力学方面也有所增强。为了在金属氧化物中引入氧空位，人们开发了许多合成策略，如高能粒子轰击、高温煅烧、化学还原、离子掺杂等，这些都有利于氧原子的脱离。引入缺陷后通过一些表征手段进一步明确缺陷的形成和作用模式，这有助于更加合理地优化催化剂的缺陷。到目前为止，在保持催化剂结构完整性的同时，很难精密控制催化剂中氧空位的浓度和空间位置。

近年来，碳基催化材料由于原料充足、化学稳定性较好、对环境危害较小、成本较低，所以得到了人们的广泛关注。例如，研究人员采用碳基催化材料取代贵金属催化剂。另外，有研究者用非贵金属多孔碳基材料取代铂基催化剂。图 4-12 为多孔碳基材料的形貌特征。

另外，一些研究者用带有过渡金属装饰的多孔碳纳米材料代替贵金属催化剂用于氧化还原反应中。但是纯碳催化材料的催化性能远不如贵金属催化剂的催化性能，因此引入缺陷引起了大量研究者的兴趣。

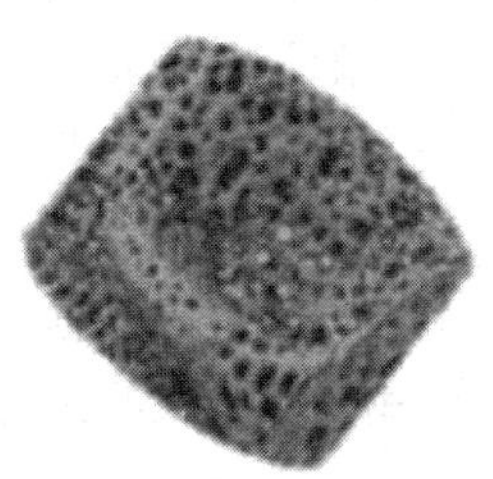

图 4-12　多孔碳基材料

根据热力学第二定律，晶体材料中的缺陷是无法消除的，碳基纳米材料也是如此[5]。根据前面提到的内容可以知道，点缺陷可以分为本征缺陷，即晶体中固有的缺陷，还有一种就是由各种因素造成的杂质缺陷，如由杂原子或者金属离子引起的缺陷。以引入点缺陷为例，那么在缺陷设计的时候就有两个方向：本征缺陷设计和外来杂质缺陷设计。例如，聚合物氮化碳在光催化领域具有广泛的应用前景，但是其光催化效率并不尽如人意，因此可以通过调整电子结构和能带引入空位缺陷。空位产生过程通常伴随着一系列的物理和化学变化，例如，键的断裂和重整、晶格畸变、电子补偿等。

本征缺陷的形成一般是由于晶体中原子排列出现偏差，所以在设计缺陷时就要有目的地使原子排列产生偏差。引入空位缺陷的具体方法包括煅烧法、水热法、熔盐热处理法、化学还原法、气体腐蚀法、酸/碱腐蚀法等。另一个方向就是将杂原子或金属原子加入碳基材料中，这会使催化剂的催化活性显著提高，其催化活性的提高主要是不同电负性的杂原子掺入导致了碳骨架电荷密度的重新分布。具体来说，杂原子可以有效地影响局部碳位点的电子结构，优化后的碳位通常被认为是潜在的活性位点。其中，热解法和化学气相沉积法是在碳基催化剂中构建杂原子缺陷的两种主要方法。但是，哪种掺杂剂对碳基纳米材料的催化活性影响更大，还存在争论。

新功能材料每时每刻都在更新，各种类型材料层出不穷，合成工艺也在更新迭代。但是对催化材料引入缺陷而言，无论用何种工艺制备都需要遵循以下原则：①充分了解所用催化材料的缺点及其催化作用机理；②充分了解各类缺陷的形成机理及其优势；③充分了解引入方法的作用机理并判断是否可行。每种材料都有各自独特的性能，缺陷设计没有统一的方法，要根据材料的性能和缺陷的类型以及催化的反应进行综合判断，合理利用缺陷是我们要遵循的最重要的原则。

4.2 多相催化的吸附行为

4.2.1 吸附类型简介

在我国古代，劳动人民就知道新烧好的木炭有吸湿、除臭的特性。例如湖南长沙马王堆一号墓里就是用木炭作为防腐剂和吸湿剂的。近几十年来，吸附的应用也越来越普遍，人们使用吸附回收少量的稀有金属，对混合物进行杂质分离、纯化、溶剂再利用、污水处理、空气净化和进行色谱分离等。吸附在催化领域中的研究与应用，对工农业生产和国民经济发展都有着非常重要的意义。20 世纪 20 年代初期，中国表面物理化学家傅鹰初到美国留学时，即参与到胶体和表面化学开拓性研究的行列当中。他也是我国表面化学研究的主要开创者，对吸附作用及影响固体表面在溶液中吸附的各种因素进行的综合实验研究以及有重要指导意义的理论分析，已成为吸附理论的主要组成部分，并为中国的科学研究与创新发展打下了扎实的理论基础。

吸附是指物质表面吸住周围介质中的分子或离子的现象，是基本表面现象之一。不仅是许多工业过程的基础，也是表征固体颗粒和多孔结构表面的主要手段。吸附也是催化反应的前提，反应物要在固体催化剂表面进行反应，首先要能吸附，之后才能进行反应。界面上已吸附的物质称为吸附质，在体相中可以被吸附的物质称为吸附物。能有效地从气相或液相中吸附某些组分的固体物质称为吸附剂，吸附剂通常有较大的比表面积、易再生、有良好的力学作用，对吸附质也有着较大的选择性吸附能力。根据吸附质与吸附剂发生吸附作用时表面作用力性质的不同，可将在固体表面上的吸附分为物理吸附和化学吸附两大类。物理吸附不仅是多相催化反应的前提条件，而且利用物理吸附原理可以测定催化剂的表面积和孔结构。化学吸附是多相催化的关键步骤，广泛应用于催化剂的预处理及其表征，关于化学吸附的研究对阐述催化机理有着至关重要的作用。

(1) 物理吸附及其特点

吸附剂和吸附质之间通过分子间力（范德华力、氢键作用力）相互吸引，形成的吸附现象称为物理吸附［图 4-13(a)］。如活性炭对许多气体的吸附。物理吸附具有吸附速度快、吸附无选择性、吸附热较小、吸附可逆、易脱附、可以是多层吸附等特点[6]。在较低的温度下，物理吸附可以很快发生，反应是可逆的，即在不改变气固表面状态的情况下进行定量脱附。一般来说，任何气体在任何固体上都可发生物理吸附，即物理吸附无选择性。但有时由于多孔固体的屏蔽作用，其孔洞的大小不允许一些气体分子渗透到孔洞中，能检测到一定的吸附选择性。例如分子筛对气体分子的影响，这种选择性不是由气体分子和固体性质的特定要求所决定的。物理吸附可以是单层的，在单层吸附的分子仍然可以进行第二层或者多层吸附。

(2) 化学吸附及其特点

被吸附的分子和吸附剂表面的原子发生化学作用，在吸附质和吸附剂之间发生了电子转移、原子重排或化学键的破坏与生成的现象称为化学吸附［图4-13(b)］。催化剂一般以这种吸附方式起作用，如镍催化剂吸附氢气。化学吸附具有吸附热大、吸附速度慢（需在一定温度以上才能进行）、只能是单层吸附、有选择性和一般为不可逆吸附等特点。有时可以在化学吸附的吸附质上再进行物理吸附。化学吸附类似于发生化学反应，常常需要较高的活化能，因此应要在较高温度下进行。由于化学吸附热接近反应热，所以一般的化学吸附过程都是放热过程，而在发生的化学反应中吸附体系熵变为较大正值时，化学反应的吸附为吸热过程。在气体和固体的表面之间进行化学反应时，由于在单层吸附下可以实现选择性吸附，而且很难脱附，因此脱附分离出来的物质和脱附后固体的表面往往和它们最开始的情况不同。互逆性吸脱附反应是物质在与外界条件接触发生性质变化过程中，吸附反应与脱附反应可同时互相或交替地进行反应的一种化学物理反应过程。物理吸附就是可逆过程，虽然其分子发生了可逆反应但被吸附的分子性质却不会因此发生变化。化学吸附因其反应过程形成的化学键很强，所以实际不可逆。但当高温低压情况下，脱附也可以进行。可逆吸附与吸附剂、温度和吸附压力有关，不可逆吸附与吸附剂和吸附温度有关，而与吸附压力无关。因此，可逆吸附与不可逆吸附是可以定量测量的，可以研究它们在催化反应中所扮演的不同角色。

(3) 物理吸附与化学吸附的基本区别

对于物理吸附和化学吸附，两者最本质的区别取决于吸附力的性质。吸附力不同导致两者在吸附热、吸附层数、吸附速度、吸附发生时的温度、吸附的可逆性和选择性等方面有显著的差异，有时这些特征便可以用来判断吸附的类型。表4-4列出了物理吸附与化学吸附的基本区别。

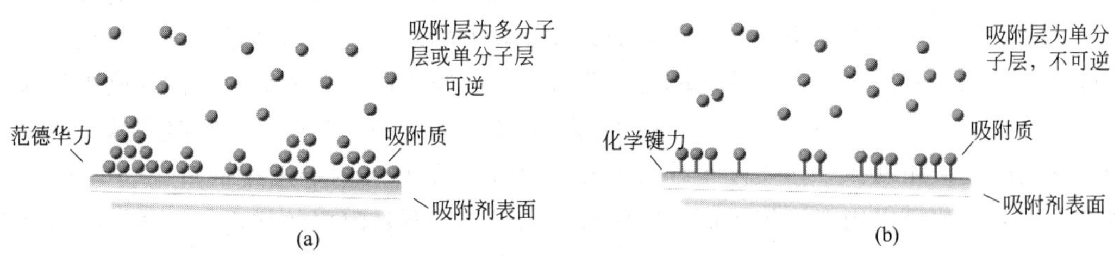

图4-13 物理吸附（a）及化学吸附（b）示意图

表4-4 物理吸附与化学吸附的基本区别

理化指标	物理吸附	化学吸附
作用力	范德华力	化学键力
吸附热	接近于液化热	接近于化学反应热
选择性	无选择性，非表面专一性	有选择性，表面专一性
可逆性	可逆	不可逆
吸附层	多层吸附	单层吸附
吸附速率	快，活化能小	慢，活化能大
吸附温度	低于吸附质临界温度	远高于吸附质沸点
用途	测试比表面积和孔径分布	进行催化反应

当气体被物理吸附在固体表面时，吸附剂分子结构和吸附质结构的变化通常可以忽略

不计。由于吸附过程是自发的过程，故在恒定温度和压力条件下 $\Delta G<0$。已被吸附的分子较气相中分子的自由度减少，所以 $\Delta S<0$。因此，根据 $\Delta G=\Delta H-T\Delta S$，吸附过程的 ΔH 应该为负值。换句话说，气体在固体表面上发生物理吸附是放热过程。化学吸附大多数是放热的，但当 ΔS 为较大正值时，此时化学吸附为吸热过程[7]。吸附热可分为两种类型：积分吸附热和微分吸附热。由于固体表面的不均匀性，两种吸附热类型都会随表面覆盖度的变化而显著变化。

在恒定的温度、恒定的容量和恒定的吸附剂表面积时，吸附 $n$mol 气体所释放出的热量为积分吸附热。由热力学知识可知，此过程的热效应为体系内能的变化，$\Delta U=U^{s}-U^{g}$（上标 s 和 g 分别表示表面相和气相），故吸附 1mol 气体的积分吸附热 $q_{i}=(\Delta U/n)_{T,V}$，其反映的是不同覆盖率下吸附热的平均值，积分吸附热也可用量热计直接测定。一定吸附量时，再有无限小量的气相分子被吸附后所释放的热量称为微分吸附热。

$$\Delta H=-R\left[\frac{\mathrm{d}\ln f}{\mathrm{d}\left(\frac{1}{T}\right)}\right]_{n} \tag{4-1}$$

式中，f 为气体逸度；R 为摩尔气体常数。物理吸附焓低，在低于吸附质沸点的低温下发生，并且是可逆的。化学吸附具有高焓，发生反应时温度远高于吸附质沸点并且是不可逆的。

4.2.2 吸附等温线及其测定

4.2.2.1 吸附等温线

在吸附研究中，吸附量是最重要的物理量之一。在某一特定温度下，可以改变气体压力来测定该条件下的平衡吸附量，由此作吸附量随压力变化的曲线，此曲线称为吸附等温线。同理，当吸附量恒定不变时，压力随温度变化的曲线称为吸附等量线。压力恒定不变情况下，吸附量随温度变化的曲线称为吸附等压线。吸附曲线主要显示了固体吸附气体时的吸附量与温度、压力的关系，三类吸附曲线是相互联系的，其中任一种吸附曲线都可以用来描述吸附作用规律。在实际工作过程中使用最多的是吸附等温线，图 4-14 吸附等温线的形状和变化可以用来了解界面上吸附分子的状态以及吸附层的结构，描述了吸附剂在一定温度下的平衡性能。它取决于吸附质、吸附剂、吸附的类型和溶液的各种物理性质，包括离子强度和 pH 值、温度等。多孔材料的吸附等温线的重要意义就在于可以引入不同工业领域所需的重要平衡信息，如 CO_2 捕获、化学分离、气体储存催化等。固体上的气体吸附等温线的数据甚至可以提供关于吸附剂的比表面积和孔隙结构的信息。能描述吸附

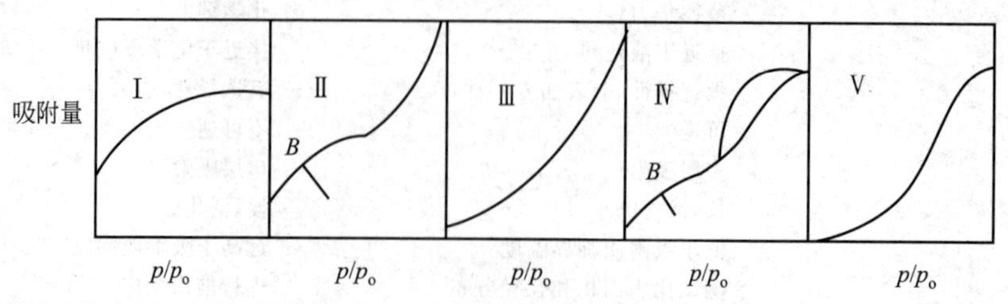

图 4-14 五种类型吸附等温线

等温线的方程称为吸附等温式，成功的吸附理论研究大都是基于公认的基础理论假设和模型，然后经过一系列数学公式推导，得到能制定某种或几种类型的吸附等温线的方程式。并且通过对实验数据的处理，求出等温式中的某些常数，这些常数与吸附机理、吸附层结构、吸附剂的宏观表面结构有关。因此，吸附等温线的确定是吸附研究的首要任务。下面介绍五种常见吸附等温线类型。

（1）Ⅰ型等温线

又称 Langmuir 等温线，最初是为了描述气体在活性炭等固相吸附质上的吸附而开发的。基于固体材料的表面化学多样性和结构几何形状，Langmuir 识别并分类了六种不同的简单吸附机制。①单位点 Langmuir 吸附，最简单的气固吸附情况，其表面具有相同的基本吸附位点，能够承载单个吸附分子。②多位点 Langmuir 吸附，即表面上存在多种基本吸附位点，每个位点可能适合单个吸附分子。在这种情况下，结合位点是独立的，忽略了吸附质和吸附剂之间的相互作用。③广义的 Langmuir 吸附，可能包含难以控制数量的各种吸附位点，具有不同的吸附质亲和力。吸附等温线遵循吸附位点的结合能分布。④协同吸附，这种情况下，表面结合位点相同，但可以承载多个分子。在同一吸附位点上存在不同类型的吸附体，影响进一步吸附的能量变化。⑤解离吸附，在这种情况下，假设吸附过程为双重过程，化学键作用使吸附分子在吸附位点停留并发生分子解离，然后发生解吸。吸附过程中，吸附表面相邻的两个原子必须重新结合成双原子分子并离开吸附表面。⑥多层吸附，这种情况下假设每个吸附位点独立、相同，吸附分子的数量没有限制，允许分子相互吸附。Langmuir 等温线同时也描述可逆的化学吸附过程，沸石上吸附水蒸气、木炭上吸附氢气、氯化锌对碘化钾溶液中碘的吸附也都符合此类型曲线[8]。

（2）Ⅱ型等温线

也称 S 型等温线，在相对低的压力 p/p_0 区有拐点 B。拐点 B 相当于单分子层吸附的完成。这种类型的等温线在吸附剂孔径大于 20nm 时经常遇到。在低 p/p_0 区，曲线凸向上或凹向下，反映了吸附质与吸附剂相互作用的强或弱。例如氮气在硅胶或铁催化剂上吸附、水蒸气在聚合物基吸附剂上吸附。

（3）Ⅲ型等温线

在整个压力范围内凹向下，曲线没有拐点 B。曲线下凹表明这种类型出现在吸附质-吸附质相互作用比吸附质-吸附剂相互作用大的地方。吸附质对固体不浸润时的吸附，如水在石墨上的吸附、疏水沸石和活性炭对水的吸附、四氯化碳对溴和碘的吸附就属于此类型。

（4）Ⅳ型等温线

Ⅳ型等温线的开始部分即低 p/p_0 区与Ⅱ型等温线类似，凸向上。在较高 p/p_0 区，吸附显著增加，这可能是毛细管凝结的结果。由于毛细管凝结，在这个区域内有可能观察到滞后现象，即在脱附时得到的等温线与吸附时得到的等温线不重合。在特定类型的活性炭上吸附潮湿的空气、水蒸气，在氧化铁和硅胶上吸附苯也符合此类型。

（5）Ⅴ型等温线

Ⅴ型等温线在实际中比较不常出现。在较高 p/p_0 区也存在着毛细管凝结与滞后现象。

从以上的介绍可以看出，等温线的形状与吸附质和吸附剂的性质密切相关，因此通过对等温线进行研究可以获取有关吸附剂和吸附质性质的信息。例如，从Ⅱ型或Ⅳ型等温线可计算测量固体比表面积。因为Ⅳ型等温线是有中等孔（孔径在 2～50nm）特征的表现，并且同时具有拐点 B 和滞后环，因而被用于中等范围孔的孔分布计算。

4.2.2.2 吸附等温线的测定

测定气体吸附等温线时，原则上应是假定气体在某一定温度范围条件下，将吸附剂置于该可吸附气体中，达到吸附平衡条件后，计算平衡压力值和吸附量。测定方法通常包括以下两种：静态法和动态法。静态法主要有容量法、重量法等，动态法主要有常压流动法、色谱法等[9]，无论采用何种方法，在进行吸附测定前应该尽可能去除吸附剂表面已经吸附的气体。

(1) 容量法

容量法是一种间接测量吸附量的方法，测试精度依赖于气体方程的选取、自由空间体积的标定及压力和温度传感器的精度，测量误差较难控制。该方法设备仪器在实验使用之前，应先把样品密封并检查系统气密性。自由空间体积测定要多进行几次求取平均值以减少系统误差。检查实验设定时间以及压力和时间间隔是否合理，最后根据实验数据作出等温吸附曲线。图 4-15 是一种容量法测定吸附量的简易装置示意图，它主要由压力计、气体储瓶、样品池和真空泵体系组成，气体储瓶由几个相连接的球体构成，其体积均经精确测量。样品池有多种形式，但都应使脱气方便和尽可能减少非吸附剂本身所占的体积（死体积）。活塞 A 与 B、压力计刻度 C 和气体储瓶上端刻度 0 之间均为厚壁毛细管，此区间的体积称为自由体积，也应事先测定。

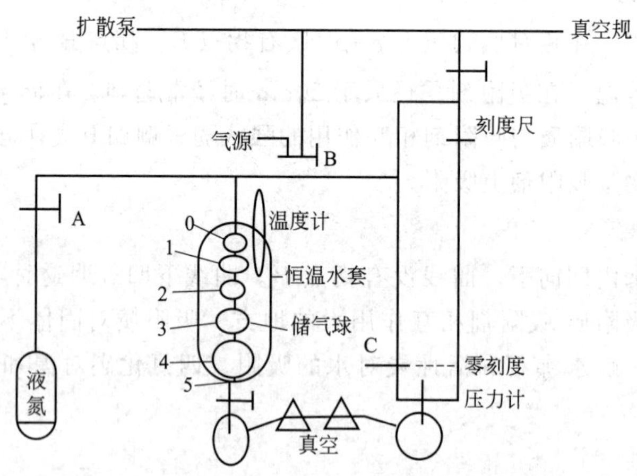

图 4-15　容量法测定吸附量的简易装置示意图

A—活塞；B—活塞；C—压力计刻度零点；0～5—刻度

装在样品池中的吸附剂先经真空脱气，然后使系统达所要求的真空度。关闭活塞 A，将吸附质气体引入储气瓶，使汞面在最下端刻度 5 处。调节压力计中汞面至零点 C 处，读出压力计读数。此时系统中气体体积为储瓶总体积和自由体积之和。将样品池浸于液氮浴中，开启活塞 A，使吸附进行，体系内气体量逐渐减少，压力下降。吸附达到平衡后，调节压力计左侧汞面仍使其在零点 C 处，记下压力值。此时气体体积为储瓶体积、自由体积与死体积之和，根据吸附前后体系压力的下降值可计算出吸附量。将储气球中汞面上升一球，依上述方法再测定吸附量，直至储气瓶全部被汞充满为止。这样即可求得数个不同压力下的吸附量值。除压力极小外，对气体要校正到标准状态。若吸附量很小，压力变化应选用灵敏的测量装置测定。

（2）重量法

用称量装置直接测量吸附量的方法称为重量法，测试误差相对容易控制。重量法等温吸附实验不仅要做空白实验还要做浮力实验和吸附实验。需注意的是空白实验不用装样品，图 4-16 是重量法的示意图。装置主要由压力计 A、石英弹簧 B、样品皿 C 和吸附质 D 组成。石英弹簧的伸长与载重量的关系应预先测定。吸附剂放在质轻的金属箔或玻璃小皿中，将吸附剂预脱气并将体系抽至要求的真空度后关闭活塞 E、F，使压力计中的汞面上升到中部。打开活塞 F，用控制吸附质 D 温度的方法调节蒸气压（或极慢地引入少量蒸气）。吸附平衡后，记下弹簧的伸长值（可算出吸附量）及压力值。不断增加吸附质的蒸气压，测出相应的吸附量。蒸气吸附用重量法测定最方便，吸附量可以直接求得也不需要做死体积的校正。但重量法也有缺陷，其平衡时间长，在精确测定时需对吸附剂小皿的浮力予以调整校正。

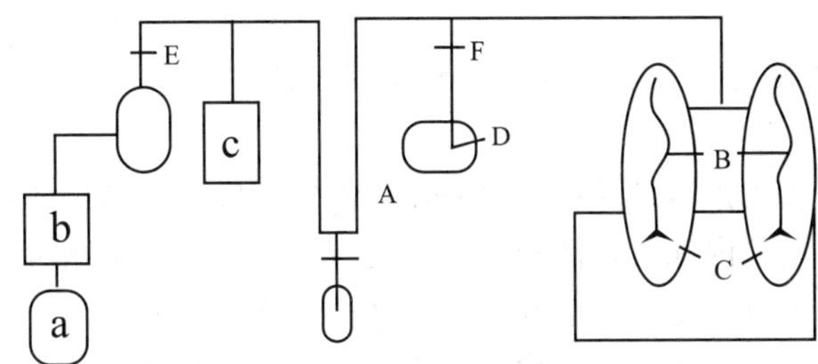

图 4-16　重量法气体吸附装置示意图

a—机械泵；b—扩散泵；c—真空规；A—压力计；B—石英弹簧；C—样品皿；D—吸附质；E，F—活塞

（3）常压流动法

氮气（或空气）净化和干燥分两路导入装有吸附剂的平衡管中：一路通过恒定温度的吸附质液体，带出其饱和蒸气进入混合器；另一路直接进入混合搅拌器中。调节两路气体流量以控制混合气体中吸附质蒸气的含量。首先对混合器流出的混合气体进行预先处理并准确测量吸附剂平衡管的总质量。保持两路气体流速不变，随着时间的推移，吸附量从增加直到不再有变化，计算此时蒸气的吸附量。调整吸入氮气的速度以改变吸入蒸气含量，再确定相应的吸附量。根据氮气流速和温度对应的吸附质饱和蒸气压，计算相应的蒸气分压。这种方法设备简单，但吸附平衡时间长，吸附剂预处理条件难以严格控制。

（4）流动色谱法

色谱法测定吸附等温线有多种方法，仅以其中一种做简要介绍。以氮气为吸附质，氢气为载气。将氮气和氢气流动混合后，按照恒定的流动速率加入装有吸附剂的样品管。在液氮浴中氮气被吸附，在液氮浴撤去后，吸附了的氮气快速脱附，此时绘出脱附曲线，脱附峰面积反映了吸附量的大小。另一种用标准氮体积测量吸附量和脱附量。根据脱附的标准峰面积和实际样品的峰面积之比，可计算出吸附量。同时，根据混合气体中的成分计算比较氮气压力。通过改变流量，可以测量不同相对压力下的吸附量。

4.2.3 气固多相催化中的吸附与扩散

多相催化反应所采用的催化剂往往是多孔结构，其内表面较大，化学反应主要就是在这些表面上进行的，催化剂颗粒的外表面积远远小于内表面积。因此，组分不但要从流体向外表面扩散，而且要向催化剂颗粒内表面扩散，然后在表面上进行反应。反应产物则沿着相反的方向从内表面向流体扩散。所以整个多相催化反应过程可以归纳为下列七个步骤：

① 反应物自气流的主体穿过催化剂颗粒（图 4-17）外表面上的气膜扩散到催化剂颗粒外表面（外扩散）；

② 反应物自外表面向孔内表面扩散（内扩散）；

③ 反应物在内表面上吸附形成表面物种（吸附）；

④ 表面物种反应形成吸附态产物（表面反应）；

⑤ 吸附态产物脱附（脱附）；

⑥ 脱附下来的生成物分子从微孔向外扩散到催化剂外表面处（内扩散）；

⑦ 生成物分子从催化剂外表面处扩散到主流气流中被带走（外扩散）。

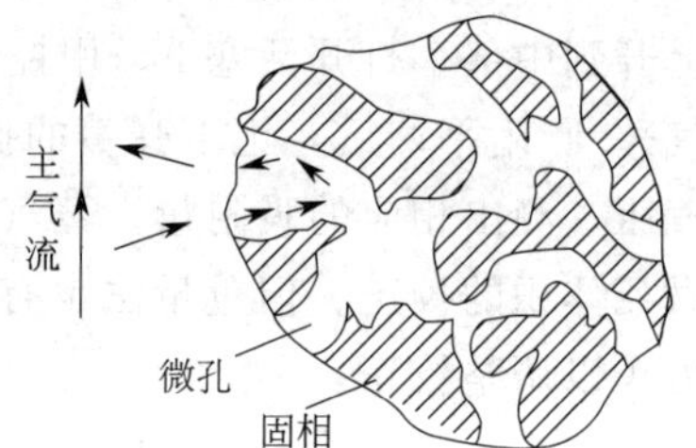

图 4-17 催化剂颗粒示意图

外扩散时反应物要先扩散到颗粒外表面才可发生反应，而内扩散是与反应并行的，即反应物沿着孔道空间向粒内深处扩散的同时，就有反应物分子在孔壁面上发生催化反应。通过上面的内容我们可以清楚地了解到扩散对多相催化反应的重要性。其中，外扩散属于分子间扩散，内扩散与操作条件和催化剂性质有关，情况较为复杂。另外，在气固多相催化中，反应是在催化剂表面上进行的，所以反应速率与反应物的表面浓度或覆盖度有关。反应动力学因为由多个阶段组成所以很复杂，通常会受到吸附和解吸的影响，当吸附动态平衡时，吸附速率与脱附速率相等。为了进一步研究多相催化反应动力学，我们对表面质量定律和理想表面反应动力学进行深度分析。

4.2.3.1 表面质量定律

在化学动力学的研究中，质量作用定律是最基本、最重要的定律之一。其内容主要为：在一定温度下，化学反应速率与各反应物的浓度乘积成正比，浓度的指数是化学计量系数。如对反应 $a\mathrm{A}+b\mathrm{B} \rightleftharpoons c\mathrm{C}+d\mathrm{D}$：

正反应速率可写为 $$V_{+}=K_1 C_{\mathrm{A}}^{a} C_{\mathrm{B}}^{b} \tag{4-2a}$$

逆反应速率可写为 $$V_{-}=K_2 C_{\mathrm{C}}^{c} C_{\mathrm{D}}^{d} \tag{4-2b}$$

式中，C_{A}、C_{B}、C_{C}、C_{D} 分别为反应物 A、B 与生成物 C、D 的浓度；a、b、c、d 分别对应于各组分的反应级数。如反应本身为基元反应，则反应级数与分子数相同。当反应达到平衡时，正逆反应速率相等。反应平衡常数与各组分浓度满足 $K=\dfrac{K_1}{K_2}=\dfrac{C_{\mathrm{C}}^{c} C_{\mathrm{D}}^{d}}{C_{\mathrm{A}}^{a} C_{\mathrm{B}}^{b}}$，该反应表达式与反应过程无关，只与反应最终状态有关。在表面反应中，质量作用定律呈现以下两个特点：

① 速率式中的浓度项不是组分的物质的量浓度，而是表面浓度。

② 正反应过程速率是未被吸附的空白覆盖率的函数，其质量作用定律的表达形式为

正反应速率 $$V_{+}=K_1\theta_A^a\theta_B^b\theta_0^{\Delta u} \tag{4-3a}$$

逆反应速率 $$V_{-}=K_2\theta_C^c\theta_D^d \tag{4-3b}$$

式中，θ_A、θ_B、θ_C、θ_D 分别为反应组分 A、B 与生成物 C、D 的表面浓度，也称为表面覆盖率；θ_0 为未被吸附的表面覆盖率。

表面质量作用定律被认为是均匀理想吸附状态下催化动力学的另一重要基础，其在非均相动力学中的地位相当于质量作用定律在均相反应动力学中的地位。

4.2.3.2 理想表面反应动力学

当多相催化以表面反应为控速步骤时，其主要符合 Langmuir-Hinshelwood 机理。该机理主要内容为气相（液相）反应物分子首先吸附在固体表面形成活化配合物，被吸附的反应物（即活化配合物）之间反应生成产物分子；吸附质在固体表面上的吸附平衡满足 Langmuir 吸附模型，即固体表面为理想表面。当表面反应为控速步骤时，其他步骤均处于平衡状态。由于吸附着的分子在进行反应时会有不同的反应历程，可以分为以下两种情况讨论。

（1）表面单分子反应

对于只有反应物被吸附，产物不吸附的情况，其步骤如下：

$$\mathrm{A} + \text{—S—} \underset{k_{-1}\ (\text{脱附})}{\overset{(\text{吸附})\ k_1}{\rightleftharpoons}} \left(\begin{matrix}\mathrm{A}\\ |\\ \text{—S—}\end{matrix}\right)^{\neq} \xrightarrow{k_2} \text{—S—} + \mathrm{P}$$

其中，A 代表反应物，P 代表产物，S 代表固体催化剂表面上的反应中心。此时吸附速率和脱附速率都很快，而表面反应的速率就比较慢，所以此时表面反应为控速步骤。即反应速率 r 为：

$$r=k_2\theta_{AS}=k_2\frac{bp}{1+bp} \tag{4-4}$$

式中，k_2 为常数；b 代表 k_1 与 k_{-1} 的比值；θ 为表面覆盖度；p 可计算或测量出来。当 bp 远远小于 1 时，即压力很低时，覆盖很少，吸附较弱，此时 $r\approx k_2bp$，显然这是宏观上的一级反应；当 bp 远远大于 1 时，即压力很高时，反应物的吸附很强，即整个表面已经全被覆盖，此时 $r\approx k_2$，该反应为零级反应。

（2）表面双分子反应

大多数表面双分子反应服从 Langmuir-Hinshelwood 机理，其在理想表面上反应步骤假设如下：

$$\mathrm{A}+\mathrm{B}+ \text{—S—S—} \underset{k_{-1}\ (\text{脱附})}{\overset{(\text{吸附})\ k_1}{\rightleftharpoons}} \left(\begin{matrix}\mathrm{A}\ \ \mathrm{B}\\ |\ \ \ |\\ \text{—S—S—}\end{matrix}\right)^{\neq} \xrightarrow[(\text{表面反应})]{k_2} \text{—S—S—} + \mathrm{P}$$

与表面单分子类似，若只有反应物被吸附时其反应速率为

$$r=k_2\theta_A\theta_B=\frac{k_2b_Ab_Bp_Ap_B}{(1+b_Ap_A+b_Bp_B)^2} \tag{4-5}$$

式中，θ_A、θ_B 分别为 A 和 B 的表面覆盖度；$\theta_A=\dfrac{b_Ap_A}{1+b_Ap_A+b_Bp_B}$；$\theta_B=$

$\frac{b_B p_B}{1+b_A p_A+b_B p_B}$。对于只有反应物被吸附的情况，反应动力学的处理方法与前面类似，即当固体表面对反应物 A、B 的吸附都比较弱时，或压力 p_A、p_B 较低时，即 $b_A p_A$ 远远小于 1，$b_B p_B$ 远远小于 1，则 $r=k_2\theta_A\theta_B=k_2 b_A b_B p_A p_B$；当其中一种反应物吸附很强或其中一种物质的压力很大时，会导致另一种反应物质在表面上的量大大降低，这样反应速率将下降。

4.2.3.3 扩散对反应动力学的影响

固体催化剂多为多孔材料，具有很大的内表面积。反应物分子主要以扩散方式进入孔中。当扩散成为反应速率的控制步骤时，扩散对气固多相催化反应的反应动力学有着更大的影响。在多相催化中，扩散可分为内部扩散和外部扩散，通常都要考虑两者对反应的影响。内部扩散和外部扩散的驱动力都是浓度的差异，当外扩散阻力较大时，它就成为控速步骤，整个过程的速率将取决于外扩散的阻力。这种情况就称为反应在外扩散区进行。在这一阶段，由于在催化剂的外表面发生反应，不断消耗反应物，浓度梯度沿膜的整个长度均匀变化，导致在气体主流和催化剂的外表面之间形成扩散层或气体层。这样，反应物自气流主体向催化剂外表面扩散的速率可以用 Fick 定律方程表示：

$$R=D(C_a-C_b/L) \tag{4-6}$$

式中，D 为扩散系数；L 为扩散层的厚度；C_a 为反应物在气流主体内浓度；C_b 为反应物在气流主体外表面上的浓度。

由于外扩散成为控制速度主要阶段，所以扩散速率代表总反应速率，从上式可以看出，在外扩散为控速步骤的反应中，其反应的级数与传质过程的级数相同，均为一级反应，与表面反应的级数无关，所得到的表观活化能与反应物的扩散活化能相近。当外扩散成为控速步骤时，通常会产生以下一些现象：

① 随温度升高，反应物的转化率并无明显提高。

② 总反应过程表现为一级过程。

③ 测定的表观活化能较低，在 4～12kJ/mol。

④ 当催化剂用量不变颗粒变小时，反应物的转化率小幅度上升。因随着颗粒越来越小，外表面积越来越大，外部扩散速率也越来越快。由颗粒变小而引起的面积增加结果并不明显，所以只有当颗粒的大小发生较大变化时，这种效应才能被观察到。

⑤ 表面反应速率随着气流的线性速度增加而增加，或者如果气流的速度或停留时间是恒定的，反应物的转化率会随着气流的线性速度增加而增加。在实验中，对催化剂的用量进行调整，根据该量调整加入的反应物量。由于反应物用量加大，气流的线性速度增加，同时测定对应的转化率。以转化率对线性速度作图，如果气流线性速度的增加导致转化率的显著增加，则可以假设外部扩散的阻滞效果很大；进一步提高线性速度，如果转化率没有变化，则表明外部扩散的阻滞是微不足道的，并排除外扩散的影响[10]。这也是催化研究中排除外扩散的一个重要标准（见图 4-18）。

当反应以内扩散为控速步骤时，可以观察到以下现象：

① 表观反应速率与颗粒大小成反比。通常在恒定剂量催化剂的情况下，改变催化剂的颗粒大小，当粒度变小时，反应速率或者反应转化率将显著提高（见图 4-19）。

② 表观活化能接近于在低温下实际活化能的一半。

③ 表观反应速率与停留时间无关，停留时间的增加只是在动力学中提高反应的速率。

如果用上述现象来衡量内扩散和外扩散的影响，仅仅通过上述一种现象的存在来区分扩散的类型是不全面的，最好是与其他现象同时全面地观察它们。其中线性速度效应常用作实验室内排除内扩散的标准。

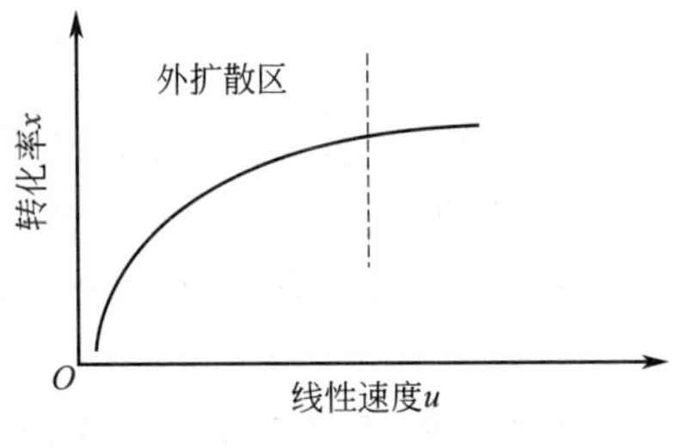

图 4-18　线性速度与转化率的关系

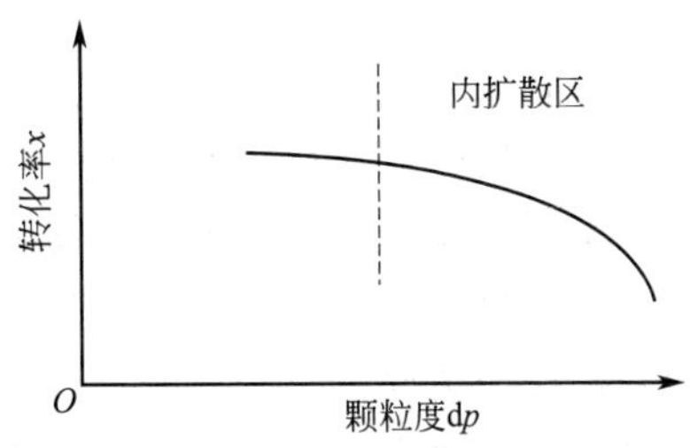

图 4-19　催化剂颗粒度与转化率的关系

4.2.4　催化反应中吸/脱附行为分析

在我国，关于吸附和脱附的研究很早就开始了。郭燮贤院士是新中国成立后培养的第一代催化科学家的代表，终生奋斗在催化领域。郭院士开拓了铂重整的领域，为其工业化生产做出重要贡献，提出了易位吸附和吸附/脱附协同机理，创造性地阐明吸附动力学和化学吸附动态平衡之间的理论关系，推导论证了化学吸附与催化反应的关系，发表了“化学吸附覆盖度与动力学关系”等相关文章，为后人的学习和创新做出了先驱性的重要贡献。

吸附是固体或液体表面对气体或溶质的吸着现象，是一种传质过程。脱附是吸附质从吸附剂表面活性点通过解吸和扩散进入流体相的过程，与吸附过程相反，二者互为可逆过程。吸附剂的脱附程度对再次吸附影响很大，脱附程度与脱附方式有很大的关系。工业上常用的脱附方法有升温、降压、置换等。上述脱附方法各具特点，应从技术、经济两方面加以权衡。在实际应用中，通常使用吸附、脱附过程，以达到分离、提纯或使吸附剂再生的目的。为了在更大范围内考察催化动力学规律，采用控制段法和稳态近似法两种研究方法进行研究，二者各有其优缺点，互相补充。

（1）控制段法

任何一个系统工程都由若干环节所组成，但必有最弱环节影响着整个系统的良好运行。要进行优化就必先抓住其中最薄弱的环节，这是常用的一种工作方法。催化反应有若干步骤组成，所以这个方法也同样有效地用于催化动力学的研究，这就是控制段法。该方法的要点是：在研究多相催化动力学时，认为此反应系统的一连串反应中，各基元步骤进行的难易程度不同，总会存在着一个最慢的阶段控制整个反应的进行，反应速率由这一控速阶段的速率决定。下面以双分子组分反应为例，以控制段法讨论催化中吸附和脱附反应的规律。

① 吸附控制　假设反应物 A 吸附速率最慢，则以反应物 A 的吸附反应为控制段，此时反应总速率$V=V_+=k_1p_A\theta_0$（k_1 为 A 的吸附速率常数，其他符号同上）。其他反应物及产物吸附、脱附处于平衡阶段并且表面上反应都达到平衡状态。

② 脱附控制　当生成产物C脱附为控制段时，其反应速率为$V=V_{+}=k_{-2}\theta_C$（k_{-2}为生成产物C的解吸速率常数）。控制法使用简单、方便、易于操作，所以得到广泛使用。但它也有缺陷，该方法并不适用于所有反应。在催化反应中，除可能存在的最慢的控制阶段外，还有一连串步骤反应速率相差不大，不太容易确定哪个阶段可作为控制段的情况。而且控制法也只是一种近似处理，下面介绍另一种方法稳态近似法，来弥补控制段法的不足。

（2）稳态近似法

在进行反应时，当反应条件不变，整个反应就处于一个稳定状态。各个反应步骤进行的反应速率近似相等，中间吸附态物种没有积累，其浓度不随时间而变。稳态近似法就是按照这一思路进行均匀表面上动力学的研究。现以单分子组分分子反应为例，考察可逆和不可逆两种反应情况。

① 单分子不可逆反应　以不可逆催化反应$A \longrightarrow D$为例，则反应经过A在表面吸附、A与D的表面反应以及D的表面解吸三个步骤。当反应处于稳态时，总反应速率与各步骤进行速率相等。

② 单分子可逆反应　按照稳态近似法计算，反应总速率与各步骤反应速率相等。因反应可逆，所以各步骤反应速率应为正反应速率与逆反应速率之差。

在研究脱附速率时，需注意以下几个问题：①化学吸附是单分子层的，所以吸附层密度常常很高，吸附物种之间作用力也很大，尽管吸附量很小，但也可引起脱附活化能和吸附物种排列的大量变动。所以在大多情况下，以脱附量和温度作为影响脱附速率的主要因素，其误差较大，甚至会得出错误的结论。②很多吸附体系的吸附层是多相共存的，有的吸附物种是一维排列，有的多相混杂，在两相边界上也有发生反应等。所以情况多样，研究起来比较复杂。

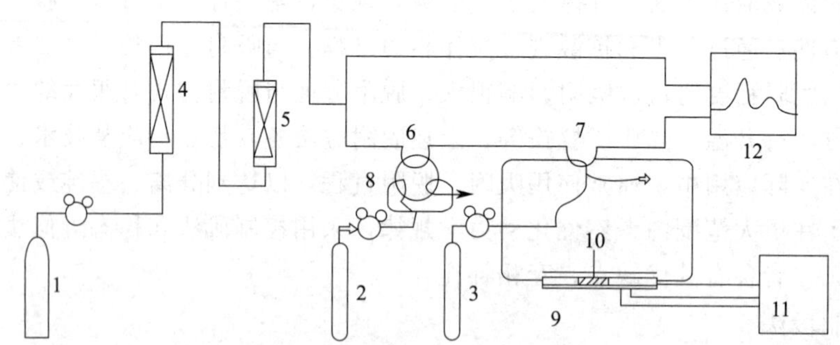

图4-20　流动态TPD实验系统

1—高纯He或N_2；2—吸附气体；3—预处理气体；4—脱氧剂；5—脱水剂；6，7—六通阀；8—定量管；9—加热炉；10—固体物质；11—程序升温控制系统；12—热导检测器或质谱检测器

在脱附研究中，最常用的方法是程序升温脱附法（TPD）。程序升温脱附技术已得到发展，特别是在催化领域，因为该技术可以研究反应气体与固体表面的相互作用。因此，它是评价催化剂表面活性位点和理解包括吸附、表面反应和解吸在内的催化反应机理的有力工具。TPD的有用性及其实验细节已被催化领域的许多研究者证实。在典型的TPD运行中，在反应器中放置少量的催化剂，惰性气体进入催化剂后，反应（或探针）气体被吸附在催化剂表面，然后催化剂在载气流下以线性升温速率加热。加热时反应气体从表面脱

附的变化，用下游探测器作为温度的函数来监测。程序法升温实验装置与通常的气相色谱仪相似，色谱柱用反应管替代，配置较好的程序升温控制设备和反应炉，气体检测装置常用的是热导池，为了检测不同的脱附气体最好使用质谱仪。图 4-20 为 TPD 实验系统。

4.3 过渡金属催化剂

化学生产的核心是化学反应，化学反应的本质是化学键断裂和生成的过程，这也是判断一个反应是否为化学反应的依据。并不是每个化学反应都可以发生，这需要考虑热力学和动力学两方面的因素。在一定温度和压力下，不需要外界的帮助就可以发生的反应被称为自发反应，而热力学决定了在特定方向上反应是否具有自发性，当吉布斯自由能小于零时，反应具有自发性；动力学决定了在一定反应条件下，反应速率的快慢。当反应具有自发性但是反应速率很慢时，依旧无法得到目标产物。例如，氢气和氧气生成水的过程是一个自发过程，但是无法在室温的情况下看到水的生成，是因为此反应的速率极慢。解决这一问题的措施之一就是加入催化剂。简单来说催化剂可以在不改变化学平衡的情况下提高化学反应速率。当前催化剂的种类繁多，酸、碱、可溶性过渡金属化合物、过氧化物、固体酸、有机碱、金属、金属氧化物、配合物、稀土、分子筛、生物、纳米等物质都可以作为催化剂。在本节无法对催化剂一一讲解，下面将从过渡金属催化剂的化学本质、常见的过渡金属催化剂种类以及过渡金属催化剂的催化作用入手，让大家从各方面了解过渡金属催化剂。

4.3.1 过渡金属催化剂的表面化学键及催化作用

在详细学习过渡金属催化剂之前，首先要清楚什么是过渡金属，为什么过渡金属可以作为催化剂。首先，可以根据元素周期表中元素的位置来判断哪些元素是过渡金属元素。在元素周期表中硼-砹分界线的左下方就是金属元素，金属元素主要分布在 s 区、p 区、d 区、f 区等 5 个区域，而 d 区的一系列金属元素即为过渡金属元素。另外，还可以根据价层 d 轨道是否充满来识别过渡金属元素。正是因为过渡金属具有未被充满的 d 轨道或空轨道，所以在化学反应中可以提供空轨道或者提供孤对电子。

自然环境中的过渡金属元素一般都是以氧化物和硫化物的形式存在。例如，最常见的铁元素几乎都是以氧化物的形式存在，如三氧化二铁，即铁锈。过渡金属通常是从矿物中提取得到的，由于过渡金属在矿物中的含量不同，存在的形式不同，所以从矿物中提取过渡金属的难易程度也大不相同，并且它们非常容易形成合金。例如，在钢的制备过程中通常需要添加一些其他的金属元素，如镍、铬、锰等来增强钢的性能。另外，过渡金属元素与其他金属元素有多种相同的特性，例如大多数过渡金属都具有较高的熔点、良好的导电性和导热性。此外，过渡金属可以形成多种较为稳定的配位化合物，许多不同的分子或者离子可以为中心金属原子提供孤对电子，促进配合物的生成。例如，有研究者通过实验证明过渡金属配合物可以作为水氧化反应的催化剂，在自然光合作用和人工光合作用中都具有重要意义。

传统上，在化学工艺生产过程中，通常使用含有金、银、铂等贵金属的催化剂，这是因为它们具有非常高的稳定性、较高的催化活性和良好的催化选择性。但是，在大规模工业生产过程中还需要考虑一个非常重要的问题，即成本问题。由于贵金属在地壳中的含量较低，成本就会大幅增长，不利于大规模生产。另外，环境问题也不可忽视，未来的化工发展必须遵循绿色可持续发展，所以为了降低成本和符合可持续发展的要求，提高催化剂的催化效率，开发清洁环保、储量丰富、催化活性高并且性价比高的新型催化材料是大势所趋。近年来，由于过渡金属储量丰富、价格低廉、毒性较小，对环境的影响较小，引起了学者的广泛研究，所以许多化学工艺中的贵金属催化剂逐渐被过渡金属催化剂所代替。例如，铁基催化剂在催化领域的应用十分广泛，因其对环境的危害较小，毒性较低，并且在地壳中含量丰富，工业生产成本低，所以它成为许多催化反应如氢化、氧化和交叉偶联反应的候选元素。在多相金属催化剂中，金属物种通常沉积在高比表面积的载体上，以提高金属利用率和化学稳定性。因此本文将为大家介绍过渡金属催化剂的表面化学键及其催化作用，为催化剂的应用与开发奠定基础。

4.3.1.1 过渡金属催化剂的表面化学键

化学键是指分子内部相邻两个或多个原子（或离子）间强烈的相互作用力。化学键可以分为三类：离子键、共价键和金属键。金属键主要存在于金属中，是由自由电子及排列成晶格状的金属离子之间的静电吸引力组合而成的。金属的多种特性都与金属键相关，如金属的熔点和沸点与金属键的强弱成正比。而金属键的强弱与金属离子半径成反比，与金属内部的自由电子密度成正比。在过渡金属催化剂中配位键也是不可或缺的一部分，由于配位键中共用的电子对是由其中一个原子独自供应的，所以配位键是一种特殊的共价键。当一个原子或分子被吸附在一个表面时，由于与表面的键合，新的电子态就形成了。表面化学键的性质将决定被吸附分子的性质和反应活性。分析原子尺度上的化学键对了解和预测催化剂表面发生反应的过程是至关重要的。

π 配合物理论作为 Dewar-Chatt-Duncanson 模型的一部分，产生了深远的影响，这是金属有机化学领域发展的里程碑。该模型解释了过渡金属烯烃配合物中的化学键，过渡金属配合物中金属配体的化学键通常分为 σ 键和 π 键。当原子轨道以原子核的连线为方向重叠，即头碰头的重叠方式，并且重叠程度达到了最大，这就意味着 σ 键的键能很大，稳定性较强。当原子轨道与键轴垂直时，并以肩并肩的方式进行重叠，此时形成的化学键称为 π 键。过渡金属的配位能力很强，可以生成多种不同类型配位化合物。这种过渡金属配位化合物在催化反应中的催化活性主要取决于过渡金属的化学特性，即催化活性与过渡金属的电子结构和成键的结构有关。金属可以和配体形成金属-配体化学键，根据配体提供的轨道状态有四种键合形式。①当配体提供一个充满的轨道即提供孤对电子时，可以和金属的空轨道形成 σ 键；②当配体提供一个没有充满的轨道即提供单电子时，可以和金属中没有充满的轨道进行作用，形成 σ 键，例如氢和烷基；③当配体提供充满的轨道时，可以和金属的空轨道进行作用形成 σ 键和 π 键；④配体提供一个充满的成键轨道和空的反键轨道时，其中充满的成键轨道可以和金属的空轨道进行反应形成 σ/π 键，而空的反键轨道与金属中充满的轨道形成 π 键。其中共价键的分裂方式有均裂和异裂。均裂是共价键的共用电子对在分裂的时候平均分配给两个原子，形成带有不成对电子的原子或者基团，即自由基。自由基上没有配对的电子可以与金属表面上的不饱和电子态进行共价相互作用。有研究人员大力开发人工光合作用，研发了一种基于金属中心羰基和配体阳离子自由基之间形成的低垒 O—O 键的催化剂。这种催化剂的开发也对探索自由基偶联的新型催化剂设计具有重要意义[11]。

近年来，大多数会采用非金属材料作为载体，尤其是碳基材料备受关注。碳基金属纳米复合材料应用非常广泛，可以应用在可见光诱导的催化、电化学、能量存储和转化等领域。常见的碳基纳米材料包括活性炭、氮化碳、石墨、富勒烯、碳纳米管、金刚石和石墨烯等。理论研究和实验结果表明，杂原子（N、S、B、P、Cl 和 Si）掺杂的碳纳米材料可以有效地调整其物理化学性质，获得更高的催化活性。这些杂原子掺杂碳基材料本身就具有一定的催化活性，同时它们也可以作为引入金属原子的载体。杂原子掺杂不仅增强了碳基本身的催化活性，而且为锚定金属原子提供了位点。

有研究者成功制备了在碳载体上负载高度分散的 Co 原子的催化材料，并通过调节焙烧气氛，在原子水平上可控地构建了良好的 Co—N 和 Co—O 键。在这个反应中 Co—N 的形成是由于具有孤对电子的 N 捕获反应溶液中的 Co^{2+} 形成配体，最终在氩气和空气环境中煅烧生成 Co—N 和 Co—O 键。由于氮对金属离子具有较高的亲和力，金属-氮键可以极大地促进杂化电催化剂的界面电子转移，进而提高析氧反应活性。另外，金属-氧键可促进金属阳离子与氧吸附体之间的电子转移，最终促进析氧反应速率的提高。因此，控制活性原子与载体之间的化学键是提高催化剂电催化活性的有效策略。

此外，有研究者以石墨氮化碳为载体，研究了一系列 M—C_3N_4 有机金属电催化剂，其中，引入钴原子后，通过电化学研究和密度泛函理论（DFT）计算证实，高活性来源于石墨氮化碳基体中精确的 Co—N 配位部分。活性位点已经被证明是由于金属原子和载体的耦合，而不是单个金属原子作用，所以化学键是提高催化活性的必要因素[12]。当非金属材料被用作原子分散金属催化剂的载体时，它们提供了多种多样的结合位点，以锚定催化活性金属物种，从而形成不同的配位环境。形成共价键的两个电子是由一个原子提供的，成键后两个电子被两个原子共享，这就形成了配位键。上面介绍的两个案例是在非金属材料载体上引入金属离子，使金属与杂原子进行配合，形成配合物以提高催化剂的催化性能。碳基材料为了与金属形成配位键，一些碳原子可以被杂原子取代，杂原子的首选是氮原子，但在某些情况下也可以考虑氧或其他杂原子。

另外，碳基材料是具有丰富缺陷的材料，金刚石或者氮化碳中存在可能形成配位键的空隙，碳原子和氮原子以共价键的形式结合形成氮化碳，金属原子可以在氮化碳晶格形成后插入。由于石墨氮化碳具有合适的能带、原料来源广泛、易合成、化学稳定性好等特点，已经成为全球光催化领域的研究热点。但是原始石墨氮化碳的光催化活性并不理想，主要原因是：有限的日光收集能力，低表面积以及光生载流子的低浓度和高复合率等。在使用石墨氮化碳作为光催化剂时，研究人员提出了各种改进方式，如形态修饰、金属或非金属掺杂和剥离以产生纳米片等。构建晶格缺陷是提高光催化活性的一种可行方法。引入缺陷可以作为电子陷阱，促进电子和空穴的分离。有研究者通过 NaCl 和 NaOH 辅助双氰胺热处理制备了含氮缺陷的钠掺杂片状石墨氮化碳，改性后的碳氮化合物的光催化还原二氧化碳的效率明显提高。

无论是引入杂原子还是引入缺陷，最终的目的都是通过一些方式将金属离子稳定、均匀地固定在载体上，合成金属催化剂，以提高催化材料的催化性能。大多数的金属催化剂都是负载型催化剂，通过杂原子或者空隙与金属形成配位键。有研究者深入研究了掺杂杂原子与 Fe 和 Co 配位对氧化还原反应的活性，合成了氮和氟共掺杂的石墨纳米纤维并与铁和钴进行配位，Fe—Co/NF—GNF 催化剂的出色性能和耐用性归因于杂原子掺杂剂

（N 和 F）与金属 - 氮 - 碳的强配位键之间的协同作用[13]。金属催化剂的组成不同，催化剂的电子结构以及化学键种类都有所不同，所以过渡金属可以应用到不同的反应中，例如，CO 氧化反应、电催化、光热催化等。由于过渡金属用途广泛，所以研究者进行了深度探索并将其应用于工业中的方方面面。

4.3.1.2 过渡金属催化剂的催化作用

催化剂的介入加速或减缓化学反应速率的现象为催化作用。在化学反应中加入催化剂是由于大多数化学工艺都需要苛刻的反应条件，如高温、低温、高压等，并且部分化学反应速度较慢、耗时较长、反应效率较低。活化能和反应进行的难易程度成反比，即活化能越低反应越容易进行。活化能是指进行有效碰撞的分子具备的最低能量与分子平均能量的差值。催化作用的化学本质就是降低活化能，在反应中加入催化剂使得反应的路径发生改变，从而使活化能降低，使反应速率加快，但是催化剂本身的质量和化学性质都不会发生改变。当无催化剂参与时原始反应为 $X+Y \longrightarrow Z$，其活化能记为 E_1，当加入催化剂 A 后反应路径变为 $X+A \longrightarrow XA$、$XA+Y \longrightarrow Z+A$，此时活化能分别记为 E_2、E_3，无论是 E_2 还是 E_3 都明显小于原始反应的活化能 E_1，所以活化能被降低，总体的反应速率有所提升。

过渡金属催化剂在化学生产中具有重要的地位，已经应用于各类反应当中。过渡金属可以成为催化剂的原因是其有 d 轨道电子，或者有空的 d 轨道，在化学反应中可以提供空轨道充当亲电试剂，或者提供孤对电子充当亲核试剂，形成中间产物，降低反应活化能，促进反应进行。但是，固体催化剂作用是一种表面现象，所以催化作用与催化活性、固体比表面积、表面上活性中心的性质、单位表面积上活性中心的数量、催化剂的形态以及催化剂中金属离子的种类都有一定的关系。根据过渡金属的不同存在形式，分别介绍影响过渡金属催化剂催化作用的因素。

（1）影响过渡金属氧化物催化剂催化作用的因素

过渡金属一般以氧化物的形式存在，并且很多金属催化剂的表面会被具有活性的氧化物所覆盖。例如，在石油馏分的加氢处理中，使用的催化剂虽然是以硫化物的形式进行的催化作用，但是氧化物是催化活性相的前身，硫化物活性相的活性和选择性由氧化物的性质决定。根据氧化物表面上的氧物种，氧化物可以分为三类：①具有较多给电子中心，使吸附氧呈现 O^- 的形式，常见的此类过渡金属氧化物有氧化镍、氧化锰、氧化钴、四氧化三钴等；②给电子中心较少，吸附氧带有较少的负电荷因此以 O^{2-} 的形式存在，常见的此类过渡金属氧化物有氧化锌、二氧化锡、二氧化钛负载的五氧化二钒等；③不吸附氧并且有盐的特征的混合物，氧与高价氧化态的过渡金属中心离子形成有确定结构的阴离子，此类型常见的氧化物有三氧化钼、三氧化钨和一些钼酸盐、钨酸盐以及含有钼、钨的杂多化合物。氧化物的种类将对催化剂的性能产生很大的影响。

另外，过渡金属氧化物的催化作用还受到表面几何结构和氧化物晶粒大小及其分散情况的影响。根据 4.1 节的内容了解到晶体结构以及缺陷类型都是非常复杂的，同样过渡金属氧化物催化剂的性能与氧化物的几何形态、缺陷类型及其大小息息相关。另外，前面也介绍了单原子催化剂的概念，过渡金属氧化物的分散程度对催化性能的影响不言而喻。正是因为上述这些原因，催化剂对化学反应中键的断裂和生成产生了不同的影响。不管催化剂如何改变，催化作用的本质并没有发生改变，反应的活化能都会降低。

(2) 影响过渡金属配合物催化剂催化作用的因素

近几十年来，过渡金属配合物催化剂在工业上的应用较为广泛，特别在一些化工产品、高分子材料和精细化学品的生产方面。过渡金属配合物是通过配位键形成的，其中配位体围绕着金属原子可以形成八面体、四面体、四角锥等多面体。过渡金属具有未被充满的d轨道或空轨道，是提供电子的良好来源。而未充满的d轨道和相邻的较高一层的s轨道或p轨道与配体的轨道可以相互作用，形成配位键。前面的内容详细介绍了四种配位键成键的方式，这里不再一一介绍。

催化反应过程一般都会经历五个步骤，即扩散、吸附、活化反应、脱附、扩散，具体是指反应物从介质扩散到催化剂颗粒间（外扩散），再扩散到催化剂孔内（内扩散），吸附到表面，活化/反应，然后产物脱附，扩散到孔外，再扩散到介质中完成催化反应的历程。无论是过渡金属氧化物还是过渡金属配合物催化剂都是通过自身独特的性质去改变这五个步骤中的某一步，最终目的都是降低活化能，提高反应速率。综上，过渡金属种类、过渡金属的存在形式、配体的种类、活性组分的数量及其分散程度等多种因素都影响着过渡金属催化剂的催化过程，不同的催化剂会产生不同的反应路径。过渡金属在化学反应中可以提供空轨道充当亲电试剂，或者提供孤对电子充当亲核试剂，形成中间产物，降低反应活化能，促进反应进行。总而言之，过渡金属氧化物催化剂形式变换多样，影响其性能的因素也多种多样。因此，催化剂和催化体系的组合，以及催化剂和各种影响催化性能的因素的组合更是灵活多变，需要研究者在实践中探索，在实验中总结规律。

4.3.2 过渡金属催化剂的应用

4.3.2.1 常见的过渡金属催化剂

众所周知，过渡金属的种类十分丰富，其应用的范围也是涉及工业生产领域的各个方面。常见的过渡金属有铬、锰、铁、钴、镍、铜、锌、钯、银、铂、金、汞等。但是其中有一部分属于贵金属，如金、银和铂族金属（钌、铑、钯、锇、铱、铂）。许多化学反应需要特别昂贵的金属，如钯、铱、铑等。不幸的是，尽管催化剂的负载量很低，但这种工艺的成本在规模上往往令人望而却步。由于贵金属储存量较低以及成本较高，所以开发成本低、储量丰富、高效的替代品来替代贵金属催化剂是催化领域降低成本、提高催化剂效率的必经之路。因此许多研究者将目光集中在了非贵金属催化剂的研究上。本节主要为大家介绍的是非贵金属催化剂。其中被广泛关注的过渡金属催化剂有铜催化剂、铁催化剂、镍催化剂、锰催化剂等。

(1) 铜催化剂

自古以来，铜及其合金一直是人类不可缺少的材料，随着工业催化的开发和发展，铜材料逐步成为化学工艺催化剂中的一种。当前温室效应加剧，如果作为废物排放的二氧化碳气体可以作为增值燃料和化学前体被回收利用，那么能有效地关闭碳循环。例如，研究者在一氧化碳和二氧化碳共进料的条件下在铜基纳米催化剂上生产乙烯。

在汽车应用领域，催化转化器一直是减少内燃机排放有害气体的有效途径，因为车辆排放尾气的标准变得更为严格，这就促进了尾气转化器内新型催化剂的开发。铜在催化领域中得到了越来越多的应用，它被视为新型催化剂的候选者。铜基纳米多金属催化剂，已被证明可以应用于控制汽车尾气排放的领域。这种新型催化剂由铜、钯和铑纳米粒子作为活性相，其发展目标是用纳米铜取代大量的铂族金属，同时表现出较高的催化效率。另外，多相铜基催化体系氧化反应中也表现出非常有趣的催化性能。各种负载型铜催化剂体系已成功地应用于 CO 的氧化。有研究人员发现 Ru 是一氧化碳氧化的最佳单金属催化剂，但是由于其成本较高，所以开发了 Cu-Ru 催化剂，通过铜取代钌引起 CO 位点变化，正是催化性能有所提高的原因。从化学工艺、经济以及环境保护等角度来看，铜基材料具有低成本和高效率以及优异的电催化活性和稳定性的优点，所以成为非常有竞争力的催化剂候选材料。其中，水热/溶剂热法、电沉积、喷雾热解、溶胶-凝胶法等在内的各种合成方法已成功应用于制备铜基材料[14]。铜基催化剂尽管还有很大的改进空间，但铜基材料在催化剂领域已经取得了很大进展，今后还需要进一步的开发研究。

（2）铁催化剂

铁是地球上最丰富的过渡金属，分布广泛，价格低廉，并且铁对环境无害。对人类安全和某些化学元素日益稀缺的担忧，以及对发展环境友好型化学工艺的期望，推动了铁在催化领域的发展。为了促进化学工艺的发展，设计一种基于廉价金属元素的新催化材料，特别是在环境友好条件下的铁基催化剂很有必要。有研究者已经证明，通过选择合适的配体，适当地设计铁催化剂，可以使生锈的铁与金属催化剂形成互补的反应模式，有助于新的可持续能源存储系统和催化的发展。另外，铁催化剂不仅在脱氢反应中应用广泛，在电催化析氧反应中也有着至关重要的作用。电催化析氧反应是负责将可再生电力转化为可储存燃料的核心反应，这个反应具有复杂的电子转移过程。而过渡金属基电催化剂为在碱性溶液中实现低成本、高活性和稳定的析氧反应提供了可能性，因此近年来引起了研究者广泛的研究兴趣。其中铱、钌等贵金属是析氧反应中常用的催化剂，由于其在地球上的含量并不丰富，也不利于可持续发展，因此采用廉价且丰富的元素替代贵金属应用于析氧反应中是工业发展的趋势。近年来，越来越多的证据表明三价铁离子及其三价以上的铁离子是可以作为含铁催化剂的活性位点，并且铁与其他金属之间的协同作用也可能提高析氧反应的活性。

铁与其他元素组成的合金催化剂在电催化领域中的氧还原（ORR）、氧析出（OER）、氢析出（HER）等多种催化反应中都有广泛的参与。由于过渡金属的种类不同，含量不同，载体不同以及形状、大小、分布的不同，在不同催化反应中的催化作用自然各不相同。过渡金属催化剂在多种反应中都有应用，包括生物传感器、超级电容器、电池和水分离等。过渡金属的存在形式有很多，如氧化物、硫化物、磷化物、碳化物和氮化物等，多种多样的存在形式也为催化反应提供了更多的可能。在电化学应用领域，电催化剂的性能和成本在先进能源转换装置的全球化中占据重要的地位，过渡金属催化剂因其优异的性能和稳定性被认为是最有前途的材料之一。三维过渡非贵金属，特别是 Fe、Co、Ni 及其衍生物，因其对能量转换反应具有较高的催化活性，被认为是最有希望取代铂等贵金属的替代品。有研究者探索了铁钴双金属催化剂在电化学中的应用。在氢析出反应中，为了提高 Fe-Co 合金材料在较大 pH 范围内的氢析出（HER）活性，在催化剂中引入 N 掺杂碳壳作为衬底。N 掺杂的碳壳不仅可以为氢离子提供丰富的吸附位点，还可以阻止合金纳米颗粒的聚集和结合，暴露出更大的活性区域。另外，在氢析出反应中，过渡金属基磷化物也表现出了比其他类型化合物更高的活性。金属和磷的化学计量比、杂原子掺杂或合金化、表面润湿性以及多孔结构，这些因素都会影响过渡金属基磷化物的催化活性。

（3）镍催化剂

金属镍作为催化剂源远流长，Murray Raney 首次使用金属镍作为氢化反应的催化剂。1912 年的诺贝尔奖获得者 Sabatier 通过还原氧化镍制备的催化剂应用于氢化反应中，但其效果并不突出。从那时起，金属镍在催化领域取得了巨大的进展。20 世纪 70 年代，金属镍作为催化剂广泛应用于烯烃/炔烃的交叉偶联反应，如亲核烯丙基化、低聚、环异构化等，还可用于氧化环化和还原反应。首先了解一下在电化学析氧反应中镍的价值。这个反应是在水分解和 CO_2 还原应用中的重要阳极工艺。贵金属包括铱、钌和铂，是传统的电化学析氧反应的催化剂。镍基材料显示出高的反应速率和良好的长期稳定性，有望成为电化学析氧反应中具有良好催化性能的催化剂之一。有研究者通过引入其他元素与镍复合来进一步提高催化性能。通过用非晶态硼粉对镍基材料进行直接固体硼化处理，合成硼化镍层。其催化活性比原来增长了近十倍，并在超过 1500 小时内显示出良好的催化稳定性。另外，研究人员提出铌掺杂氮化镍纳米片作为新型催化剂并用于析氢反应和析氧反应中，使电催化活性都有所提高。镍与其他元素的结合也为开发新型催化剂提供了新的途径。镍催化剂的应用不止于此，镍催化剂也可以应用于环加成反应中，例如，镍催化剂可以催化双丙二烯的环加成。镍的广泛应用是由于镍比其他过渡金属成本低并且储量丰富，所以镍催化剂更加经济适用。另外，镍的电负性更低，使得氧化加成的活性更高。相比于贵金属，镍的优势更大，具有更良好的发展前景。由于过渡金属催化剂种类繁多、应用广泛，无法将过渡金属催化剂的应用领域全部展现出来，所以接下来为大家介绍几个使用过渡金属催化剂的经典的工业反应。

4.3.2.2 使用过渡金属催化剂的经典工业反应

过渡金属催化剂在化学工艺中的应用非常灵活，在石油化工、农药化肥生产、化工原料生产等领域都有重要且广泛的应用。我国在催化剂领域取得的伟大成就源于我国科学家的无私奉献和辛勤努力。如我国最早从事石油化学研究的科学家萧光琰，在国内首次开展了页岩油裂化催化剂氮中毒的基础研究，并结合我国石油二次加工开展了硅酸铝裂化催化剂的研究，20 世纪 60 年代开展了金属酸性催化剂双重性的研究，为我国石油工业和催化科学的发展做出重大贡献。另外，中华人民共和国成立后，国民经济和科学教育事业迅速发展，迫切需要多品种、大批量的化学试剂，高崇熙博士根据在清华大学、西南联合大学自制试剂所积累的经验，决心改变中国化学试剂生产的落后面貌。1950 年，他积极倡议成立专门的研究所，在他主持下，北京新华试剂研究所筹建成功。1958 年改名为北京化工厂，成为我国最大的化学试剂生产企业，极大地促进了我国化工原料的生产。

下面将以具体的、典型的工业反应使大家对过渡金属催化剂有更进一步的认识。化学生产种类繁多，在工艺流程的某个步骤或者阶段都有可能会用到催化剂，由于催化剂涉及的化学反应特别多，所以主要介绍加氢反应，如 CO/CO_2 加氢、电化学反应和光催化反应。

（1）加氢反应

① CO 加氢　将各种非石油碳资源产生的合成气通过 CO 加氢转化为各种碳氢化合物产品的催化转化，对于经济的持续增长和社会的可持续发展具有重要意义。近年来，由金属元素和酸性沸石组成的多种双功能催化剂被提出，引起了研究者的广泛关注。CO 的氢化反应发生在金属表面，而 C—C 偶联反应的链则控制在酸性沸石封闭的微孔内，并且，

双功能催化剂的使用可以克服 ASF 分布模型的局限性。有研究者成功开发了双功能氧化沸石（OX-ZEO）催化剂，用于生产轻烯烃，具有良好的选择性，打破了 ASF 分布的限制。除金属元素的组成和结构外，双功能催化剂中金属元素的粒径和金属元素与分子筛的接近程度对催化活性也起着至关重要的作用。有研究人员制备了一系列 ZnO/ SAPO-34 催化剂，ZnO 粒径为 23～79nm，发现 ZnO 粒径的减小有利于轻烯烃的生成。

② CO_2 加氢　近几十年来，全球对煤炭和石油等化石燃料的持续消费导致大气中二氧化碳浓度显著增加，导致全球气候变化和海洋酸化。CO_2 作为一种廉价而丰富的碳源，通过 CO_2 氢化反应生产具有附加值的化学品和燃料，已被认为是实现减少 CO_2 排放并带来巨大经济效益的一种有前途的方法。CO_2 加氢反应一般在高温高压下进行，沸石负载金属催化剂由于具有良好的热稳定性和高选择性，被认为是 CO_2 加氢反应的高效催化剂。其中，CO_2 甲烷化是一种将对环境有害的 CO_2 转化为增值化学品的有效方法，沸石负载的镍是 CO_2 甲烷化过程中最受欢迎的催化剂，因为它成本低，对甲烷具有较高的选择性。一般来说，零价态的 Ni 元素是该反应的活性位点，当催化剂具有较小的粒径和较高的金属分散度时，可以提高 CO_2 甲烷化的催化性能。除金属粒度外，沸石的碱度和疏水性也影响 CO_2 甲烷化的催化性能。

（2）电化学反应

电化学反应中常见的反应包括氧气还原反应、氧气析出反应、氢气析出反应、可再生电化学能量存储等，能量转换系统中不可或缺的一部分就是电催化剂。可持续和高效的能源系统在满足社会的可持续增长方面发挥着关键作用。过渡金属具有非常高的催化活性，这主要是由于过渡金属有未成对的电子和未充满的 d 轨道。另外，在电催化反应中吸附作用的能量大小决定了反应速率的快慢，并且根据前面内容的介绍可知金属晶格结构也是影响析氢电催化活性的因素之一，过渡金属对于析氢电催化剂的开发和设计具有重要意义。其中，水电解是水通过两个半反应分解，即析氧反应（OER）和析氢反应（HER）。在电催化中析氧反应是水分解的控速步骤，因此必须通过调节活性位点的数量和内在活性来加速水氧化动力学。过渡金属化物因其成本效益高、催化活性高、稳定性好等优点，在析氢反应（HER）中也被认为是有前景的催化剂材料，例如过渡金属磷化物。析氢反应就是通过电化学的方式使用催化剂来产生氢气。例如，有研究者制备了掺杂不同过渡金属的球形磷化铁纳米粒子，被掺杂的过渡金属元素有锰、钴和镍。通过表征可以看出与其他掺杂产物相比，钴掺杂催化剂中金属-p 键的存在数量更多，氧化物种更少。为高效合成掺杂过渡金属磷化物和设计具有更高催化活性的纳米催化剂提供了新的思路[15]。随着社会发展的速度加快，环境问题逐渐成为威胁人类生存的最严重的问题之一。对于清洁能源的开发得到了人们的重视，其中氢就是非常理想的清洁能源之一，同时氢在化学工艺中有着非常重要的地位。所以这就产生了上述使用不同催化剂在不同反应中通过电催化方式生产氢和氧的一些重要方法。

（3）光催化反应

过渡金属催化和光催化结合，被称为金属光催化，是近年来发展的一个多功能催化方法，同时也是一种具有可行性的催化方式。光氧化还原催化在温和的条件下从丰富的自然官能团中获得活性自由基，当与过渡金属催化结合时，这种特性允许非传统亲核试剂的直接偶联。此外，光催化还可以通过调节过渡金属配合物的氧化态或通过能量转移介导的中间催化物种的激发来辅助金属有机反应。前面内容里介绍了通过电催化反应来生产氢的方法，另外，通过将太阳能转化为氢的工艺即光催化氢的释放也同样可以有效缓解全球能源危机。为了高效地制氢，已广泛研究了多种半导体材料，包括金属氧化物、金属硫化物、金属有机框架（MOF）等。有研究者为了实现更高的光催化性能并且达到大规模工业应用水平，用过渡金属磷化物修饰光催化剂，由于其成本较低，物理和化学性质较为稳定并且可以替代贵金属，从而得到广泛关注。光催化制氢过程是一个复杂的物理化学过程，通过气固反应合成的金属磷催化剂继承了前驱体的尺寸和形态，可以达到最佳的光催化活性要求。光催化技术是一种高效的环境友好型的技术，得到了大家的广泛关注。有研究者将氮化钽用于光催化反应中，氮化钽是一种用于光催化的半导体，是一种非常常见的钽氮化物。理论研究表明，在可见光照射下改善极性氮化钽上的电子空穴分离对其在光催化领域的应用至关重要。该研究引导氮化钽进入了多种光催化反应和更广阔的光学应用领域[16]。

总而言之，一部分化学反应的条件要求极为苛刻，还有一部分化学反应虽然可以发生但是反应速率极低，所以需要采用催化剂来改变反应进程，降低活化能，最终目的就是让化学反应可以在活化能相对较低的条件下最大限度地提高产率，并且在此过程中尽量降低对环境的危害，最终达到可持续发展。由于过渡金属种类繁多，大多数过渡金属都可以以氧化物的形式存在，这也为催化剂的研发带来了更多的可能性。另外，催化剂载体的研究也是千变万化，不同载体以不同形态与过渡金属活性相的结合都会在反应过程中产生不同的效果，细微的不同就会影响催化效率，例如，载体的孔隙率、孔隙形态及其分布，过渡金属活性相的种类、分布，杂原子掺杂的种类、含量及其分布等，众多因素都会让催化剂的性能有所不同。并且同种催化剂在不同的化学反应中可能会展现出不同的催化活性。因此，在探索高效、稳定的过渡金属催化剂方面还有许多研究工作要做，过渡金属催化剂在能源和材料领域的进一步发展是非常值得期待的。活性位点的合理设计和过渡金属催化剂的开发，在学术研究和工业应用中会激发更多的创新进展。

参考文献

[1] Cai X，Chen X，Ying Z，et al. Materials & Design，2021，210：110080.

[2] Xie C，Yan D，Chen W，et al. Materials Today，2019，31：47-68.

[3] Cahn R W. Progress in Materials Science，2004，49（3/4）：221-226.

[4] Zhang B，Zhang S，Liu B. Applied Surface Science，2020，529：147068.

[5] Wang S，Jiang H，Song L. Batteries & Supercaps，2019，2（6）：509-523.

[6] 陈诵英，孙予罕，丁云杰，等．吸附与催化．郑州：河南科学技术出版社，2001.

[7] 辛勤，罗孟飞．现代催化研究方法．北京：科学出版社，2009.

[8] Al-Ghouti M A，Dá ana D A. Journal of hazardous materials，2020，393：122383.

[9] 颜肖慈，罗明道．界面化学．北京：化学工业出版社，2005.

[10] 甄开吉，王国甲，毕颖丽，等．催化作用基础．北京：科学出版社，2005.

[11] Pushkar Y，Pineda-Galvan Y，Ravari A K，et al. Journal of the American Chemical Society，2018，140（42）：13538-13541.

[12] Zheng Y，Jiao Y，Zhu Y，et al. Journal of the American Chemical Society，2017，139（9）：3336-3339.

[13] Peera S G，Arunchander A，Sahu A K. Nanoscale，2016，8（30）：14650-14664.

[14] Zhou Z，Li X，Li Q，et al. Materials Today Chemistry，2019，11：169-196.

[15] Cho G，Park Y，Kang H，et al. Applied Surface Science，2020，510：145427.

[16] Liu H，Song H，Zhou W，et al. Angewandte Chemie，2018，130（51）：17023-17026.

第5章

催化剂制备及催化反应器概述

在化学工业发展的进程之中，催化剂是其重要的一环，具有不可替代的作用，几乎90%的化工品生产制造都需要运用催化剂。由于社会的发展和技术的进步，人们越来越重视环境问题和能源问题，对催化剂性能要求也就越来越高。因此，高效催化剂的设计和制备是许多化学工作者研究的热点。催化剂能够改变化学反应的速率，加快反应或者减慢反应速率，在此过程中并不会改变化学平衡状态。催化剂的性能是由化学组成和物理结构决定的，组成相同的催化剂因各组成结构的性质不同，其催化性质也迥然不同，而这些组成又受制备技术的影响。催化剂的制备方式种类繁多，取得的性能也各不相同，为了获得高效率、低成本、功能优良的催化剂种类，一些先进的制备方式和生产工艺是必不可少的。根据催化反应的过程，将催化剂分为多相催化剂、均相催化剂和生物催化剂三种，但本章主要简要介绍多相与均相催化剂（固相化）的制备及其机制。

此外，化工工业的繁荣发展、技术的长足进步大多是因为新的催化材料以及催化技术的出现。因此，在本章的最后一节，我们也对催化反应器进行了简要概述，希望通过其概述可以让读者对催化剂的制备有更全面的认识，以减少催化剂制备过程中的盲目性，从而寻找和制备性能更优良的催化剂。

5.1 催化剂制备的化学基础

本节除了描述均相与多相催化剂的化学基础外，催化剂载体的选择也显得格外重要。不管是制备哪种类型的催化剂，都需要掌握制备的基本知识，再结合实际操作，这样才能得到一种高性能的催化剂。下面将对各种类型的催化剂的制备基础作简要介绍。

5.1.1 多相氧化物类催化剂的制备

用于多相反应体系的催化剂称为多相催化剂，催化反应在其相界面上进行。多相催化剂一般为固体催化剂，大致可分为固体酸碱催化剂、分子筛催化剂、金属催化剂以及金属氧化物催化剂等。

其中固体酸催化剂是能够对碱进行化学吸附的固体，也指能够使碱性指示剂在其上面改变颜色的固体。如 $AlCl_3$、$FeCl_3$ 以及复合氧化物中的 SiO_2-Al_2O_3、TiO_2-SiO_2（TiO_2 为主）和 SiO_2-TiO_2（SiO_2 为主）。相应地，固体碱催化剂能够对酸进行化学吸附，也可以使酸性指示剂改变颜色，如碱土金属氧化物中的 MgO、CaO 和 SrO_2。分子筛催化剂就是常说的沸石催化剂，它用于酸碱催化反应。按催化性质分类，分子筛催化剂可分为：酸催化剂、双功能催化剂和择形催化剂。而金属催化剂大多是过渡金属，其与金属的结构、表面化学键相关联。

5.1.1.1　简单氧化物催化剂

通过第 3 章的介绍，在这里我们以金属与非金属的简单氧化物为例介绍其催化剂。

（1）氧化铝

$Al(OH)_3$ 是两性氢氧化物，它既溶于酸也溶于碱。在强酸溶液中，即 pH 小于 2 时，铝以溶剂化形式（Al^{3+}）存在；而在强碱溶液即 pH 大于 12 时，将以 $Al(OH)_4^-$ 的方式存在。从酸性 Al^{3+} 的水溶液开始，假设添加碱性溶液，使 pH 值约为 3 时，就会不断地产生沉淀，最初是一种类似胶体的沉淀物，其中含有微晶的一水软铝石［AlO(OH)］。当没有经历陈化这一步骤时，将其过滤、焙烧至 600℃，就可得到一种无定形材料。这种材料如果一直升温焙烧直至 1000℃以上时，也能保持该形状，但在这基础上再升温，它就会转化成 α-Al_2O_3。而起始呈微晶的一水软铝石胶浆在 40℃陈化时，就改变了形状，成为 $Al(OH)_3$ 的另一种晶体存在即三羟铝石。要是将该晶体过滤出来，经干燥、焙烧就又得到了别的晶体即 η-Al_2O_3。如果焙烧温度更高些，就会生成另一种称为 θ-Al_2O_3 的产物，后者在温度远超过 1100℃时也能转化成 α-Al_2O_3。

除了以上所说的方法外，我们还可以采用其他的制备途径得到氧化铝。如方长青等[1] 采用溶胶-凝胶法和水热法在不同基底上制备氧化铝（Al_2O_3）薄膜，他先用硫酸与过氧化氢的混合溶液处理硅片，之后再用尿素和硝酸铝混合溶液作为沉淀剂处理，经过一定的时间和温度，硅基底表面就会形成一层热脱水的 $Al(OH)_3$ 薄膜，最后将其放入 PPL 水热合成反应器中，就可获得所需性能的 α-氧化铝薄膜。在这过程中，通过调整含水量可以得到不同形式的氧化铝薄膜呈现在硅（Si）基板上，包括分散的颗粒状、球状粒子、矩形金字塔和纳米线。

（2）二氧化硅

二氧化硅有晶态和非晶态（无定形）两种。晶态二氧化硅是使用耐压反应釜将二氧化硅（硅源）、结构导向剂等其他物质按一定的比例混合，反应一段时间后，将得到的产物用水或稀酸清洗至 pH 值在 8～11 之间，将其干燥后加入黏结剂，再使用马弗炉或管式炉焙烧活化得到。非晶态二氧化硅制备步骤较为烦琐，但所需时间较短。这里就不作介绍，不过要注意的是，对所得二氧化硅粉末用酸性水溶液处理，除去其中含有的金属离子及杂质后，就能够得到具有高分散性和均匀性的二氧化硅粉体。还可以对二氧化硅粉末进行表面改性，从而得到表面较为平滑的粒子。

5.1.1.2　复合氧化物催化剂

复合氧化物系指多组分氧化物，其中至少有一种是过渡金属氧化物。我们把用于催化反应的复合氧化物称为复合氧化物催化剂。在复合氧化物中，根据组分的不同，可以分为主催化剂、载体等。如果组分间发生相互作用，就会产生相当复杂的结构，如尖晶石、含氧酸盐、杂多酸等复合氧化物。同时，它们的性质诸如酸-碱以及氧化-还原性等，和简单氧化物一样，直接由它们的结构所决定。因此，近年来在氧化物催化剂的研究中，它们和金属催化剂中的单晶一样，也受到了业界的普遍关注。

例如，具有尖晶石结构的 $MnCr_2O_4$ 为复合氧化物，而 $MnO+Cr_2O_3$ 则为混合氧化物；具有钙钛石结构的 $CaTiO_3$ 为复合氧化物，$CaO+TiO_2$ 则为混合氧化物等。对双组分复合氧化物可表示为 $A_xB_yO_z$，其中，根据 A、B 两原子的电负性大小，将这类复合氧化物分为两类：一类是像上述提到的尖晶石、钙钛石一样，由电负性相差不大的两种金属原子 A 和 B 结合氧原子组成，也就是常说的复合氧化物；另一类恰好相反，则是由电负性较小的 A 和电负性较大的 B 组成的氧酸盐，含氧酸离子 BO_4^{n-1} 因氧离子强烈配位 B 原子形成，而阳离子 A 就与之组成离子晶体。形成含氧酸离子的有 Mo、B、W、Si 等元素，其中特别是 W、Mo、Si 的含氧酸盐，它们可形成分子筛、杂多酸等应用广泛的催化剂。

例如，用水热法制备分子筛这种复合氧化物，该过程先使铝酸根负离子和碱金属硅酸根发生共聚，再经热处理将共聚物在凝胶中变为结晶，这一步骤中，必须是具有活性的共沉淀凝胶或者无定形固体，之后再加入一定量的强碱使溶液碱性大大增强，同时还要满足反应环境为低温水热和饱和蒸气压的条件，以便在自生压力低、凝胶组分过饱和度高的情况下，生成大量的晶核。经过一系列表征手段知道，由该方法制得的复合氧化物，它的结构在一定程度上具有开放性，常常含有较大的通道、空洞或成层。当然，这些晶体材料还可通过回流法和插层等其他方法转变成性质不同的新的复合氧化物。就如张秋林课题组[2] 采用水热法、固相法、回流法和共沉淀法，将 $Mn(CH_3COO)_2 \cdot 4H_2O$、高锰酸钾、浓缩硝酸混合，经过一系列实验操作得到了不同结构的分子筛。

再如，Sim 等[3] 采用一种新型的固态甲烷氧化偶联法以硝酸镧 $[La(NO_3)_3 \cdot 6H_2O]$、硝酸铝 $[Al(NO_3)_3 \cdot 9H_2O]$ 和柠檬酸（$C_6H_8O_7$）为原料制备了 $LaAlO_3$ 催化剂。他们发现在控制煅烧时间、煅烧温度和煅烧气体中氧含量等参数的条件下，采用简单的固态甲烷氧化偶联法（OCM）制备出的 $LaAlO_3$ 钙钛矿催化剂的催化活性高。

对于双金属氧化物复合催化剂的制备，我们以 2019 年我国张涛院士和其他研究员通过构建碳载 Co/Mn 双金属氧化物复合催化剂为例进行介绍[4]。他们利用 Co_3O_4 的多孔结构和表面均匀性，让 Co 原子通过掺杂和调控 Mn 原子的电子结构，从而高效激活了 Mn 原子的双功能活性，并且在 Co_3O_4 与 CNTs 载体之间形成了独特的电子传输网络，极大地提高了阴极催化剂的 ORR 和 OER 性能。利用该复合催化剂可以提高锌空气电池的能量密度、功率密度和充放电循环稳定性，有利于促进锌空气电池的商业化开发和应用，为 Mn 基催化剂的催化活性提供了新的途径。

5.1.1.3 混合氧化物催化剂

在上面所提到的混合氧化物的结构形式中，Damma Devaiah 等[5] 采用共沉淀法，以 $CeCl_3 \cdot 7H_2O$ 和 $ZrOCl_2 \cdot 8H_2O$ 为前驱体将其溶于蒸馏水中，得到均质溶液，再滴加合适的碱（碳酸钾水溶液）和沉淀剂（$CuCl_2 \cdot 2H_2O$），直到达到所需的 pH。当通过金属前驱体和沉淀剂之间的化学反应达到过饱和条件时，就会发生沉淀，形成具有花状形态的 Ce-Zr-Cu 三元氧化物。这种方法的特别之处就是允许同时沉淀两个或多个前驱体，但是要注意各自的金属阳离子必须具有相似或接近的溶解度，以实现合成氧化物材料的高均匀性。因此，该方法不仅可以得到三元混合氧化物，而且可以得到二元混合氧化物。但是，该方法在任何煅烧温度下都不会形成固体溶液，因此采用改性化学填充工艺合成 Ce-Zr 固体溶液，并且其具有还原性。然后，同样以各自的氧化物为前驱体水溶液与一水合肼形成沉淀，所得粉末与氯化铵混合进行化学填充，经过加热发现，二元 CZ 混合氧化物表面发生氯化，选择性地从混合氧化物表面蒸发锆为 $ZrCl_4$。经过这一过程，混合氧化物的表面富含了氧化铈。

沉积-沉淀法涉及高可溶性金属前驱体在另一种低溶解度物质中的转化，特别是这种转化沉淀发生在载体上而不是溶液中。一般通过提高溶液的 pH 值来实现向低可溶性化合物的转化和向沉淀物的转化。如以 Ce-Zr 为前驱体溶液，以 γ-Al_2O_3 粉体、胶体 SiO_2 和 TiO_2 锐钛矿粉体为载体分别制备负载 CZ 的混合氧化物，该过程加入了氨气调节 pH 值，当 pH 值在 8.5 左右时，可形成沉淀。

同样，L. Kernazhitsky 等[6] 采用化学沉淀法以四水氯化锰溶液（$MnCl_2 \cdot 4H_2O$）和部分合成的纯 γ-TiO_2 为原料，以碳酸氢铵溶液（NH_4HCO_3）为沉淀剂，在 pH 值为 8.7～9.0 时，氢氧化锰就会沉积在纯晶 γ-TiO_2 颗粒上，这样就制成了钛锰混合氧化物 TiO_2/MnO_x（TMO）。然后采用标准的 X 射线衍射（XRD）、SEM、能量散射 X 射线谱（EDS）、X 射线荧光光谱（XRF）、热重分析（TGA）、傅里叶变换红外-拉曼光谱（FT-Raman）和紫外-可见吸收光谱（UV-vis）技术对 TMO 样品的形貌、结构和光学性能进行研究，发现随着 Mn 含量的增加［从 9%（原子分数）增加到 16%］，紫外和可见光带发光强度比值的相对增加和下降可以解释浓度效应。

5.1.2　催化剂制备中载体的选择

任何一种催化剂都因活性组分的存在而表现出高效率，而活性又由其表面积、几何构型和孔隙率等决定。在制备催化剂时，活性组分分散在固体表面，固体表面称为载体（也称为担体），因此，载体的选择对于制备高活性催化剂是必不可少的。一般来说，载体本身没有催化活性，但是在一定条件下，载体对某些反应来说，也是具有活性的。例如：催化剂在高温或低温下使用时，由于其结构和组成变化活性发生变化；又或者催化剂被氧化分解后，因其中一些物质存在于载体内部而失去催化活性等。此外，载体和活性组分存在相互作用时，就会形成一种新的具有不同催化性能的表面物种。催化剂载体种类繁多，大多为催化剂工业中的产品，如氧化铝载体、活性炭载体、沸石等。

5.1.2.1　载体的作用

载体的作用无非是通过降低成本、改变反应的方向性和选择性，从而使催化剂拥有较长的使用寿命和较高的机械强度。

（1）降低催化剂成本

对于某些难以反应而使用贵金属和其他价格昂贵的材料的化学反应，载体的存在一定程度上节约了材料的消耗，提高了活性组分的利用率和经济性。

（2）改变反应的方向和选择性

为了让活性成分更加微粉化，就需要使催化剂的比表面积增加，解决方法是使用合适的载体。因此在催化剂中引入一些具有特殊功能的元素或材料，如金属氧化物和碳等，能够改善催化剂的催化性能。但由于活性成分微粉化，催化剂活性因晶格缺陷增多产生新活性中心而增强。载体可以根据催化剂活性中心的数量同步自身的活性中心。比如，多功能催化剂就是一种多活性的催化剂，能同时催化多个反应，那么它被负载的载体也就可以拥有多个活性中心。我们以加氢反应需要碱性载体，加氢裂化却要求酸性载体为例，说明载体的酸碱性质可以影响反应的方向。同样，还有例子也证明了它的选择性。在 H_2 和 CO 反应时，使用碱性载体，产物是甲醇，使用酸性载体，产物又变成了甲烷。

(3) 提高催化剂的机械强度

为了得到合适的几何构型和机械强度，就需要使催化剂的活性组分负载在载体上来适应各种反应器的需求。例如，固定床催化剂和流动床催化剂需要载体的条件不同，前者要求载体有较好的耐压强度以及有力的传热传质性能，而后者则需要有较强的耐磨损和耐冲击性能。

(4) 延长催化剂的寿命

当活性组分稳定时，催化剂的使用寿命就会延长，我们可以从催化剂的耐毒性、耐热性、传热系数等这几个方面入手介绍。首先，为了防止载体在高温下发生一定程度的开裂或晶相变化，在实验中要选择合适的载体材料，尽管载体本身就具有一定的耐热性。其次，使用载体后，活性成分高度分散，活性表面增大，可以抵消部分毒物对催化剂的侵蚀。最后，针对具有热效应的化学反应，使用载体后会增加催化剂的放热面，提高其传热系数，特别是利用 SiC、α-Al_2O_3 或金属载体等导热性好的载体，可大大提高散热效率，并防止催化剂床层的过热而导致活性下降。因此为了延长催化剂的使用寿命，我们需要使催化剂的活性组分稳定化。

5.1.2.2 载体的分类

在了解了载体的作用之后，我们就知道使用合适的载体对制备催化剂的意义非凡，下面我们将对催化剂载体进行简单分类。载体大体可分为天然材料（如硅藻土、沸石、黏土等）和合成材料（如活性氧化铝、硅胶等）。由于天然物质的载体来源不同，其性质往往也不同，而且天然物质的比表面积和孔结构有限，所以目前工业上使用的载体大多是人工制备的，或者是将一定量的天然物质混入人工制备的物质中而制备的。由于载体的种类很多，所以没有简单的方法可以对其进行详细的分类。下面我们根据比表面积大小、酸碱性、载体物质的相对活性来分类。

(1) 按比表面积大小分类

无孔和有孔的低比表面积载体，其比表面积都小于 $20m^2/g$。像石英粉、SiO_2 等导热性、耐热性好，硬度高的物质属于无孔低比表面积载体。这类载体常用于热效应较大的氧化反应，它可以避免发生深度氧化及反应热过度集中的问题。如果用作流化床催化剂载体，容易产生活性组分集中黏附在载体上的现象。而硅藻土、沸石等为有孔低比表面积载体，这类载体具有在高温下结构稳定、硬度高、导热系数大的特点。其中硅藻土是由无定形的 SiO_2 组成，其主要用于固定床催化剂载体，对于多孔的不锈钢金属制品来讲也可作载体。通常是将它们制成薄片状，使反应物能均匀通过孔结构而无过大的压力降。当在使用低比表面积载体制备催化剂时，大多是先按预定要求制好载体，然后再用适当方法将活性组分分散到载体上，这类载体不会对所负载活性组分的活性产生影响。

高比表面积载体是最常用的催化剂载体之一，它的比表面积可高达 $1000m^2/g$，也分为有孔与无孔两种。其中，如 TiO_2、ZnO、Cr_2O_3 等属于无孔高比表面积载体，这类物质通常和黏合剂一起在高温下焙烧成型。而常见的活性炭、Al_2O_3 等为有孔高比表面积载体，它们会因自身的酸碱性而影响催化剂的性能。为了提高比表面积载体对催化反应的催化效果，人们通常采用改性方法使其结构发生改变。在制备这种催化剂时，有的先将载体制成一定的形状，然后用浸渍法得到，而有的是将活性组分与载体原料混合，再煅烧得到催化剂。如果用这种材料作为流化床催化剂的载体，必须采用聚集的方法，但在聚集的情况下，它们已经属于多孔载体。这种方法得到的多孔载体比表面积通常大于 $50m^2/g$，孔容一般大于 0.2mL/g，这种载体常用在具有高活性或稳定性的催化剂上。然而，根据不同的原料及反应条件并结合多种制备方法来获得这类载体是很困难的。

（2）按酸碱性分类

按酸碱性分类的载体如表 5-1 所示。

表 5-1　按酸碱性分类的载体

材料性质	举例
酸性材料	SiO_2、磷酸铝、沸石
碱性材料	ZnO、MgO、MnO_2、CaO
中性材料	$MgSiO_2$、$MgAl_2O_4$、$CaTiO_3$、$CaZnO_3$、$CaAl_2O_4$
两性材料	Ce_2O_3、TiO_2、ThO_2、CeO_2、Al_2O_3

（3）按载体物质的相对活性分类

根据载体的相对活性，可以将载体分为两种。一种是非活性载体，主要为非缺陷晶体和非多孔聚集态物质，包括非过渡性绝缘元素或化合物。然而，属于非活性载体的材料可分为合成物和天然物两大类。合成物主要是氧化硅、硅酸铝、氧化铝、氧化镁等，这些材料纯度高，在高温下熔结后可形成松散的粉末、颗粒或块状物。天然物主要由含有金属的矿石组成。这些材料一般不与催化剂接触，因而不会影响催化反应过程。由于它的比表面积低，在使用中很难得到足够多的活性中心，因此，这类非晶质载体不能直接应用于催化领域。另一种是相对活性的载体，它们本身具有可加以利用或抑制的潜在活性，包括绝缘体、半导体和金属。

绝缘体是一种无定形或微晶形且导电能力微乎其微的固体物质。半导体主要是金属氧化物，由于结构缺陷，通常形成离子晶格的氧化物，在足够高的温度下具有半导体特性。金属氧化物作为电极材料时，其催化活性与氧化还原反应有关；作为气体传感器材料时，其灵敏度与分子识别相关；金属氧化物还可用于催化燃烧等化学反应。此外，活性炭、石墨以及具有高熔点的半导体氧化物也属于半导体载体。金属很少有活性，因此常不用来制备载体，原因在于它对活性组分的黏着性差，多被用来制成小的无孔产品或多孔性薄片。

5.1.2.3　几种主要的载体

（1）硅胶

SiO_2 有 Si—OH 和 S—OR 两种表面活性基团，其中 Si—OH 显示弱酸性，当碱性较强时，OH 中的 H 以 H^+ 形式解离，在制备催化剂时，Si—OH 的数量可采用 NaOH 滴定、UO_2 或 $Al(OH)_2Cl$ 吸附、氘交换等方法来求取。SiO_2 的比表面积在 300～720m^2/g 之间，孔容为 0.4～1.1cm^3/g，相对密度为 0.4～0.7。Si—OH 的数量、比表面积和孔容都随着加热温度的升高而减少。

硅胶在用作催化剂载体时，一般情况下会使用浸渍法，将含有催化活性组分的溶液吸收到硅胶的孔隙中，干燥和活化之后，活性组分会均匀地分布在其表面上。这种方法制备的催化剂具有颗粒小、分散性好、吸附性能强、热稳定性高、耐酸腐蚀等特点，并使它成为一种很有前途的新型催化材料。所以硅胶的孔隙结构对负载贵金属或其他金属氧化物型催化剂的孔径分布和孔容积等性能有着重要的影响。一般认为：细孔是由直径小于 1μm 的微孔构成，而粗孔则为大孔道（包括微小孔），主要由粒径大于 5 nm 的介孔组成。细孔结构的硅胶具有高比表面积，有利于催化活性组分的分散。但是，由于其细孔结构不利于反应物分子扩散，即难以到达深孔中的催化活性组分，而且会降低催化剂的表面利用率，使深孔中产生的产物分子不易从孔中逸出，导致深度副反应发生。硅胶的孔结构与制造方法和工艺条件有关，一般可通过将硅胶放入有水或盐溶液的热压釜中来扩大硅胶的孔径。

（2）活性炭

活性炭具有很高的比表面积和不规则的石墨结构，其表面积有的可高达 2000m^2/g，表面上存在着羰基、醌基、羟基和羧基等官能团，这都有利于高活性催化剂的制备，也因为这些特性，负载的一些催化活性物质可以高度分散。活性炭因其有较强的吸附能力，所以负载催化活性组分时，可作催化吸附剂，如铂或银负载在活性炭上，可起催化氧化作用和杀菌作用。活性炭本身也能激活某些分子，如使氧分子活化。它可以是粉末状的，也可以是颗粒状，但颗粒状活性炭作为催化剂载体时要在气-固相反应中使用。虽然活性炭拥有较高的比表面积，但与硅胶、氧化铝载体相比，它就暴露了低机械强度的缺点。因此，要想获得较大比表面积和良好力学性能的载体，必须对载体进行改性处理或者选择耐磨性强和耐压强度好的活性炭，如杏核为原料制成的活性炭等。

（3）氧化铝

氧化铝载体可以是白色的粉末状或者已成型的白色固体，在负载型催化剂类型中占了工业催化剂的百分之七十左右。由此可见，它是一种常用的催化剂载体。因为它具有较好的化学稳定性和较强的机械强度，所以在催化反应中能起到稳定催化材料的作用。此外，使用氧化铝作为载体，不仅提高催化剂的选择性和改善催化剂的热稳定性，而且还降低了催化剂的用量。氧化铝的形态有很多种，不同的形态不仅具有不同的性能，甚至同样的形态也具有不同的密度、比表面积、孔隙结构等性能。这些参数对氧化铝作为催化剂载体具有非常重要的意义。

作为载体，通常使用的是 γ-Al_2O_3 和 η-Al_2O_3。α-Al_2O_3 的比表面积$<1m^2/g$，而过渡态氧化铝的比表面积比 α-Al_2O_3 大，大致范围在 $10 \sim 10^2 m^2/g$ 之间。一般多孔的该载体都属成型氧化铝载体，它们的孔径大小和分布情况对催化过程中反应物在催化剂颗粒内部的扩散性质具有重要影响。所有过渡态氧化铝都或多或少含有水，表面有一些羟基和暴露的铝原子，表现出 B 酸和 L 酸的性质（见酸碱催化剂），从而影响氧化铝载体的特性。表面酸性与制备条件有关，尤其是杂质离子、热处理温度和卤素等阴离子可以提高氧化铝的表面酸性，进而促进氧化铝本身对烃类裂解和异构化反应的催化功能。另外，氧化铝载

体表面的活性位点也直接决定其催化活性。因此，研究氧化铝的表面活性位点对于了解其结构性能具有十分重要的意义。

氧化铝由于比表面积较小，所以一般负载催化剂活性组分的活性较高。这种载体的使用可以消除一定孔隙中的扩散效应，从而减少了选择性氧化过程中产生的副反应。如果环氧乙烷氧化用的银催化剂是以 α-氧化铝为载体，则表面面积较大的氧化铝会形成孔隙构造，使载体催化剂的活性组分分散到微粒中，从而防止活性组分微粒在使用过程中烧结。但是，由于载体本身存在的缺陷限制了其应用范围，所以近年来，人们通过对各种氧化铝进行改性，以改善其性能，从而得到一些新型的载体材料。例如，加氢催化剂可以提高钯、铂、铑等贵金属的利用率。

（4）碳化硅

SiC 是由 C 和 Si 元素组成的以共价键为主的二元化合物。每个 C 原子分别与 4 个 C 或 Si 原子通过 sp^3 杂化形成四面体结构。SiC 的晶相结构由紧密排列的 Si—C 双原子层沿垂直平面方向堆垛而成。与金刚石相似，SiC 具有高的硬度、高的熔点、良好的导热性能，因而被长期用作磨料和耐火材料。与 Si 等传统半导体材料相比，SiC 也可以作为半导体以及光学玻璃和陶瓷的增强剂，并且它还具有较大的载流子饱和迁移速度、高的临界击穿电场强度等性能。碳化物系陶瓷具有高热传导率、高硬度、强耐热和耐冲击性等特点，特别是耐氧化性根据熔点的高低次序为 SiC(1500℃)＞B_4C≈TiC(600℃)，因此在碳化物系陶瓷中只能使用 SiC 作为载体。此外，它也可用于制造各种复合材料，如氮化硼、硼化铝及氧化铝纤维等，良好的力学性能以及优良的热稳定性和化学稳定性，使其广泛地应用于国防军工等领域。目前我国对 SiC 材料的研究主要集中在高纯碳化硅上，高纯碳化硅通常采用真空烧结法来制备。

（5）层状化合物

在层状结晶中，层与层之间的结合力只有微弱的范德华力或静电力，层与层之间的间隙也比组成层的原子之间的间隙大得多，所以很容易遭到破坏。不过，正因为这个弱的作用力，才使得两层之间的其他分子和离子形成了许多层间化合物。这些层间化合物对催化反应有重要意义，如吸附、络合、沉淀等都能发生。因此，研究层间域结构及其变化规律就显得很有必要了。其中这些结晶可以为硅酸盐、磷酸盐、石墨、硫化物、氧化物等。

层状化合物因其特殊大孔的结构而显得格外重要，我们以蒙脱土这个层状化合物为例进行说明。蒙脱土的通式为 $(Si_8)(Al_4)(O_{20})(OH)_4$，它是由两个硅氧四面体片和夹在中间的铝氧八面体片构成层结构。在八面体层的 Al^{3+} 可被 Zn^{2+} 或其他阳离子取代，并且因电荷存在阳离子而达到平衡。当别的阳离子或者其他有机分子进入层状化合物时，大多情况下可得到大的层间距，再当层间电荷密度一定时，层间距离随着引入基团体积的增大而增大，这样就可以得到具有大孔结构的物质。

（6）分子筛

天然硅铝酸盐称为沸石，也叫分子筛，主要由 Si-Al 二元或三元化合物制成，它的化学组成通式为 $(M)_{2/n}O \cdot Al_2O_3 \cdot xSiO_2 \cdot pH_2O$，其中 M 为金属离子（人工合成时通常用 Na），n 为金属离子价数，x 为 SiO_2 的物质的量，也称为硅铝比，p 为水的物质的量。分子筛最基本的骨架结构是 SiO_4 和 AlO_4 四面体，这种多面体间存在着相互排斥作用，即形成氢键，再结合共有的氧原子形成三维网状结构，同时，多面体内部也存在一定数量的、具有分子级的、孔径均匀的空位。这种结合形式导致晶胞的形状呈六方柱状或立方体状，它的晶粒大小一般不超过 100 μm。其晶体结构决定了它具有较好的吸附性和催化活性，因而在化工、环保以及石油化工方面都有着广泛的用途。近年来，我国在这方面的研究取得了一些进展，目前已经开发出多种产品。而不同类型的沸石具有不同的晶体结构及物理化学性能，就如高二氧化硅沸石对有机基团表现出很高的亲和力，而低二氧化硅沸石由于 Lewis 酸和 Brönsted 酸的特性而表现出亲水性。

以分子筛为催化活性组分或主要活性组分的催化剂称为分子筛催化剂。它具有良好的离子交换性能、均匀的分子量和孔隙率、优异的酸催化活性、良好的热稳定性和水热稳定性，可以作为多种反应的高活性和高选择性催化剂。而影响沸石分子筛合成的因素有很多，其中水热合成法是沸石分子筛合成中最常见、最有效的方法。由于沸石分子筛具有特殊的晶体结构和性质，其结晶动力学十分复杂，这使得人们很难通过实验手段来确定水热条件下合成沸石分子筛的具体工艺参数。为了解决这个问题，人们提出了许多理论模型，如晶体成核生长机制理论等。但是这些模型大多建立在假设晶种表面吸附能力不变的基础上，不能真实反映实际情况。因为这些都会导致产物出现缺陷，从而限制提高沸石分子筛的性能，所以对合成分子筛的生成机理还需努力探究。目前，在水热法制备沸石分子筛时，要控制反应体系中各组分之间的比例关系才能得到所需要的产品。不管怎样，对于沸石分子筛的合成，晶化过程都是相同的基础步骤，即多硅酸盐和铝酸盐的聚合，分子筛的成核，核的生长，分子筛晶体的生长和二次成核的诱导，而且在整个合成过程中，都存在着不同程度的副产物生成，这也就决定了合成沸石分子筛时需要进行大量的化学反应，从而使其成为一种复杂体系。

5.1.2.4 对载体的要求和选择

由于多相催化反应是在催化剂表面进行的，因此将催化活性分散在载体上可以获得较大的活性表面，从而减少活性组分的数量。近年来，由于催化科学的发展，许多与载体有关的催化现象逐渐被人们所认识。这些催化现象最为主要的有三种，那就是金属之间的相互作用、双功能催化剂中载体自身的作用、氧化物类载体与活性金属之间的作用。这三种作用都离不开载体，在多相催化反应机理研究以及表面化学研究中有相当重要的地位，已引起催化及表面科学工作者的兴趣。

载体选择应注意以下问题：载体应具有一定的强度，如抗冲击性、抗磨损和抗压性、适当的体相密度、稀释活性物质的能力，可增加催化剂比表面积，调节催化剂的孔隙率和催化剂的粒径等，载体应与活性组分配合，以提高催化剂活性，避免烧结，从而达到抗中毒的目的。

以上各条仅作为选择载体的参考因素，并非绝对标准，应根据具体情况进行选择。比如，对于不同性质和用途的物质来说，其特性也是千差万别的。因此，我们必须根据实际情况来决定选择哪一种或几种为最佳载体。当然，这是一个非常复杂的问题。因为很难找到一个能同时满足所有要求的载体。前面我们已经介绍了一些常用载体及其基本物性，也列出了一些载体的酸碱性质，在选择载体时还要考虑载体的酸碱性。

许多无机氧化物 Al_2O_3、SiO_2、ZrC_2、BaO、CaO 等都可当作载体使用，但最后能否确定某种氧化物的使用情况，还需考察待选氧化物的化学性质。我们应该根据具体的反应来选择所需要的是酸性的氧化物，还是强的碱性氧化物。

此外，Cr_2O_3、TiO_2、ZnO 等半导体氧化物也可选为载体。这些载体可通过温度变化来控制其活性的高低，即便本身也有一定的活性。活性炭或无定形碳以及石墨也是良好的载体，除对某些氧化反应和氯化反应外，它基本上是催化惰性的。

5.1.3 均相催化剂的设计原理

催化剂和反应物同处一相，没有相界存在而进行的反应，称为均相催化作用，把能起均相催化作用的催化剂称为均相催化剂。在上一节中，我们了解到多相催化剂在反应结束后很容易从反应系统中分离出来，催化剂也可以回收利用，但催化效率较低，而且只能利用它们表面上的部分催化活性点。因此，与多相催化剂相比，均相催化剂具备了多相催化剂所没有的优点，即良好的催化效率和均可充分利用的全部催化活性位点。均相催化剂包括液体酸、碱催化剂和可溶性过渡金属化合物（盐类和配合物），它因分子、离子起独立作用而具有均一的活性中心、较高的活性选择性。虽然均相催化剂的工业应用要晚于多相催化剂，但经过几十年的发展，均相催化剂已经在工业化方面取得了突破性进展。因为它的发展不仅对其在工业上的直接应用具有重要意义，而且对揭示分子水平的催化作用原理也至关重要。

然而，均相催化剂在分离和流水作业方面存在一定的困难，为了解决反应物和催化剂的分离和循环问题，已经开展了均相配合催化剂固体固相化的研究工作。我们可以通过物理或化学方法将均相催化剂与固体载体相结合，形成具有均相催化性能的均多相催化剂，并在分子水平上进一步了解催化剂的作用机理。这类催化剂的浓度不受溶解度的限制，可根据要求提高催化剂的浓度，也有利于在较小的容器中进行反应，从而降低工业成本。但是，均相催化剂的多相化一直是应用化学中的一个难题，因为均相催化和多相催化的机理虽然相似，但其本质却大不相同。均相催化剂无论使用哪种方法多相化，其化学微环境都会发生改变，从而使催化活性和选择性有所降低。同时，如何使均相催化剂多相化后得以稳定也是该研究方向遇到的重要问题，如防止催化剂活性组分重新溶解于体系中而产生的催化剂的流失问题等。下面将简单介绍固相化配位催化剂的制备方法及存在的问题。

5.1.3.1 固相化配位催化剂的制备方法

金属配位化合物的固相化方法分为化学方法和物理方法两大类。其中化学方法就是通过沉淀法或共沉淀法在高分子载体上固定以化学键连接的金属配合物。在这方面，国内外的研究主要集中在配位键和高分子结合的配合物催化剂上，它们形成了 Rh、Ti、Pt、Mn、Pd 等中心金属的高分子配位基。现如今已制备了如配位键型、离子键型和 σ 键型的固相配位催化剂。在制备该催化剂时，先得制备好高分子载体，而高分子载体制备方法包括单体与配位基团直接聚合、配位基团引入高分子键上、每一个含活泼基团的单体先聚合后与活泼基团反应引进配位基团等。以此制得的催化剂由于其催化活性高、选择性好以及价格低廉受到人们越来越多的关注，尤其在催化方面应用较为广泛。物理方法亦即物理吸附方法，它是将金属配合物配制成一定浓度的溶液，然后用浸渍方法使金属配合物吸附于无机载体上。常用的吸附剂有活性炭、Al_2O_3、TiO_2、硅藻土、SiO_2、分子筛等。在氢甲酰化反应中，有不少报道钴、铑催化剂负载于无机载体上的例子[7]。如硅胶上吸附着催化剂 Rh，它可以使双环戊二烯的转换率达到 100 %。这种方法选择的无机载体是带有不同的电荷和形态的，它有操作过程简单、吸附条件温和、载体价格便宜等优点。同时也拥有不可避免的缺点，载体仅靠物理吸附连接活性组分，所以当 pH 值、离子强度等改变时，这种连接就会断裂从而使催化剂剥落，减短了催化剂的使用寿命，导致相当多的催化剂掉落到产物中，当然还会存在催化剂能否回收和分离的问题。

5.1.3.2 固相化配位催化剂存在的问题

固相化后不同配合物的催化活性和选择性不同，但它们却具有相同的规律。在催化体系中随着固相加入量的增加，催化剂的活性反而下降，但这会提高催化剂对底物的亲和性。反应活性为什么下降呢？因为均相配合物催化剂固相后，活性中心的可移动性大大降低，反应物分子向着高分子的方向集体分散，而不是与催化剂直接接触，这只是活性下降的原因之一。不过这个原因的存在，导致活性中心分散度增加，从而避免了催化剂在均相配合催化反应中的二聚化和失活现象。另外，配位不饱和的活性中心固相化后，不仅能稳定存在还可以使活性提高。原来不稳定的低价金属在固相化后能稳定存在，配位体也因此发生浓缩等现象，这都会促进催化反应，使催化反应的选择性提高。此外，我们还可以利用高分子载体的结构与其表面特性来提高它的选择性。当然，金属离子的浓度、反应温度、pH 值、溶剂等都会影响配位催化剂的催化性能从而影响催化反应。由于存在这些因素，固相化后的催化剂最佳反应条件可能与原均相催化剂不同，但尽可能选择接近原结构的高分子体系或适当的高分子配位催化剂的反应条件，以保持甚至改善原活性和选择性。

然而，现在存在的最大问题是金属的剥离，虽然有报道已经解决了该问题，但目前金属的剥离仍是阻碍固相化配位催化剂用于实际生产的主要问题。因为高分子配位催化剂是通过配位键与金属结合的，但是从配位催化反应机理可知，在反应过程中，配位体的解离与再结合仍会导致金属剥离发生，所以要想完全解决配合物金属载体上的剥离问题，就必须采取新的途径。

5.1.3.3 不对称均相催化剂的制备机制

除了前面所述的均相催化剂的固相化外，不对称均相催化剂的出现也引起了各学者的关注。在第 3 章，我们已经介绍过不对称催化的各种反应及其反应机理，所以这里我们就来简单了解一下不对称催化剂（手性催化剂）是如何设计的。

手性催化剂的设计通常是从非手性的过渡金属配合物开始，当确定某个过渡金属配合物对目标反应具有催化活性后，就可对该配合物的配体进行改造，使其具有手性，从而获得相应的手性催化剂，而且通过进一步对手性配体的结构和反应条件的优化，还会获得对目标反应具有理想对映选择性的反应。众所周知，手性是不对称催化剂的基本特征。在只从立体金属中心获得手性的不对称催化剂中，已报道的手性金属配合物催化剂可分为两类，一类是惰性金属配合物，金属在其中只提供结构，其催化作用完全通过配体球介导；另一类是活性金属配合物。通常制造一种有效的手性催化剂是一个具有挑战性的过程，它涉及有机、无机金属和仿生化学的跨学科研究。另外，还需设计和合成手性配体，制备适当的底物、催化剂前驱体和金属配体配合物，以寻找理想的反应条件。

在第 3 章我们就已经知道，手性有机催化剂或手性配体金属配合物的不对称合成，已成为制备对映体有机化合物最有价值的方法。例如，铑纳米颗粒催化剂和手性二烯共同作为配体在芳基硼酸与硝基烯烃的不对称 1,4-加成反应中，仅以 0.1%（摩尔分数）的手性铑配合物就能催化反应，得到高收率且对映体选择性好的产物。而且该均相催化剂能转化为可重复使用的非均相金属纳米颗粒体系，如果使用相同的手性配体作为改性剂，用具有交联基团的聚苯乙烯衍生聚合物固定，也能使其保持相同的对映选择性[8]。

不对称催化合成仍处于起步阶段，与手性有关的许多科学问题尚未得到解决。近年来，随着不对称催化作用在有机合成中的应用，手性药物的开发越来越受到重视。手性催化反应是一种重要的合成手段，其作用越来越重要。手性催化剂大多只适用于特定的反应，甚至适用于特定底物，因此应用并不广泛，大多数手性催化剂转化率低，稳定性差，回收和再利用困难。同时，手性催化剂的活性位点少，对映选择能力弱，易失活或被取代。这严重制约了不对称催化的发展。目前，手性催化剂仍然存在诸多问题亟待解决。因此，除传统手性催化剂外，新型高效手性催化剂的设计、配体和催化剂设计规律的探索、手性催化剂选择性和稳定性的解决、手性催化剂筛选、负载和回收新方法的开发都是不对称催化技术领域的新课题。例如，Manabu Horikawa 课题组[9] 介绍了一种新型手性 Rh（Ⅱ）催化剂，用于重氮乙酸乙酯与末端乙炔和烯烃的[2+1]-环加成反应，具有较高的对映体选择性。该催化剂由一个乙酸酯桥基和三个跨越 Rh(Ⅱ)-Rh(Ⅱ) 金属中心的单-*N*-三氟甲基二苯基咪唑啉-2-双齿配体（DPTI）组成。经过表征，提出了一种合理的机制，为 [2+1]-环加成反应的对映选择性和绝对立体化学过程提供了直接的解释：中间体 Rh-卡宾配合物中桥乙酸基的 Rh—O 键断裂，形成新的五配位 Rh 卡宾配合物，该配合物可以与乙炔或烯烃底物的 C—C π 键发生 [2+2]-环加成反应。经还原消除得到环丙烯或环丙烷产品。该催化剂在 0.5%（摩尔分数）时就能有效发挥作用，并且可以循环使用，是一个稳定性、实用性和有效性并存的催化剂。

我国周其林院士及其团队经过 20 年的研究，发现了一种安全有效的手性螺环催化剂骨架，并在 2019 年获得了国家自然科学奖一等奖。之后又在此基础上设计合成了一系列手性螺环催化剂，使高血压、心脏病、糖尿病等药物的合成效率空前提高，在多种不对称反应中具有良好的催化活性和对映选择性，甚至超过了大多数酶的水平，将手性分子的合成效率提高到一个新的水平，改变了人们对人工催化剂的认识。2018 年，周其林院士获得了未来科学大奖。这项研究的意义在于发现了一类非常有效的手性分子合成手性药物的催化剂。对学术界的影响是许多过去无法合成的分子现在可以合成，而对产业界的影响是许多过去很难合成的药物现在很容易合成。目前，该成果已被美国化学学会收录为 *Science* 杂志上的文章。这项结果令全世界震惊！尤其是 2011 年合成的高活性手性催化剂，至今仍保持着 455 万个转化数的分子手性催化剂世界纪录，解决了半个多世纪以来困扰科学家的难题！

5.2 催化剂制备的基本原理

本节重点介绍固体催化剂的常见制备法。催化剂是催化工艺的灵魂，它决定着催化工艺的水平和创新程度，选择催化剂的主要活性组分、次要活性组分和载体后，催化剂的性质就取决于催化剂的制备方法。催化剂的制备也是影响催化剂性能的一个重要因素，正如上一节所讨论的，如果选择不同的制备方法，相同成分的催化剂具有不同的性能，同一方法的填充顺序不同也可能导致不同的催化剂性能。此外，制备方法还与催化剂的稳定性有关，在一定条件下，制备出的催化剂不稳定时，它的催化反应效果就较差。例如，在同样的原料下，采用不同的反应条件，可以获得不同的产品；而同样的条件下，采用不同方法得到的催化剂也会有所差别，这都与制备方法有关。由此可见，催化剂性能的好坏不能只依赖于其本身的物化性质，也取决于制备方法的优劣。因此，对催化剂制备方法的研究具有重要的现实意义。由于大多数催化剂的化学组成和物理结构较为复杂，催化剂制备技术将是一个长期的研究热点。

固体催化剂的制备方法很多，一般经过三个步骤。第一步是准备好原材料；第二步是对原材料进行改性处理；第三步是制备出符合一定技术条件和工艺规范要求的固体催化剂。其中最重要的一步就是原材料的预处理。它包括两方面内容。首先是原料的选择和原料溶液的配制，必须考虑到原料的纯度（尤其是毒物的最高限量）和在化学作用下从催化剂中分离或去除副产物的困难程度；其次是通过化学交联、离子交换和共沉淀等方法，将原料转化为化学组成、微粒大小、相结构、孔结构等符合要求的基本材料。

目前，工业上常用的固体催化剂的制备方法有沉淀法、溶胶-凝胶法、浸渍法、混合法和离子交换法等，下面将分别进行介绍[10-12]。

5.2.1 沉淀法

溶液的沉淀物可以通过物理变化（如温度变化、溶剂变化或直接蒸发）和化学变化（通常称为化学沉淀法）来实现。化学沉淀法是将酸、碱或络合剂加入溶液中，使其与溶液中的金属离子发生反应，形成固体化合物并将其从溶液中沉淀的一种方法。在此过程中，由于反应物及生成物之间存在着物质交换、能量传递和电子转移作用，因而能够有效地提高反应效率，降低能耗。近年来，化学沉淀法受到了人们越来越多的关注。该方法被广泛应用于制备高含量的非贵金属和（非）金属氧化物催化剂和催化剂载体。

（1）金属盐前驱体和沉淀剂的选择

一般选择的都是硝酸盐类的化合物，它们几乎都是可溶解性盐，便于得到目标阳离子，以此与相应的其他化合物反应制得目标产物。其他化合物可以是碳酸盐、氢氧化物等。其中，对于金属铝来说，由于它的两性性质，既可以用硝酸溶解，还可由强碱溶解其氧化物而使之阳离子化。

选取合适的沉淀剂对后续的实验操作及结果有很大的影响，因此，我们在选择沉淀剂时，应该考虑清楚沉淀剂是否容易洗涤和过滤，是否容易形成晶形沉淀。像碳酸铵、碳酸镁等盐类沉淀剂形成的这种晶形沉淀携带有较少的杂质，而碱类沉淀剂通常产生非晶形沉淀。选择沉淀剂的溶解度越大，沉淀物越完整，沉淀物吸收率越低，洗涤脱除性越好。另外，无论哪种沉淀剂都必须满足无毒、易于分解挥发的条件。由于沉淀剂种类繁多，且其组成各异，不同类型的沉淀剂制备出来的催化剂活性有较大差异，主要取决于所使用的反应体系，所以要选用合适的沉淀剂。

（2）形成沉淀的条件

晶核生成和生长的速率决定沉淀的类型，当生成速率大于长大速率时，溶液的过饱和度迅速下降，离子会迅速积累成较大的晶核，晶核又迅速聚集成细小的无定形颗粒，得到非晶形沉淀，甚至是胶体。而当生成速率小于长大速率时，溶液中最初形成的晶核并不多，大多数的离子以晶核为中心，按一定的晶格定向排列而成为颗粒较大的晶形沉淀。

① 晶形沉淀形成条件　采用热溶液进行沉淀，此时沉淀的溶解度会略微增大，减少相对过饱和度有利于晶体的生长；同时温度越高，吸附的杂质就越少，当沉淀开始形成时，应在不断搅拌下均匀缓慢地加入沉淀剂，以避免局部浓度过高。另外，沉淀要尽量放置于干燥处，因为干燥会影响其晶体质量。为了减少溶解度增加而造成的损失，应在沉淀后熟化，过滤前冷却和洗涤。

② 非晶形沉淀形成条件　在适当的又浓又热的电解质溶液中进行沉淀的生成。在这样的条件下沉淀不容易形成胶体。通过不断搅拌，迅速加入沉淀剂，使其尽快分散到所有溶液中，析出沉淀。当沉淀形成结束后，应加入大量热水稀释并使溶液中杂质的浓度降低，但加入热水后，一般不宜摆放，应立即过滤，防止沉淀进一步凝结，使表面吸附的杂质不易被清洗掉。如不及时除去杂质，最终会得到质量不好的产品。

③ 沉淀过程　溶液中金属离子首先与沉淀剂发生反应，形成前驱体，当前驱体体系达到一定浓度时，沉淀过程就开始了，通常会经历三个阶段：成核、晶体生长和粒子聚集。其中成核和晶体生长是沉淀过程中的重要阶段，一般情况下会同时发生，很难完全将其分离。在成核阶段，金属离子与沉淀剂离子结合，形成最小的基元固态粒子，这种粒子是原子、分子甚至离子堆积而成的自生团簇，也被称为晶体胚胎。如果没有足够数量的小颗粒出现在界面上，这些小颗粒可能很快地转变为大晶粒。但是如果有较多的细小颗粒出现，则很难通过实验手段直接观测到其形貌变化。当溶液达到一定过饱和度，固相生成速率大于固相溶解速率时，就会立即产生大量的晶核（在诱导后）。而晶核的生长（也相当于团簇）存在一个临界尺寸，小于临界尺寸的团簇将溶解并结晶，大于临界尺寸的团簇将继续生长为晶核。当溶液中的溶质分子扩散到晶核的表面并以晶格的方向排列时，晶核将继续生长为晶体，这一过程类似于带有化学反应的传质过程。

（3）沉淀方法的分类

① 单组分沉淀法　沉淀剂与一种待沉淀组分溶液作用以制备单一组分沉淀物（用于制备单组分催化剂或载体）。在这个过程中需要注意的是：对于两性物质，pH 过高，沉淀会重新溶解；氨水作沉淀剂时，氨浓度过高会形成配离子，沉淀溶解；$(NH_4)_2CO_3$、Na_2CO_3 作沉淀剂时，可能会生成碳酸盐、氢氧化物、碱式碳酸盐的沉淀。

② 多组分共沉淀法（共沉淀法）　将沉淀剂与含有多种金属盐溶液混合作用，便会形成多组分沉淀物（用于制备多组分催化剂）。该方法的优点在于：一次可以同时获得几个组分，并且分散性和均匀性好（优于混合法）。但是也要注意各金属盐、沉淀剂浓度、介质 pH 值、加料方式等条件必须满足各个组分同时沉淀的要求。在用 Na_2CO_3 作沉淀剂时，多组分可能生成复盐沉淀，如 Na_2CO_3 共沉淀硝酸铜与硝酸锌，形成 $(Zn \cdot Cu)_5(OH)_6(CO_3)_2$。

③ 超均匀共沉淀法　在此方法中，沉淀操作分两步进行：首先形成盐溶液的悬浮层，然后立即将悬浮层混合成均匀过饱和溶液，经过一段时间（诱导期）后形成超均匀沉淀物。该过程可在较短时间内完成，而且不需要特殊设备，因此是一种简单可行的制备催化剂的方法。本方法还具有原料易得，反应条件温和，所得产品纯度高、活性好等优点。然而，需要注意的是，瞬时混合和快速搅拌（以防止形成结构或组成不均匀的沉淀）形成均匀水溶胶或胶冻，然后进行分离、清洗、干燥、焙烧和还原为催化剂。

④ 导晶沉淀法　这是一种快速且有效的方法，它借助晶化导向剂（晶种）来引导非晶形沉淀转化为晶形沉淀，但要注意的是，要预加少量晶种引导结晶才能使之快速完整形成催化剂。例如，可加丝光沸石，X 型、Y 型分子筛等。

⑤ 配位（共）沉淀法　将配位剂加入金属盐溶液中，形成金属配位物的溶液，然后将其与沉淀剂混合，进入沉淀槽进行沉淀。将沉淀后的溶液通过过滤得到含有不同尺寸大小和形状的沉淀物颗粒。金属离子可以通过配位剂的加入来控制，使沉淀物的粒径分布均匀。

⑥ 均匀沉淀法　沉淀剂不直接加入待沉淀溶液中，而是先将沉淀剂母体与待沉淀溶液混合形成一个非常均匀的体系，然后调整温度，使沉淀剂母体逐渐转化为沉淀剂，使沉淀过程缓慢，得到均匀纯净的沉淀物。此法适用于各种金属离子在水中溶解度不同的情况，并且具有操作简便、快速、成本低的特点，还可以克服一般沉淀法中沉淀剂与待沉淀溶液混合和沉淀颗粒不均匀、沉淀中杂质较多等缺点。

5.2.2 溶胶-凝胶法

（1）基本概念

溶胶是尺寸在 1nm 左右的固体或胶体粒子均匀分散在溶液中形成的物质。由于布朗运动，胶体粒子在液相中处于稳定、持久的悬浮状态，粒子表面带的电荷引起了双电荷层，所以在溶液中固体粒子分布更加均匀。而凝胶是一种半固态物质，因为当外界条件改变时，液体介质对颗粒有强烈作用力，导致其聚集成簇，形成凝胶，反之则会从溶液中逸出，因此，凝胶是一个动态过程。溶胶中固体粒子间的聚合能量增强，水分蒸发，固体颗粒逐渐失去流动作用而分散在溶液中，因一定的吸引力和排斥力，使得凝胶中固态和液态粒子高度分散。这种分散度可根据不同需求调节，以满足各种应用要求。凝胶化过程通常分为三个阶段：初始溶解、胶凝和固化，其中胶凝为最终形态。

溶胶-凝胶法是以金属醇盐或无机金属盐的高活性组分物质为前驱体，乙醇作为溶剂，水作为水解剂，无机聚合反应为基础均匀混合，在液相中发生水解反应形成活性单体。而活性单体在溶液中又经过聚合反应和缩合反应形成透明、稳定的溶胶体系。溶胶缓慢陈化即胶粒缓慢聚合，形成的凝胶具有三维网络结构，然后干燥、烧结、固化，最后得到分子甚至纳米亚结构的材料。该方法在控制催化剂的结构、组成和均一性等方面具有独特的优势。其基本的反应是：

$$\text{水解反应：}M(OR)_n + xH_2O \longrightarrow M(OH)_x(OR)_{n-x} + xROH \tag{5-1}$$

$$\text{聚合反应：}M\text{-}OH + M\text{-}OH \longrightarrow M\text{-}O\text{-}M + H_2O\ \text{（完全水解）} \tag{5-2}$$

$$M\text{-}OR + M\text{-}OH \longrightarrow M\text{-}O\text{-}M + ROH\ \text{（部分水解）} \tag{5-3}$$

（2）影响因素

① 溶剂　溶剂在溶胶-凝胶反应的分散化中起着重要的作用。为了使前驱体溶解更加充分，就需要添加一定浓度的溶剂。但是溶剂过多或者过少都不利于提高产物的纯度以及制备过程中分散的均匀性。另外，由于溶液本身性质的不同，溶剂的种类也各不相同。溶剂的价格也随着技术的进步而不断上涨，这又进一步加重了溶剂的消耗。如果不根据实际情况选择合适的溶剂，则很容易造成材料结构上的缺陷，从而影响材料的性能，同时还可能引起安全事故。所以，对于不同种类的溶剂的正确选用显得尤为重要。假设浓度过高，凝胶表面会形成非常薄的双电层，降低了排斥能，导致粉体团聚现象更加严重。在与 pH 值、温度等其他条件相同时，增加溶剂的用量，形成溶胶的透明度会增加，但不幸的是，溶胶的黏度会降低，陈化形成凝胶的时间会增加。当浓度过低时，由于体系本身存在大量的气泡而无法产生有效的吸附作用，从而阻碍了溶剂向凝胶内部扩散，造成溶液不均匀分

布，最终影响产品的质量。此外，蒸发溶剂量大可以延长凝胶的挥发时间和凝结时间，使形成间隙大、强度低、网络骨架的结合力小的凝胶。然而，在干燥过程中，空间结构很容易受到内应力的破坏，再次释放溶剂。另外，当温度升高时，溶剂分子之间发生了缔合和分解，使得体系黏度增加，导致凝胶时间延长；而当降温后，随着溶剂挥发速度加快，溶液黏度减小，使得凝胶时间减少。因此，选择合适浓度的溶剂，有助于缩短凝胶时间以及提高凝胶均匀性。

② 反应温度　反应温度的高低是影响水解和成胶速度的主要原因之一。当反应温度低时，不利于盐的水解，同时，金属离子水解的速度以及溶剂蒸发的速度都会减慢，这会延长成胶的时间。当反应温度较高时，水解速度加快，挥发组分的挥发速度增加，分子的聚合反应加速，从而急速缩短了成胶的时间。因此，在制备过程中应尽可能地控制好反应温度，以避免因升温过快而产生凝胶；另外，还需要适当延长反应时间，以便更快速得到最终产品。因此，选择适当的反应温度，可以提高溶胶-凝胶的反应效率，缩短制备的工艺周期。

③ 凝胶干燥温度　水解和缩聚反应在陈化形成凝胶后仍在进行，只有除去其他液体或水分时，才能让水解反应完成或者停止，这就需要一定的干燥温度进行干燥形成干凝胶。水分的蒸发速度受凝胶干燥速度的影响，从而影响凝胶干燥时间。当湿凝胶在相应的温度下被干燥时，胶体骨架之间的水的毛细管力对最终的粉体形态有显著影响，因为毛细管力可以使相邻的颗粒更紧密地聚集在一起，在干燥完成时产生了一定的桥接作用，从而出现粉体的团聚现象，但因较强的团聚结合力，所以更难去除。随着干燥温度的升高，干燥时间必将缩短，这不仅提高了粉体的制备效率，而且由于水的桥接作用，也会导致煅烧后颗粒尺寸增大。当在合适的干燥温度范围内，颗粒的粒径变化不大，但干燥温度过高时，颗粒的粒径变化较大，这是因为温度过高，溶剂挥发速度过快，导致凝胶在收缩时剧烈，形成了硬团聚，而降低了成品的烧结性能。

④ 前驱物性质　不同的前驱物含有不同的金属离子。在溶胶-凝胶过程中，由于前驱物结构和组成变化而引起了离子之间的相互反应。在相同的温度和 pH 值条件下，水解速度和程度不同，会影响离子的络合以及溶胶和凝胶的性能。因此，溶胶-凝胶过程也是一种复杂的物理化学变化过程。

⑤ 络合剂　不同配合物中羧基的数量与键的强度不同，因此，通过调整络合剂中的羧基数可以调节其与金属离子反应的活性。在金属离子溶液中加入少量络合剂就能有效地控制金属离子在体系内的分布情况。例如，草酸在结构上与柠檬酸含有的羧基数量有所不同，草酸具有两个强酸性羧基并且单位分子量小，结构简单，而柠檬酸有 3 个羧基，在不同的 pH 值下与金属络合能力不同，它的三维空间结构更有利于凝胶的稳定性。

(3) 老化（陈化）、干燥的影响

凝胶形成后，一般要经老化处理，在老化过程中，胶体粒子会再次聚合，伴随着胶体的脱溶剂收缩，以及晶粒的生长和晶相结构的变化。然而，随着老化时间的推移，凝胶中的胶体粒子间可以通过去除表面官能团而进一步聚合，从而使凝胶体系交联度不断提高。

另外，干燥也是凝胶生成后重要的处理步骤之一。干燥过程，也称为脱溶剂过程，是去除凝胶结构中的液体，并将凝胶转化为多孔固体材料的过程。通常使用溶剂挥发和超临界干燥来获得干溶胶和气溶胶。这里我们只介绍超临界干燥法，它是将凝胶结构完整地转化为气溶胶的有效方法。常见的超临界干燥方法有两种：一是将凝胶加热加压至超临界状态，然后缓慢释放超临界溶剂（超临界溶剂释放法）；二是超临界流体（如超临界 CO_2）

通过凝胶，其间通过超临界流体（超临界萃取法）提取凝胶内的溶剂。超临界干燥可获得比表面积大、孔结构丰富、密度低、结构稳定性好的固体材料。

（4）溶胶-凝胶法的分类和优缺点

依据溶胶-凝胶法的生成机理，有三种主要的溶胶-凝胶法：传统胶体型、无机聚合物型、配合物型。表 5-2 是三者详细的比较。

表 5-2　溶胶-凝胶合成法的比较

溶胶-凝胶过程类型	化学特征	凝胶的形成特点	前驱体	应用
传统胶体型	调整 pH 值、加电解质使表面电荷中和，蒸发溶剂使粒子形成凝胶	1. 密集的粒子形成凝胶网络； 2. 凝胶中固相含量较高； 3. 凝胶透明，强度较弱	前驱体溶胶是由金属无机化合物与添加剂反应形成的密集粒子	薄膜、粉末
配合物型	络合反应导致较大混合配合体的配合物形成	1. 氢键连接构成凝胶网络； 2. 凝胶在湿气中可能会溶解； 3. 凝胶透明	金属醇盐、硝酸盐或醋酸盐	薄膜、粉末、纤维
无机聚合物型	前驱体水解和聚合	1. 前驱体得到的无机聚合物构成凝胶网络； 2. 刚形成的凝胶体积与前驱体溶液体积完全一样； 3. 凝胶形成的参数随其他参数的变化而变化； 4. 凝胶透明	主要是金属氢氧化物	薄膜、粉末

溶胶-凝胶法具有很多独特的优点：由于该过程中使用的原料在溶剂中分散形成低黏度的溶液，所以反应物很可能在分子水平上均匀混合形成凝胶。与固相反应相比，化学反应只需满足较低的合成温度和合适的反应条件就能进行，并且还能制备各种各样的新型材料。例如，在一定条件下，利用溶胶液的成纤性能可以很好地产生氧化物。此外，它还能使一些无机粒子和有机化合物以某种方式结合起来而不改变它们的物理形态。因此，溶胶-凝胶法在材料科学方面有广泛的用途。但是，这个方法也存在一定的缺点：不仅使用的材料昂贵，而且有些有机材料对健康是无益的；通常整个工艺完成的时间久，凝胶中存在很多微孔，会漏出一些气体和未反应的有机物，导致干燥时发生收缩，几乎得不到絮凝的均匀溶胶。不仅如此，在凝胶点附近，黏度迅速增加，薄膜或涂层的厚度难以控制。

5.2.3 浸渍法

（1）基本原理

浸渍法是将催化剂组分以金属盐溶液的形式通过表面附着力和表面张力负载在比表面积和孔径较大的载体上，催化剂中金属组分的盐溶液均匀分布在载体的细孔中，经干燥焙烧得到相应的金属氧化物催化剂。

（2）浸渍法的类型

① 多次浸渍法　多次浸渍法就是反复多次进行浸渍、干燥、焙烧的过程。当我们知道浸渍的化合物具有较小的溶解度或者多组分的浸渍化合物同时发生吸附时，就可以使用多次浸渍法。此时就可以避免一次浸渍完成后没有得到足够的负载量，或者多组分之间发生的竞争吸附。所以，多次浸渍和各组分先后浸渍，并且每次浸渍后，必须进行干燥和焙

烧就成了该方法的独特之处。由此可见，该工艺过程比较复杂，除非上述特殊情况，否则应尽量少采用。

② 等体积浸渍法 所谓等体积浸渍，就是载体的体积（一般指孔体积）和浸渍液的体积一致，载体中的小孔能刚好充满浸渍液。等体积浸渍法的特点与过量浸渍法相反，该方法方便控制活性组分的负载量，并且负载量很容易计算出来，因加入载体的顺序不同，导致与溶液先接触的载体可以吸附更多的活性相，所以得到的催化剂颗粒大小不一。一般对颗粒大小要求不是很严的催化剂，用该方法效果较好。

③ 过量浸渍法 过量浸渍法是指在浸渍过程中一定浓度的浸渍液体积大于载体的体积，导致溶液剩余的一种常见浸渍方法。简单来说，就是载体上的活性组分在负载达到吸附平衡后，再滤掉（注意不是蒸发掉）剩余的溶液，此时活性组分的负载量需要重新测定。该方法的优点是：第一，活性组分在其载体上分散得比较均匀；第二，相对于特定浓度的浸渍溶液，用过量浸渍法可以得到最大吸附值，而这一点，也正是它的缺点，即无法控制活性组分的负载量。其实活性和负载量并不是严格的正比关系，并不能保证负载量越大活性就越好，负载量过多反而会使离子容易发生团聚现象。

④ 浸渍沉淀法 该法是在浸渍法和均匀沉淀法的基础上发展起来的一种新方法，即在浸渍液中预先加入沉淀剂母体，待浸渍单元操作完成后，加热升温使沉淀组分沉积在载体表面上。此法可以用来制备比浸渍法分布更均匀的金属或金属氧化物负载型催化剂。

（3）浸渍的影响因素

影响浸渍的因素有三个：浸渍液溶剂、浸渍液浓度、浸渍液的 pH 值及温度。

① 浸渍液溶剂 根据实验进行选择，大多数情况会选择去离子水作为浸渍液溶剂。但在特殊条件下，使用的载体成分容易在水溶液中过滤出来，或者要负载的活性组分难溶于水时，就不需要去离子水而是选择醇类或烃类等作浸渍液溶剂。因为使用的载体不同，它的亲疏水性也不同，使用的溶剂不同，极性也就会有所差异，所以当使用不同类型的溶剂时，所制备的催化剂上活性组分的分布就会不同。

② 浸渍液浓度 如果浓度过高，活性组分在孔隙内的分布不均匀，易得到粒径分布混乱的粗金属颗粒，但浓度过低时，一次浸渍又得不到所需的负载量，必须进行多次浸渍。当所需负载量低于饱和吸附量时，应采用稀浓度的浸渍液浸渍，并适当延长浸渍的时间，使浸渍液和载体得到充分接触。还可以使用竞争吸附剂，使吸附的活性组分均匀分布，当催化剂要求活性组分含量较高时，浸渍液的浓度就必须较高。因为受化合物溶解度的限制，需要对金属盐类进行加热使其尽可能溶解，且高浓度浸渍液中活性组分不易浸透粒状载体的微孔，故所制备的催化剂中载体颗粒内外金属负载量不均匀，载体微孔将被阻塞，金属晶粒的粒径较大且分布较宽。

③ 浸渍液的 pH 值及温度 浸渍液的 pH 值及温度有两方面的作用：第一，保证浸渍液不会产生沉淀或结晶；第二，影响载体的吸附性能。由于吸附属于放热过程对保证浸渍液不会产生沉淀或结晶有着重要的作用。

5.2.4 离子交换法

（1）基本原理

离子交换法就是将含有不同离子种类及含量的物质按一定比例混合后，利用其相互作用产生物理化学变化，即通过交换树脂与水溶液进行物质和能量的一种固-液相间的传质过程，使其中所包含的某一成分从另一位置上转移出去。当溶液中有一个阴离子存在时，阳离子会优先进入这个体系中来形成新的阴离子，从而改变原有的平衡关系，使得原来的浓度降低而达到平衡，这就是离子交换过程。离子交换过程的特点：一是扩散系数大，二是反应速率快。因此，离子交换过程不仅涉及物质间相互转化的物理机理问题，而且还涉及物理化学性质变化的规律，如离子交换动力学、电化学。一般离子交换反应速率主要由传质速率决定，所以离子交换反应往往要比其他化学过程更为复杂。

(2) 基本概念

吸附是溶液中的离子与树脂上的官能团发生反应并与树脂结合的过程。淋洗是用一定浓度的淋洗剂将已吸附在离子交换树脂上的金属由树脂转移到水溶液中的过程，又称解吸。这两种方法都能使离子交换树脂再生。但后者需要大量的吸附剂和昂贵的设备，而前者则可以节省材料及操作费用。离子交换树脂是一种具有官能团（有交换离子的活性基团）、网状结构和不溶性的高分子聚合物，通常是球形颗粒物。目前，国内外研究人员对离子交换树脂进行了许多改良工作。

离子交换树脂分子可分为两部分：第一，固定的多价高分子基团，它们构成树脂的骨架；第二，可移动的离子，也叫活性离子，它们进出树脂骨架，引起离子交换现象。从电化学的角度来看，离子交换树脂是一种不溶解的多价离子，其四周包围着可移动的带相反电荷的离子。因此，当溶液中含有一定量的金属离子时，会引起离子交换反应；当含少量碱土金属时，就不会产生这种情况。从胶体化学角度来看，离子交换树脂可以看作由两个或更多的亲水基团和一个疏水基团构成，它们在一定条件下可相互结合成分子聚集体，并且是一种具有均匀弹性的亲液凝胶，我们称之为阳离子交换树脂和阴离子交换树脂。它们分别具有酸性基团和碱性基团，官能团电离的程度决定了树脂的酸性和碱性的强弱。不同类型的树脂，其离子性与极性大小也不一样。由于树脂表面上含有大量羧基，因而具有较强的吸附性能。此外，在树脂中还含有一定量的磺酸根，它对离子交换有促进作用，能降低溶液 pH 值。另外，树脂还有很强的吸水性。

(3) 离子交换法的优缺点

离子交换法的优点是分离效率高，既能实现相反电荷离子的分离，又能实现相近电荷离子的分离；应用范围广，同时具有浓缩与提纯的作用；生产成本低，设备简单，操作方便，不使用或很少使用有机溶剂。因此，得到了广泛的应用。目前离子交换法在国内已成功地应用于医药、农药和染料工业中，并获得显著的经济效益和社会效益。但是它还有生产周期长、成品质量差、生产过程中 pH 变化大、稳定性差的抗生素不适合使用、树脂不一定合适等缺点。

5.2.5 沉积-沉淀法

沉积-沉淀法（deposition-precipitation，简称 DP 法）是在载体（通常是金属氧化物颗粒）悬浊液中加入可装载的目标金属（通常是贵金属）溶液，以水为反应介质，不添加任何溶剂均匀混合形成悬浮液。控制温度和 pH 值后进行充分搅拌，使载体的表面沉积上相应的目标金属，然后过滤、洗涤、干燥、焙烧等得到负载有目标金属的催化剂。

此方法的优点在于：载体表面上留有全部的活性组分，而这些活性组分的利用率尽可能达到最大化，得到的催化剂金属颗粒分布相对均匀。然而这种方法的缺点是：不容易控制沉淀的位置；重复性差；在溶液中比在载体上更容易成核；产生的金属颗粒较大，均匀性较低。与其他传统的催化剂合成方法相比，DP 法是一种具有高催化活性、高稳定性、简单的操作过程、成本低廉等优点的新技术。目前，利用 DP 法制备出了大量具有不同结构和性质的纳米金属催化剂，如负载型金属氧化物催化剂、贵金属类催化剂，以及其他一些新型的复合催化体系，这些都取得了显著成效。

5.2.6　其他制备方法

5.2.6.1　混合法

工业上常采用混合法制备多组分固相催化剂，采用该法可以将几种组分利用物理混合的方法制成多组分催化剂。在制备过程中要求将几种组分充分混合，以此提高各组分的分散度。但通过这种单纯的物理混合，组分间的分散度仍然不够，所以在研究过程中会加入一些黏结剂。

混合法在工业上分为两种，即干混法和湿混法。干混法的操作过程比较简单，在混合过程中只需将几种催化剂的活性成分、助催化剂、载体或黏结剂、造孔剂等放入混合器进行物理混合，然后送去成型，制成一定形貌的催化剂，再经过一定时间的热处理后，就可得到成品。例如，将天然气蒸气转化为合成气过程中使用的镍催化剂就是通过干混法制备的。而湿混法的制备过程相对较为复杂，活性组分通常是以盐类沉淀或氢氧化物的形式与干助催化剂或载体和黏结剂进行湿式混合制备催化剂的。通过湿法途径合成催化剂可以对形成的颗粒进行微调，可以通过引入催化剂的特定特性来提高多相催化体系的性能，从而在模型催化剂中建立结构-性能关系，并将其转化为现实体系。如在工业上用于二氧化硫接触氧化过程中采用的钒催化剂就是将 V_2O_5、碱金属硫酸盐和硅藻土的混合物以湿混法制备形成的。

5.2.6.2　熔融法

熔融法是一种以熔融盐为反应介质合成材料的新方法。过程为：一种或多种金属或金属氧化物被用作反应介质，在反应结束冷却到室温，用合适的溶剂洗涤掉反应物，从而得到最终产物具备活性高、稳定性良好和机械强度较强的特点。该种方法合成的催化剂由于其比表面积小、孔隙率低等缺点而使其应用受到了一定的限制。目前熔融法主要用于制备骨架型催化剂，如骨架镍催化剂、合成氨用的熔铁催化剂和费托合成催化剂等。

该种制备催化剂的工艺是在高温下进行的，有着特征性的操作工序——熔炼，一般情况下在电阻炉、电弧炉等熔炉中进行，熔炼温度、熔炼次数、环境气氛、熔浆冷却速度等因素都对催化剂的性能有着重要的影响，其中最关键的影响因素是熔炼温度，因为不同种类金属或金属氧化物的熔炼温度是大不相同的。

5.3　催化剂的成型及其工业催化反应器

5.3.1　催化剂的成型

成型是指各种粉体、颗粒、溶液或熔融体原料在一定压力下，以一定形状、尺寸和强度组装成固体催化剂颗粒的单元操作过程。目前国内生产的催化材料一般都是以传统的压制工艺为主，这种加工方法虽然能够满足工业生产需求，但是也存在着诸多不足，例如，能耗大、效率低、设备投资费用高等等。事实上，在催化剂机械强度以及压力降允许的情况下，提高催化剂表面积利用率是催化剂成型的关键问题。在此，将简单介绍常见的催化剂成型方法。

（1）喷雾（淋）干燥

喷雾干燥是一种用来生产球形材料的工艺，采用雾化喷头将原料以液滴形式喷出，在空气中形成细小悬浮颗粒，用热风对粉体材料进行均匀加热与干燥，制成直径介于 10～100μm 之间的微球型催化剂。该工艺具有干燥时间短、喷出雾滴小、单位质量表面积大、蒸发快等优点，可通过改变操作条件、雾化器等简单方式调节或控制产品的粒径、粒度分布等。干燥后无须破碎即可制成粉末状，简化了工艺流程，方便自动化生产。

有液体燃料和蒸汽两种方式可以作为喷雾干燥器的热源，提供的热能不同，形成的液滴形式也就不同。喷淋干燥系统包括喷头、加热装置、冷却装置和收集装置等，其中收集装置是整个系统最重要的组成部分之一。该过程是将溶胶液或者水凝胶以喷淋方式进入加热区，达到所需温度时，可将下落的液滴干燥或焙烧。然后这些细小的颗粒均匀地喷涂在物体表面，使物料完全干燥，提高了生产效率。假设该过程用的不是凝胶或聚结材料，那么喷淋干燥后就可形成凝胶或膜的添加剂，以作为晶化材料的基体。该工艺具有效率高、能耗低、污染小等优点，当然，它也会存在一定的缺点，容易产生团聚物以及易造成堵塞，因此使用时要注意维护。此外还需要考虑颗粒直径分布问题，因为这种粒径分布可能导致最终产品不合格甚至报废。然而，考虑的参数还有很多，如温度、气体速度等。

（2）油滴法（或称珠化成型）/溶胶-凝胶法

原料溶液以一定的流速通过低压喷头流动，在喷嘴中溶液迅速混合，形成溶胶。之后以小液滴形式离开喷嘴，并扩散在温轻油或变压器的油中，在短时间内利用油与溶胶之间的表面张力差将溶胶冷凝成粒度较小的球状凝胶。在该操作中，可以通过调节喷头的压力来控制微粒粒度的尺寸，压力越低，粒度就会越大。

在上一节中，我们已经了解了溶胶-凝胶法的基本原理，在这里我们以另外两种方法介绍。首先对于粒度较大的球状材料来说，因溶胶自身就含有六亚甲基四胺或尿素，所以在 90℃左右的热油中，就可直接解离出氢氧根离子，使体系中的碱性增强，导致胶化现象发生。而对于粒度较小的球体来说，可以通过液氨将小球中的溶胶胶化，过程中溶胶微滴穿过油层然后下降，继续在老化过程中进行胶化，使小球具有足够的刚性。

（3）挤条

挤条是目前国内外已广泛应用于催化剂制造工业中的成型技术。其原理是：充分混合一定量的糊剂和粉体催化剂，再将其送入挤条机中，挤压得到所需的形状，如环柱体、条状圆柱体、四叶形等，经过适当的剪切、成型、干燥后，即可得到一定长度和半径的催化剂产品。这种方法主要有三种类型：一是利用粉末直接压制法；二是利用粉末冶金法制成棒坯后进行模压法；三是采用挤出成型法。

上述提到的糊剂所拥有的流变性质在该方法中具有重要的作用，其中溶胶剂可以用来解聚粉末中的颗粒，使粉末变得容易分散并产生凝胶化现象，同时，这一步也便于控制产品的介孔率，从而获得较低黏度的产物。当然，糊状物的流动行为会被溶胶作用所影响，所以为了提高其流变性能，通常采用以下两种措施：减小初始粉末的粒径（如用纳米粒子），或者改变粉末的组成结构（如加入少量的水）。添加粉末中流体量的多少取决于最终产品的孔隙率和起始粉末的质量，因为挤压过程中，挤压孔体积会随着挤压机内的高压而降低，这样，原粉的孔体积就会大于挤压棒的孔体积。因此，粉末中流体的体积/粉末的质量必须等于或略大于最终产品的孔体积。如果太大，将不再从挤出机中出来，而是会变成流体；如果太小了，糊状物又会黏在挤出机里，得到干糊状物就比较困难了。挤条技术适用于氢氧化物、硅藻土、铝胶等具有良好塑性的泥状物料的成型。这种方法的优点在于，其强度和致密度低、水分含量高、助剂用量大等。

5.3.2 工业催化反应器

每一个工业化学过程和催化过程，无一例外都是为了在经济上和安全上生产所需要的产品，或者是为各种原料生产一系列产品而设计的。最理想的是能在安全、低成本、高产低耗（100%选择性和转化率）又无负的环境冲击下生产。要在选择和设计催化转化过程中达到这样的理想状态是很不容易的，因为总有一些强加于过程的不同要求起作用。又因为催化剂的成型技术离不开催化反应器，所以这一节将介绍两种在工业上使用频率较高的催化反应器，根据操作条件的不同，可将其分为间歇式和连续式。然而因为催化剂并不全是固体，所以这样的分类并不是很明确[13]。

5.3.2.1 间歇式反应器

间歇式反应器是采用间歇加料进行化学反应的一种装置。因其具有操作灵活、产量变化大、投资少、运行快等特点，被广泛应用于染料、医药及各种精细化工工业。例如，塑料和橡胶的形成属于聚合物生产，而分子量分布作为其重要指标，说明聚合反应最适用间歇式反应器来控制产物的生成。但要注意的是，不能用来批量生产高产值和不同规格的产品。因为多数情况下，原料与产物的黏度会发生严重变化，堵塞反应器，迫使关闭设备处理。

该工艺的生产过程是：首先，反应器中装有一定数量的催化剂和反应物，为防止压力过大，反应器应有充足的空间供反应发生；其次，执行加热操作，到达一定温度时，应串联使用反应器，并注意该步骤添加反应器的前提条件是达到了反应物所需要的反应温度；最后，在一段时期内反应，一达到所要求的反应程度，就去除生成物和少量的未反应完全的原料。

间歇式反应器因其设备的生产能力参差不齐，导致得到产品的质量不稳定。解决该问题的方法之一就是控制间歇式反应器反应的时间。但是由于反应过程本身是非线性和时变的，所以传统的控制方法很难取得满意效果，而现代控制理论又不能很好地适应这种情况。因此需要寻求一种新的控制方案满足实际要求，而开发微型计算机可以实现最优控制。例如，棉籽油间歇加氢是先把精制的棉籽油放进反应器，历经真空、搅拌、加热后，进入反应起始阶段，然后停止抽真空，通过带压氢气来打开水冷却系统。当进入平稳阶段并继续反应后，达到所需转化率时就可进入最终状态。此时，停止间歇加氢，卸载产品并过滤，最后再经漂白等其他工序处理。在这个阶段中，要不断地调整反应釜内的压力、温度以及物料流量和进料量，直到达到产品的质量要求为止。

5.3.2.2 用于固体催化反应的连续流动反应器

气-固反应器是一种双相催化反应器，因其可以连续运行的特点而广为人知，用于固体催化剂催化的气相反应器主要有固定床、流化床和夹带流反应器（参见图 5-1）。

（1）固定床反应器

固定床反应器［图 5-1(a)］可以在绝热和等温条件下操作。它固有的特性是催化剂使用寿命长，如果催化剂发生失活，有可能在反应器内使催化剂再生。因此，必须对固定床反应进行适当控制以减少催化剂失活，提高催化剂的活性和稳定性。固定床反应包括了一系列化学反应和扩散传质过程，其中主要的影响因素之一为温度。对于大多数工业上常用的催化材料，如分子筛、氧化铝和氧化硅都要经受高温的考验。所以，研究固定床反应的动力学模型对于设计和优化固定床反应器非常重要。目前，关于固定床反应器的理论模型很多，但是还没有统一的认识。不过，通常采用绝热或非绝热方法来模拟固定床反应器，其中绝热固定床反应器具有操作简单、催化剂磨损小、单位体积催化剂负载量大、发生返混少等优点，但也存在压力降大、温度控制难、扩散距离远等缺点。

（2）流化床反应器

流化床反应器［图 5-1(b)］又称沸腾床反应器，是指气体在由固体物料或催化剂构成的沸腾床层内进行化学反应的一种设备。当气体流速较低时，气体穿过固体颗粒形成床料层，而固体不会发生相对移动，气体继续通过颗粒之间的间隙流动并通过床层，这时的气固接触称为固定床。在这个基础上，气体速度加快，当颗粒的重力等于气体在颗粒上的曳力（以及气体流入粒子表面的摩擦力）和浮力的总和时，颗粒就会悬浮起来，并且颗粒间不存在作用力。因为气-固体系具有流体性质，固体会流态化，所以，在此时达到初始流态化的状态。假设气体流量进一步增加，床层就会扩大。随着更多的气体进入系统，超过初始流态化所需的气体流速，它就以气泡的形式通过床层，称为鼓泡流态化。当气速更进一步增加时，大量的颗粒会滞留在床表面而远离床层，床层表面的界面不再清晰，相当于湍流床。那么，气-固反应以气-固接触鼓泡床或湍流床的形式进行的反应器称为流化床反应器。

固定床反应器相对于流化床反应器而言，具有固体物料连续输入、连续输出、内部温度均匀、床层传热性能好、易于控制等优点，特别适用于流体和颗粒运动引起的强放热反应，以及催化剂连续再生、循环操作方便、催化剂失活速度高的工艺。但是，由于流态化技术的固有特性和流态化过程影响因素的多样性，对反应器来说，流化床具有明显的局限性：连续流动过程中固体颗粒和气泡的剧烈循环和搅拌，使气相和固相均存在相当宽的停留时间分布，以引起不适当的产品分布，导致反应物以气泡形式通过床层，从而减少气-固相间的接触机会，降低反应转化率；流动中固体催化剂的剧烈碰撞和摩擦，加速了催化剂粉化，床部气泡破裂、高速运动和大量微粒催化剂的带出，造成了催化剂的明显流失；床层内复杂的流体力学、传递现象，使过程处于非常态条件下，其统一规律难以揭示。

（3）夹带流反应器

夹带流反应器［图 5-1(c)］因为在催化剂活性高的情况下失活快，所以它在接触时间短的情况下使用，并且在有流化催化裂解时，回收的催化剂也能为吸热反应提供一些热量，还可根据催化剂的负载情况分为“稀”和“浓”相的“分离管”。与传统反应器相比，该反应器具有操作弹性大、传质速度快、床层温度低、压降小以及催化剂连续置换等特点，但它也具有反应器易被腐蚀、催化剂需要与产物分离等缺点。

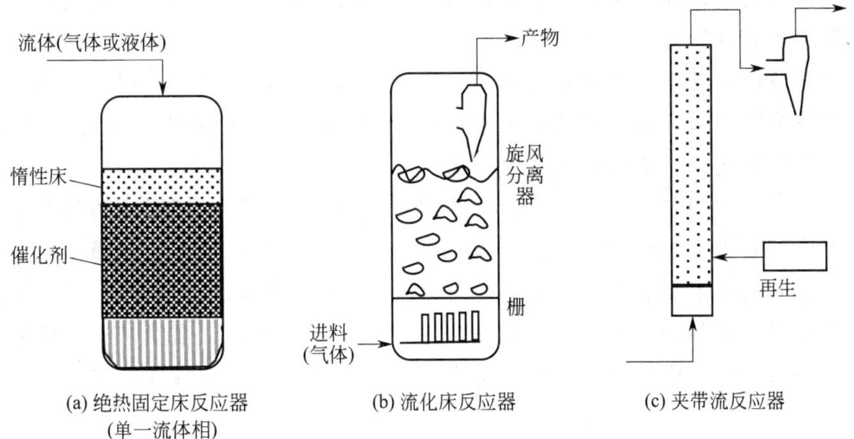

图 5-1　三种不同的反应器

5.3.2.3　用于气液反应的连续流动反应器

均相催化是在液相催化剂的存在下，气体反应物和液体反应物之间发生的反应。典型的反应物如氧、氢和一氧化碳必须从气相转移到发生反应的液相。反应器的选择取决于液体和气体的相对流速，以及反应速率与传质和传热性质的比较。在鼓泡塔、填充塔、喷淋塔、喷射搅拌器中（参见图 5-2），鼓泡塔应用最广，其次是喷射搅拌器。而喷射搅拌器和鼓泡塔在一些实际应用中也是比较常用的，它们具有相似的传质特性，即两种液体混合良好。

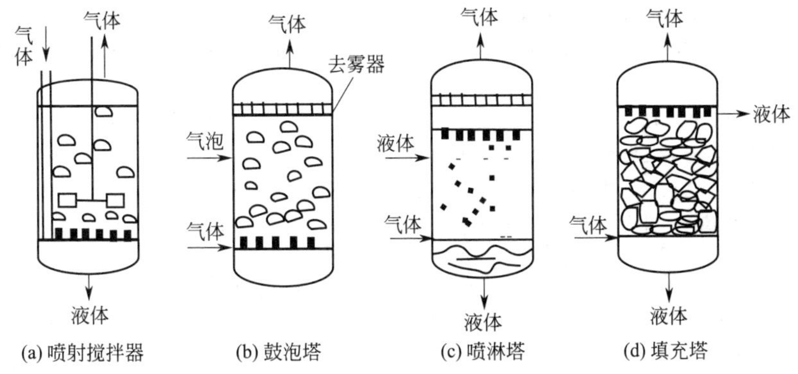

图 5-2　用于气液反应的连续反应器

通过几种测量手段来控制反应器的温度，例如，使用冷却夹套或内部冷却使液体通过热交换器在外部循环。由于这些设备都有较大的体积和较高的压力，所以要想获得稳定操作是很困难的。另外，为了维持一定的生产能力，还需要增加许多设备，从而造成投资大和能源浪费。最佳的解决方法是在液体混合物的沸点处工作，通过蒸发一种或多种液体，使鼓泡塔中的工作实现近等温操作。

鼓泡塔的主要优点是设计简单，液体在气泡中向上流动可以均匀混合，但缺点是压力和温度有限，不适合黏性流体的处理。喷射搅拌器的主要缺点是气相和液相中有明显的返混，为了减少滞留时间，可以串联喷射搅拌器。机械搅拌也有控制黏液的优点，但这却增加了投资和操作成本。喷淋塔和填充塔的气体压降较低，因此适用于需要大量气体流量的工艺，通常用于处理气体和尾气冲洗。

在选择气液反应处于液相的反应器时，首先要做的就是优化反应器的总体积。当气体向液体传质较为缓慢时，选择拥有最大液体体积的喷射搅拌器和鼓泡塔是有利的。另外，喷淋塔和填充塔最适合于扩散层的快速反应。

在这一节中，我们主要从基本概念入手，并引用了不同的案例帮助初学者理解。以多相和均相催化剂的化学基础为主，并结合不同的制备方法及其载体的选择，对催化剂的成型和反应工艺方面作了简要概述。而且也介绍了制备一种高性能的催化剂需要注意的问题，解释了把实验室制备出的高效催化剂应用在工业上的困难。当然，从目前来看，若想把实验室制备的催化剂成功地应用在工业上，尚且还存在一定的挑战。因此，我们仍需要继续努力。

参考文献

[1] Fang C Q，Pu M Y，Zhou X，et al. Journal of Alloys and Compounds，2018，749：180-188.
[2] Zhang Q L，Liu Q X，Ning P，et al. Research on Chemical Intermediates，2017，43（4）：2017-2032.
[3] Sim Y，Yang I，Kwon D，et al. Catalysis Today，2020，352：134-139.
[4] Xu N N，Zhang Y X，Wang M，et al. Nano Energy，2019，65：104021.
[5] Devaiah D，Reddy L H，Park S E，et al. Catalysis Reviews，2018，60（2）：177-277.
[6] Kernazhitsky L，Shymanovska V，Naumov V，et al. Journal of Luminescence，2017，187：521-527.
[7] 尹铎，马昱博，高志贤，等．天然气化工（C1 化学与化工），2014，39（5）：27-30.
[8] Miyamura H，Nishino K，Yasukawa T，et al. Chemical science，2017，8（12）：8362-8372.
[9] Lou Y，Horikawa M，Kloster R A，et al. Journal of the American Chemical Society，2004，126（29）：8916-8918.
[10] 黄仲涛．工业催化剂手册．北京：化学工业出版社，2004.
[11] 唐晓东，王豪，汪芳．工业催化．北京：化学工业出版社，2010.
[12] 季生福，张谦温，赵斌侠．催化剂基础及应用．北京：化学工业出版社，2011.
[13] 吴越．应用催化基础．北京：化学工业出版社， 2009.

第6章

催化剂的表征

催化剂是工业催化反应工程和工艺的核心。研究工业催化剂就是为了寻找和发现其内在变化的规律，从而设计出化学活性高、选择性好和寿命长的优良工业催化剂。催化剂结构的合理表征能使人们在实践中对催化作用的微观本质变化进行更深层次上的系统认识。目前催化剂的原位表征问题已经成为国际催化科学领域中探讨的一个主要技术方向，它可以从理论上预测催化剂的基本特性，指引催化剂的设计，并对推测化学反应原理起着关键性的作用。而催化剂表征的根本目的在于为未来催化剂的开发设计工作提供更多的理论实践指导，以改进原有催化剂的结构，对催化剂进行创新，促进新技术的发展。近年来，随着催化科学的发展，出现了各种各样的现代催化剂的表征技术，与此同时，越来越多的研究人员也开始投入催化剂的研究中。在此背景下，本章从实用分析角度出发，对催化剂研究过程中常用的近代化学表征技术和实验基本应用方法作了全面概述，并且通过简单应用实例对一些重要的表征技术如X射线衍射（X-ray diffraction，XRD)、透射电子显微镜（transmission electron microscope，TEM)、扫描电子显微镜（scanning electron microscope，SEM)、红外光谱技术（infrared spectroscopy，IR)、紫外光谱技术（UV spectroscopy)、拉曼光谱技术（Raman spectroscopy)、差热分析技术（differential thermal analysis，DTA）、X射线光电子能谱（X-ray photoelectron spectroscopy，XPS）和程序升温分析技术（temperature programmed analysis technology，TPAT）进行了较为详细的描述和分析。

催化剂的表征是通过物理或者化学检测手段，对催化剂的结构和性质进行研究，用以辅助解释催化剂的特点和特征。本章主要简要介绍了目前各种具体可行的新型表征技术在催化研究中的成功应用，以通俗易懂的实例为主，向读者直接传达了上述各种新型表征检测技术在催化研究中所能快速获取到的信息，尤其对那些刚接触催化剂这门学科的初学者而言，对催化剂的表征完全不熟悉，因此认识催化剂表征的常见方法，了解催化剂的某些具体性质可由哪些表征手段和方法进行表征，以及这些表征方法的使用范围、优点和缺点是尤为重要的。

6.1 X射线衍射

X射线衍射技术可以准确展示催化剂晶体内部原子结构的三维排列状态，应用X射线衍射法研究催化剂，可以获得其具有各种显微结构特性的有用化学信息，并且还可以从一些微观结构的特点初步找到研究催化剂本身的许多特殊宏观物理化学性质的准确答案，让研究者更加直观了解催化剂构成，从而有助于研究催化剂性能。

X射线衍射包括单晶衍射和多晶衍射。大部分新型催化反应材料，尤其是一些工业催化用的多相催化剂材料大都是多晶系物质，所以本小节主要介绍多晶X射线衍射分析系统的定义、原理及它在新型催化剂测试中的具体应用。

6.1.1 多晶X射线衍射定义及基本原理

几乎所有的固态物质均以结晶态的形式存在，其中多数是由被称为多晶体（简称为多晶）的微细晶粒紧密结合而成的。多晶体广泛地存在于自然界和人工合成的物质中。在多晶光学衍射系统中，为了保证有足够多的晶体产生光学衍射，常常要求采用多晶体粉末样品，所以也可称X射线光学衍射技术中的粉末法，得到的衍射图叫作粉末图。

粉末（多晶）样品晶体表面中常出现无数个较小尺寸的多晶粒不加区分地排列分布在一起，不同的晶体随机排列。当以同一束波长的单色X射线光照射样品时，会随机产生一些与单晶表面不同的衍射图样。如果在任何一个单晶中，有这样的一簇平面点阵和它入射出来的X射线成 θ 角，则 θ 也会同时满足布拉格方程：

$$2d_{h^*k^*l^*}\sin\theta_{hkl}=n\lambda \tag{6-1}$$

式中，$h=nh^*$，$k=nk^*$，$l=nl^*$，h，k，l 称为衍射指标；θ_{hkl} 为与 hkl 相对应的衍射角。在同一组点阵平面 $h^*k^*l^*$ 上可以产生 n 级衍射。n 称为衍射级数，是有限的正整数，其数值应使 $\sin|\theta_{hkl}|\leqslant 1$，$\theta_{hkl}$ 为衍射方向。

6.1.2 粉末衍射图的获取

收集X射线粉末图层的传统方法目前有如下两种：照相法和衍射仪法。其中照相法较为常用，又可被称为德拜-谢乐（Debye-Scherrer）照相法，它是利用光学照相的底片来直接记录衍射线条的几何位置、强度分布和图像。其最可靠的处理法就是先用在一定波长范围内的单色X射线照射旋转处理好的粉末样品，让底片表面连续曝光几个小时，对底片表面再进行一次显影处理就可得到粉末图底片。

照相法最大的一个优点就是所需要处理的样品量少（有0.1mg试样就可独立进行衍射测试），并能快速收集到大量完整的衍射测量数据，衍射线位间的几何误差分析计算简单且更易准确消除，可以快速达到一个相当高的衍射测量精度。

而另一种测量方法也就是衍射仪法。它实际上是一种直接以特征X射线照射多晶态样品，并配以辐射探测器记录其光学衍射信息的特殊方法。与照相法技术相比，它的优点在于测量准确度高、速度快、操作简单。因此，在催化研究过程中，衍射仪法比照相法应用广泛。

6.1.3 粉末X射线衍射的应用

前文已向我们介绍了粉末衍射图信号数据的自动化获取，接下来我们将重点介绍粉末衍射图的分析应用，它主要包括三个小的方面，即粉末谱图的可视化分析、衍射相图数据信息的全指标化和粉末晶粒大小型号的测定。下面将简单介绍这三个方面。

6.1.3.1　物相分析

物相分析分为定性和定量分析。每一种晶相中都分布有一个属于它特有的特征光谱线，称为特征峰。特征峰的几何数量、位置关系和结构强度一般只取决于该物质峰本身的结构。我们把这种分析方法称为定性分析。X 射线定性相分析实质上是通过对比被测样品和某已知物质的衍射吸收图谱，若样品的衍射吸收图谱中含有某已知物质的图谱，即可判定样品中含有该物质。通常在缺乏对照样品的情况下可用查阅 JCPDS（joint committee on powder diffraction standards，也称为 PDF 卡，powder diffraction file）文件的办法去判别是否含有该种物质。随着计算机功能的提高，现如今定性相分析都采用计算机检索卡片。

而 XRD 的定量分析研究又必须要基于定性分析的基础，它的依据点是任何一种物相的特征衍射线强度与其在混合物相中的物质的相对含量有关。每一物相有它们各自的特征衍射线，而这种具有特征的衍射线的平均衍射强度又与相应衍射物质的晶胞数目成正比，利用上述原理我们可对样品的物相组成进行定量分析。目前主要的定量分析检测方法有外标法、内标法、参比强度法和无标样相定量法。前三种方法都需要提供待测物相的标样，而且纯样的制备或分离有时很难实现，即使得到纯样，其结晶情况有时也和实际样品差异较大，以致定量分析困难，或结果可靠性差。因而近年来无标样相定量法得到了发展。

6.1.3.2　衍射图的指标化

指标化法就是直接利用粉末样品表面的光学衍射图来确定粉末样品表面相应结晶面上的 hkl（又称密勒指数）的方法。指标化测试的结果也可以同时用来识别晶系类型和晶胞点阵形式。但由于结构因素的作用，各种点阵形式的晶体会引起系统消光，所以也就会产生不同的衍射指数。根据系统消光的条件，立方晶系（简单点阵 P、体心点阵 I 和面心点阵 F）可能产生的衍射指数平方和（$h^2+k^2+l^2$）的关系列于表 6-1 中。

表 6-1　立方晶系（$h^2+k^2+l^2$）的可能值

P	1,2,3,4,5,6,8,9,10,11,12,13,14,16,17,18,19,20,21,22,24,25,…(缺 7,15,23 等)
I	2,4,6,8,10,12,14,16,18,20,22,24,26,28,30,…=1,2,3,4,5,6,7,8,9,10,11,12,13,14,15,…(不缺)
F	3,4,8,11,12,16,19,20,24,…(出现二密一稀的定律)

因此，可以考虑先根据消光衍射的空间群分布规律，得到衍射系统消光的一些基本信息，从而直接拓展得出点阵形式，并进一步估计得出其最可能会形成的衍射空间群。

6.1.3.3　晶粒大小的测定

如果一个单晶体样品的尺寸为无限大，则其根据衍射公式计算所得样品的衍射线是一条很窄细的衍射谱线。实际上多晶材料的衍射样品一般是由一些单晶材料组合和加工而成的。我们可以看到目前国内外通常用单晶的平均衍射粒度来近似表征其晶粒尺寸的大小，它实际上是指在单晶内部表面具有有序排列结构的小尺寸单晶在平均衍射的某一晶面法线方向上的实际衍射厚度。如同物相定性分析的计算机检索一样，许多先进的 X 射线衍射仪也配有进行衍射图指标化、晶胞参数测定、晶粒大小及其分布测定的计算机软件，这会大大简化一些工作。利用 X 射线衍射可以获得有关物质结构的认识，除了上述三个方面的应用外，采用粉末 X 射线衍射法还可以进行以下的应用（见图 6-1）。

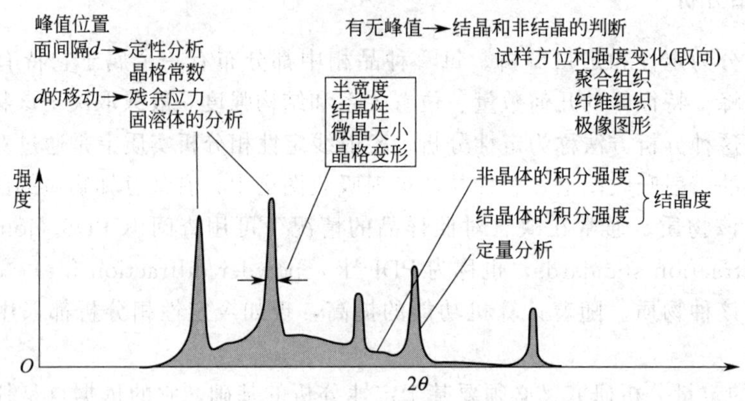

图 6-1 粉末 X 射线衍射图所获得的信息

与目前其他的研究方法相比，采用粉末 X 射线衍射法进行物质鉴定主要有以下五个优点：对多元素体系的定性分析，可以通过各种化合物元素的基本形态来对其他未知体系的物质状态进行综合鉴定，以此直接得出各种物质的物质状态；在已知非单一物质成分存在的情况下，能正确判断出它们是液体混合物还是固溶体化合物；能区分出化合物的相的变化和变态；试样可以少量，试样的调整比较简单，在测定过程中没有消耗（非破坏分析）；试样除了粉末外，无论试样是板状、块状、线状等形状，都能通过改变测定方法进行测定。

6.1.4 多晶 X 射线衍射在催化研究中的应用

前文中我们已对多晶 X 射线衍射技术应用在多晶体物相的定性或定量分析、晶粒大小值测定以及指标化测定等多个方面的技术基础和常规手段的实际应用作了简要的系统介绍，在本部分我们尝试将多晶 X 射线衍射测定技术与催化材料研究工作相结合，以实例具体介绍多晶 X 射线衍射技术在催化研究领域中的应用。

（1）XRD 在非晶态合金催化剂研究中的应用

非晶态合金，即金属玻璃是一类新型的非晶体材料。非晶态合金催化剂作为另外一种新型金属催化反应材料，其催化剂表面也有着一般晶态合金催化中几乎不存在的金属催化加氢活性中心。非晶态合金催化剂在某些不饱和化合物中具有的金属催化加氢还原能力显著比一般晶态催化剂好得多，在某些金属反应中的活性甚至比雷尼镍（Raney-Ni）反应催化剂还要高得多。非晶态合金催化剂是指一种很易发生晶体转变反应的介稳合金状态，利用 XRD 分析技术研究其化学稳定性也是今后高效安全和合理有效利用此类新型催化剂的新热点。

（2）XRD 在复合型催化剂研究中的应用

单金属氧化物型催化剂一般在高温气氛情况下其化学活性值并不是很高，稳定性也可能比较差。而大多数复合金属氧化物离子之所以能同时表现出多种优异性能，是因为它们具备规范的组成结构和晶格结构，而且其化合物中通常还会随机出现一些较不常见或具有混合多价特征的活性离子。Alejandre 等[1] 通过用 XRD 数据计算催化剂前体、623K 焙烧形成的复合金属氧化物以及 1023K 焙烧形成的尖晶石晶粒尺寸大小的方式分析了 Cu/Ni/Al 尖晶石催化苯酚氧化的性能，从而确定了 Cu/Ni/Al 尖晶石催化剂的最佳合成条件，明确了催化活性中心的物相及其稳定性。

6.2 透射及扫描电子显微镜

一般来说，电子显微镜技术是指仪器利用高能电子束对可分析样品表面进行连续照射或者连续扫描，并最终将这些电子光束与样品目标区域表面相互作用时产生的一系列有关信息进行收集，经过数字换算、放大处理等一系列操作，得到我们想要了解的样品区域的一些微观信息。而那些利用电子束对这些目标区域表面进行扫描放大的成像检测设备，就是通常大家所说的电子显微镜。电子显微镜应用中最为广泛、常见的就是透射电子显微镜和扫描电子显微镜。从技术性能方面来看，光学显微镜的成像分辨率比较低、景深短。而透射电子显微镜成像虽然分辨率较高，但事实上由于其必须要采用一种比较薄的光学样品片（如厚度为几百埃[❶]甚至几十埃）成像，所以其景深比较差。在当时这种实际技术的指导下，扫描成像和电子显微镜技术的及时出现恰好填补了这个技术空白，既可以使其具有极高的分辨率，又可以保证有更大范围的景深。本节将对这两类电镜技术及其在催化研究领域中的主要应用作简要介绍与总结。

6.2.1 透射电子显微镜（TEM）

在目前各类电子光学微观分析仪器的快速发展中，透射电子显微镜（transmission electron microscope，TEM）应用历史悠久，发展极为成熟，应用领域及范围也最为广泛。在 1932 年，由德国的 Knoll 和 Ruska 发明，据说在当时其分辨率已经能够达到 2nm 左右的水平，而我们目前使用的透射电子显微镜的分辨率已经可以达到 0.2nm 以下，其中晶格条纹显微镜的最大分辨率能直接达到 0.1nm 以下，也就是说可以实现在原子（离子）尺度上直接看到材料的缺陷和结构状况，而这种分辨率如今也只有扫描探针技术才能超越。透射电子显微镜是一种同时具备微分成分分析和显微形态分析，以及二维几何构造研究功能的技术手段。由于电子显微镜可以帮助人们获取有关微观物质的体相成分、表面形态以及几何结构的相关信息，并且能够进行在原子、分子尺度上的原位观察工作，所以它可以作为催化剂表征的有效手段。

透射电子显微镜在成像原理上几乎和现代一般普通光学显微镜相似。这两个显微镜的不同之处在于通常的光学显微镜直接以透射可见光作为透射光源，而在透射式显微镜结构中成像则主要以透射的电子束作为透射光源，在常规光学显微镜系统中以可见光直接向下照射并发生聚焦效应而导致成像的主要是玻璃透镜，在电子显微镜系统中成像所用的相应器件则为磁透镜。电子显微镜图像的放大效果和观察效果，主要取决于以下这两种客观原因：一是光学显微镜自身所提供的光学分辨能力；二是图像上要有能够保证图像显像的相衬度，或被称为图像表面的一个最小反差度，也就是在图像表面上必须有明、暗（白、

❶ $1Å=10^{-10}m$。

黑）的差异。当高能电子直接与试样作用时，电子信号将可能发生散射、干涉吸收或衍射吸收等反射作用，这些散射作用几乎都与扫描样品上各反射部位的结构特征信息有关，经过探测器对该信息进行连续接收和计算处理，使之转换成有高衬度的图像信息，就能直接得到放大后的视图。

6.2.1.1 样品的制备

TEM试样制备任务就是为了尽可能在较高光学分辨率的前提下获得真实的图像，一般尽量避免或减少电子在穿透试样时带来的电子能量方面的损失，从而保证进一步减少图像色差，试样层通常要制作加工得尽可能薄，一般厚度不到100nm，同时还要保证样品表面与初始状态一样。TEM的样品制备方法通常可大致分为下述四类，针对不同粒度大小的粉末样品，出于以下不同的几种目的，使用涉及的制备方法也不同：①对于粉体样品的表面物相、形态组织观察及粉末颗粒性质的测定，采用粉末制样分析法为主；②同时对于某些复杂晶状催化剂材料表面（如沸石类）微观特性的显微观察，可以选择表面覆型法作为二次扫描技术电子图像放大处理的有效补充；③观察固体块状材料与多相催化剂载体的结构，如固体催化剂表面中的特殊孔结构、载体物质颗粒上活性组分的分散差异现象等，采用超薄切片法加以研究；④为了能更清晰检测固体样品内存在的某一部分物质分子的几何形状结构的大小，如载体分子上存在的生物酶活性组分，可单独选择使用腐蚀法。

6.2.1.2 TEM在催化剂研究中的应用

（1）在催化剂制备过程研究中的应用

目前除原位表征技术之外，几乎所有的催化剂表征手段都是对催化剂的始态或终态的研究，但是此类研究往往并不能很好地说明问题，如果能够对其过程进行研究，不管是对催化剂的制备，还是对催化剂失活、再生的研究都将具有更重要的价值。TEM可以在此方面提供一定的信息，如薛用芳[2]曾利用TEM就硅酸铝催化剂的制备条件对最终干胶孔结构的影响进行了观察，包括制备各阶段（成胶后、老化后、加铝后、喷雾干燥前后）的系列样品的观察。结果表明，成胶步骤是构成硅酸铝微孔结构的决定步骤。在较高温度和较低温度下成胶得到的硅酸元级粒子大小及其分布不同，从而决定了最终硅酸铝成品孔结构的差异。

（2）在催化剂失活、再生研究中的应用

催化剂的使用寿命在工业上的重要性是十分明显的。实际上，只要是涉及催化剂物理结构的催化剂的失活，一般都可以通过TEM直接观察到。此外，在反应中活性组分的“损失”以及催化剂的中毒都能构成催化剂的失活，这些都能通过TEM显微技术加以说明与解释。例如属于金属脱落、熔炼（合金化）、烧结等情况的，再生就很困难。而利用透射电子显微镜可以帮助我们观察催化剂的微观结构形态，发现催化剂失活的主要因素，进而指导催化剂的再生工艺及工艺条件的选择。

6.2.2 扫描电子显微镜（SEM）

6.2.2.1 扫描电子显微镜的工作原理

扫描电子显微镜（scanning electron microscope，SEM）实际上属于另一类聚焦电子显微镜，与普通透射电子显微镜系统不同，扫描聚焦高能电子显微镜系统不是完全通过扫描透射的高能电子直接穿透到固体样品，而是通过扫描聚焦的高能电子束逐点或连续扫描样品表面使之同步成像。扫描电子显微镜法观察得到的金属试样表面多为粉末、颗粒形固体和小块状晶体等几种常见形式，成像的电子信号源可以是二次电子、背散射电子和吸收电子。其中二次吸收电子信号经放大和调制处理后可直接达到入射光的电子束发出的显像感光管的亮度，从而可立即观察到能直观反映试样表面形态结构信息的二次电子图像。现在新型的 SEM 多数都直接连接在计算机上，可以通过计算机观察样品的微观形态图像。

6.2.2.2　扫描电子显微镜的特点

扫描电子显微镜具有以下特点：①光学放大倍数一般随取样数量的逐步增加而有其变化的范围，一般约为 15～200000 倍，有利于进行多相或具有多组成元素的各种非均匀体材料在较低倍率情况下的快速普查和更高倍率环境下的观察及分析试验；②具有较高分辨率；③其实验制样方法简单，可以直接定量扫描直径仅为 0～30mm 的大块试样；④适用于复杂不均匀的结构表面缺陷和断口现象的观察，且图像立体、逼真，易于现场识别分析和直接观察等；⑤可直接进行具有多种特殊功能材料的检测分析。

6.2.2.3　样品的制备

扫描电子显微镜的材料制备条件一般比较简易，对于各种特殊导体材料，除了要求试样尺寸大小范围不能超过该型号仪器规定的范围外，基本上不需要表面加工，只需用导电胶丝直接把样品表面粘牢固定在金属座套片上，并垂直放入样品室后即可进行正常的样品观察。然而，在当前对催化剂性能的多种研究中，大多数样品的催化剂材料都来自一些不良导体材料或弱电绝缘体，在较强电子束光线的连续长时间照射下，电荷很可能会大量在这些催化剂样品表面上迅速积聚（也称为充电现象），从而可能影响入射样品的二次电子线的基本形状和这些二次电子线的激发，最终使催化剂图像质量大幅度下降，甚至无法观察。在这种情况下，需要用喷镀金、银等贵金属或碳真空蒸镀等手段对样品的表面进行导电性处理。镀膜最常用到的方法目前来看有以下两种：真空镀膜和离子溅射镀膜。与常规的真空镀膜工艺相比，离子反复溅射法工艺镀膜设备的优点是：装置结构较为简单，使用比较直观方便，溅射镀金时间只需短短几分钟，而常规真空镀膜技术工艺则需要镀半个小时；镀膜中消耗的贵金属数量相对少，每次镀金时仅需几毫克；对于相同分子大小的镀膜材料，离子溅射镀膜方法能更有效地形成一层厚度细腻、稠密、宽厚而均匀、附着力更强的膜。

6.2.2.4　扫描电子显微镜在催化研究中的应用

扫描电子显微镜法可以直接观察样品催化剂的活性表面，因此我们可以通过催化剂表面形貌分析来观察活性催化剂的表面晶体形状、活性表面结构与催化剂分子活性的比例关系、催化剂表面的制备机理和活性催化剂分子的诱导失活等方面。下面将通过两个实例简单介绍 SEM 在催化剂研究中的应用。

（1）对分子筛合成过程的研究

在固体分子筛催化剂的化学合成过程中，可以尝试利用扫描电子显微镜系统去观察分析催化剂的结晶体形貌特性与其有效合成条件之间的比例关系，尤其是各种有效催化结构成分的形貌分布特点与分散状态，因为这种新型合成的分子筛催化剂的结晶形貌特征对其生物催化的结构活性产生了深远的影响。Herrmann 等[3] 认为 ZSM-5 分子筛的催化反应活性值与晶粒大小比之间呈完全相反的变化趋势，即催化反应的活性值会随着该分子筛晶粒尺寸大小的逐步增加而相应降低。后来，其他人也同样研究并分析了这些具有不同性质的微米级晶粒大小的 ZSM-5 分子筛晶粒中的某些基本物理化学性质对其催化反应活性的影响。

（2）催化剂制备过程中的研究

扫描电子显微镜在与催化剂有关的制备与表征方面也有着重要的用途，例如在高分子或硅酸盐球形催化剂载体的制备过程中，它可以很好地监控产品的形貌和颗粒大小（图 6-2），为合成条件的控制提供直接的参考。此外，在离子液体应用研究中，扫描电子显微镜可以用来监控具有催化功能的纳米氧化锌的制备以及在离子液体中修饰碳纳米管等。

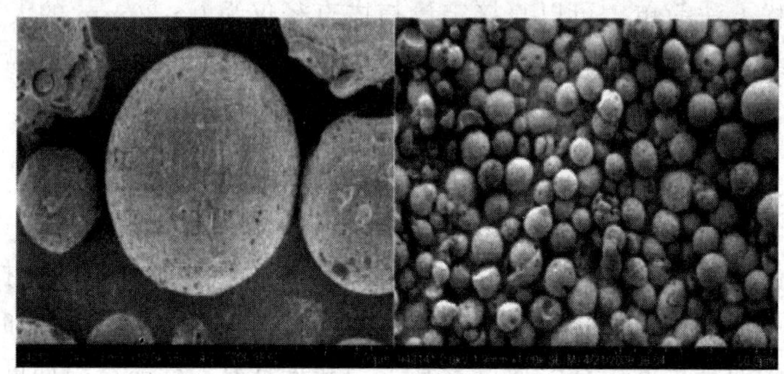

图 6-2 球形催化剂载体的 SEM 照片

6.2.3 TEM/SEM 的发展趋势

近年来 TEM 及 SEM 的功能已经变得越来越全面，这两种技术目前的主要研究及发展方向为：①高电压，通过增加对电子射线穿透试片结构缺陷的探测分辨能力，可直接观察到具有较厚结构的试样并免受原位辐射损伤，减小图像色差，提高扫描图像分辨率等；②可有效观察更薄试样表面存在的各种复杂的物质结构、微小的实体结构以至单个的原子等。在 SEM 的实际应用方面，一方面大大提高了其光学分辨率；另一方面，因为结合了目前各种光学检测分析仪器（如 X 射线探测显微分析仪等）的功能，所以可用其来定量检测及分析某种光学物质表面的显微结构特点及某些相关表面化学成分。近年来，将 TEM 与 SEM 结合在一起，可以同时利用两者各自的多种优势制成逐渐被全世界普及应用的扫描透射电子显微镜（STEM）。

6.3 红外光谱技术

红外光谱分析法是用来鉴定某种物质形态并以此确定该物质分子结构类型的常规方法之一。对于某些单个有机组分以及混合物样品中的各组分可进行快速定量分析，特别是对含有某些成分较难区分的混合物或那些在紫外、可见光吸收区找不到明显光谱特征峰的混合样品也可以进行简单、快速、方便的定量分析。

分子能够通过振动吸收周围电磁波系统中存在的部分电子能量，从其较低频率的振动能级水平迅速跃迁至较高频率的振动能级，从而形成可以大量吸收红外线的红外光谱。可见这种红外线光谱吸收能力主要与所组成分子的物质内部结构特点及其各种微观力学状态密切相关，从其红外线光谱能量的平均分布及其位置、强度、形状与变化，可以推断出分子的内部结构及其变化。

6.3.1 红外光谱的基本原理

红外光谱的产生是由分子振动能级的跃迁（同时伴随转动能级的跃迁）引起的。分子振动能级的跃迁只有在吸收外界红外光的能量之后才能实现（即只有将外界红外光的能量转移到分子中去才能实现振动能级的跃迁），而这种能量的转移需借助偶极矩的变化才能完成。将有偶极矩变化的振动基团看作一个偶极子，由于偶极子是由原始振动定义的，因此，只有当辐射频率与偶极子频率一致时，分子才与辐射发生相互作用（振动耦合），从而提高它的辐射振动能，使其辐射频率、振幅显著增大。可见，只有极少数能引起偶极矩变化的振动才会产生肉眼可观察的红外吸收谱带，我们通常把这种机械振动称为红外活性，反之则称为非红外活性。

当用一定频率的红外光照射分子时，如果分子中某个基团有和红外光一样的振动频率，两者就会产生共振，此时光的能量通过分子偶极矩的变化而传递给分子，这个基团就吸收一定频率的红外光，产生振动跃迁，反之亦然。因此若用频率连续变化的红外光照射某样品，吸收光后的一部分红外光子在某些特定波长范围内会逐渐变弱，而可能在另一个特定波长范围内慢慢变强。利用该检测仪器记录一个分子样品所吸收近红外光线的情况就能立即得到一张有关该分子样品的近红外光谱图。

6.3.2 红外光谱的种类

一般情况下，光子、电子、中子等都可以用来直接作为振动的激发源。而光子直接作为振动激发源方面的发展也已经十分迅速。近几年来，透射红外光谱技术（infrared transmission absorption spectroscopy）和漫反射红外光谱技术（diffuse reflectance spectroscopy）由于设计原理相对简单而逐渐得到稳定发展。

6.3.2.1 透射红外光谱

将红外光谱原理技术应用于新型固体催化剂样品，首先要着重考虑解决的关键技术问题就是新型固体样品的制备。由于对固体红外光谱法研究对象认识上的差异，人们在实践中陆续总结发展了多种新型固体样品制备的新工艺，如新型金属蒸膜分离技术、气溶胶膜试验研究技术等，但目前国内研究应用最广泛的依然是负载型催化剂压片试验研究方法。在以上方法制备的样品中较突出的特点就是其折射率一般较高，所以导致较难获得样品红外谱图的一个重要原因就是样品对入射红外光的散射及损耗等问题。为了保证能够减少光对散射造成的损失，样品粒度 d 值一般应尽量小于红外光的有效波长。对于粉末催化剂最有用的方法就是利用透射光谱。其实际操作方法大致是：将粉末催化剂碾压成薄片状，使红外线通过此样品。这种方法常有较大的散射和吸收损失问题，故制备样品时还需要采取一些必要的措施，如将催化剂研磨成尽可能小的颗粒以减少其散射，也可以用减小催化剂和环境折射率差的方法，如与卤化物共同压片，此种卤化物透射红外线性能好，而且能冷压成型。这种方法制成的样品中的催化剂不能再吸附其他物质，故只限于研究催化剂本身用。

6.3.2.2 漫反射红外光谱

漫反射光谱技术（diffuser reflection）是指一种用光源直接定量测量固体粉末样品粒度情况的光谱方法。当光束直接进入固体粉状产品的晶粒层表面时，部分光线射在其外层晶粒表面产生反射作用；而另一部分光线则被折射并透入晶粒细胞内部，经反射吸收后，进入晶粒的内部，然后再逐渐发生反射、折射与再吸收。反复并多次重复这个连续吸收过程，最终使光束从固体粉末层表面向各个方向分别反射，而每一次反射都是一束漫反射光。由于这些反射峰强度通常很微弱，同时自身辐射与各吸收峰辐射的重合性又比较高，所以仅使辐射吸收峰稍有一点减弱，基本上不会引起明显的辐射位移，对这些固体粉末样品产生的镜面反射光束及漫反射光束同时进行辐射检测及分析之后便可得到其漫反射光谱。

6.3.3 红外光谱技术在催化研究中的应用

红外光谱技术可以被应用到催化剂表面红外吸附物种和催化剂特性表征、催化剂的体相和表面结构研究等方面。

（1）双金属催化剂表面结构的研究

胡勇仁等[4] 采用双分子探针 NO 和 CO 竞争吸附的红外法研究了还原态的 Pt-Re/Al_2O_3 催化剂的最表层结构（图 6-3）。结果表明还原态 Pt-Re/Al_2O_3 催化剂表面上没有明显的 Pt-Re 合金和原子簇存在，Pt 和 Re 在催化剂的表面上分散，双分子探针 NO 与 CO 竞争吸附的红外光谱法可分别表征还原态 Pt-Re/Al_2O_3 催化剂表面上的 Pt 表面和 Re 表面。

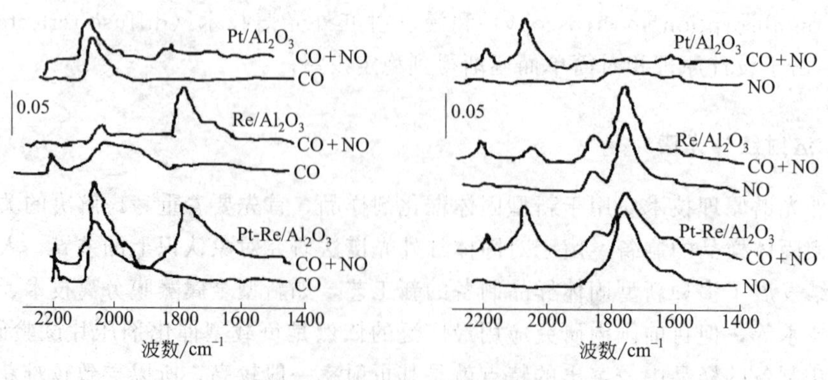

图 6-3 双分子探针 NO 与 CO 竞争吸附的红外光谱

（2）催化剂表面酸性位置的测定

酸性部位通常是指科学家普遍认为的金属氧化物催化剂表面上存在的反应活性部

位。要正确定量和表征该类型催化剂表面酸碱的反应性质，就要求研究者必须要事先知道该催化剂表面酸性位置的种类（L酸、B酸）、强度值和反应总酸量。而我国目前测定金属催化试剂表面酸性含量的检测技术有很多种，如强碱液滴定法、碱性气体吸附试验法、差热法测试等。但单纯用上述测试方法开展研究工作尚不能直接有效准确地区分金属固体表面L酸的位点和B酸的位点。而我们只有通过间接使用红外光谱技术去表征催化剂表层的酸性，才能够有效地区分出固体L酸的位点和B酸的位点。因此，红外光谱技术目前已被科学界普遍接受并用来进一步研究各种新型固体催化剂中的表面酸性。

6.4 紫外光谱技术

紫外漫反射光谱是一门新的光谱技术，它已广泛应用于各个科学领域。最初只是在仪器分析化学研究中被用来直接分析测定某些固体样品，后来随着各种科学技术的日益发展，研究领域也随之迅速扩大。近些年来，在多相配位催化研究项目中，该技术也被广泛用来研究催化剂表面过渡金属离子和它们元素的有机配合物分子的电子结构、氧化状态、配位及对称性问题等，但主要都是定性表征，故多用来辅助其他技术进行表征。

6.4.1 紫外漫反射光谱工作原理

紫外光谱法主要被用来观测催化剂表面上存在的金属离子间的光电荷的转移过程及d-d跃迁，不管是电荷转移还是d-d跃迁，其产生吸收光谱的光学原理是相同的。其吸收与散射关系的表达式可以用Kubelka-Munk方程来表示：

$$(1-R_{\infty})^2/2R_{\infty}=K/S \tag{6-2}$$

式中，R_{∞}是厚度为无穷大时的绝对反射率；K是摩尔吸光系数；S是散射系数。

试剂测定反射率时，我们通常用一个标准物（MgO和$BaSO_4$）作为参比，测定样品的相对反射率（r_{∞}）：

$$r_{\infty}=\frac{R_{\infty样品}}{R_{\infty标准物}} \tag{6-3}$$

6.4.2 参照物的选择

测定固体样品反射率时，由于光在样品前后表面多次散失造成样品损失，所以得不到准确的结果。而解决这一损失问题的常用方法就是合理选择参照物，但是在漫反射光谱中参照物的选择是比较困难的。要想选择可行的参照物，必须满足以下条件：①光在某些特定频率的波长范围内应具有较高的平均反射率（100%）；②在紫外线下不发出荧光；③该实验参照物在常温下储存较长时间后，仍保持良好稳定的力学性能指标和相对化学稳定性；④制备容易。

目前常用来作参照物的物质有MgO、$BaSO_4$、SiO_2、Al_2O_3和NaF等。其中最理想的是MgO，但近几年来逐渐被$BaSO_4$所替代，因为MgO的力学性能不好，容易损坏。

6.4.3 影响紫外漫反射光谱的因素

（1）粒度大小

物体表面的反射主要由规则反射（R_S）和漫反射（R_D）两部分组成。对于某一个弱吸收体粒子来说，与其粒度相对大小成反比的散射超过其吸收的极限时，颗粒体积就会变得相对很小，R_D 增大；对于一个强吸收体粒子来说，在各种光学粒度指标基础上，吸收能力基本上都会远超过其光散射，因为在其附近的所有入射可见光已经全部被其光强吸收了，而其他没有被强吸收的光子完全经其镜面反射，所以研磨时，颜色就会变暗，R_D 减小。但要注意的是，太低的吸收由于降低了 f（R_∞）和信噪比，会使测试难以进行，因此对不同的样品应选择合适的粒度。

（2）样品表面受潮变质及水分的存在

水分子的持续大量存在会减少样品紫外色散，增加对样品的表观吸光度，使样品表面在受潮和变质后的颜色明显变深。另外，水分子与有机样品组分之间存在相互作用或者是形成氢键等情况也同样会导致样品紫外光谱发生较大的变化。

（3）粉末样品表面的光洁度

当粉末样品表面逐渐被压制成平整表面时，随着压力的逐渐增加，均匀度逐步增加，而其平均表面粗糙度将会随之减小，但随着表面粗糙度的逐步减小，镜面光反射增加，又会反过来导致其表观吸光度的相对降低。

（4）吸附剂或稀释剂粒度的相对大小

随着吸附剂粒度或稀释剂粒度的相对增大，谱带会有增宽的趋势。

6.4.4 紫外光谱在催化研究中的应用

（1）研究载体和催化剂活性组分之间的作用

紫外漫反射光谱技术目前主要被用在多相催化反应中。一般催化剂经过配方、成型、煅烧之后，我们就可以通过其紫外漫反射光谱技术来判断催化剂与载体之间发生了什么作用，形成了什么物质，以及该物质是化合物还是单质等这些问题，在这些问题上研究最多的就是镍系催化剂，其中 $NiO-Al_2O_3$ 体系经过焙烧后生成具有加氢催化活性的“表面尖晶石”（$NiAl_2O_4$），而尖晶石的结构形式有四面体配位和八面体配位这两种，因八面体配位的 Ni 的催化活性大于四面体配位的 Ni，所以我们可以通过紫外光谱来评价镍的催化活性。

（2）研究配合物的金属中心结构

紫外吸收区的金属 LMCT（ligand to metal charge transfer）谱带的准确位置分布和数目规律分布可作为研究配合物中金属中心结构类型的主要参考依据，谱带的确切位置分布主要取决于其中心金属离子的微观组态性质以及其配位环境，谱带数分布也是一项定性推断金属中心构型变化的重要依据。程培红等[5] 应用紫外吸收-可见光谱理论分析比较了过渡金属 Ni、Cu 和 Pd 这三种有机配合物的结构（图 6-4），发现这三种有机配合物中存在的有机配体性质完全一样，体系分子中所含的紫外吸收光谱主要有两个强吸收峰，但可能中心金属离子分布不同而导致其吸收峰存在较大差异，Cu 配体离子中的较强吸收峰相对于 Ni 离子和 Pd 离子中的较强吸收峰则会有明显蓝移，较弱吸收峰相对出现红移，这可能是金属中心离子以多种方式与配体间结合而形成配位键所造成的。

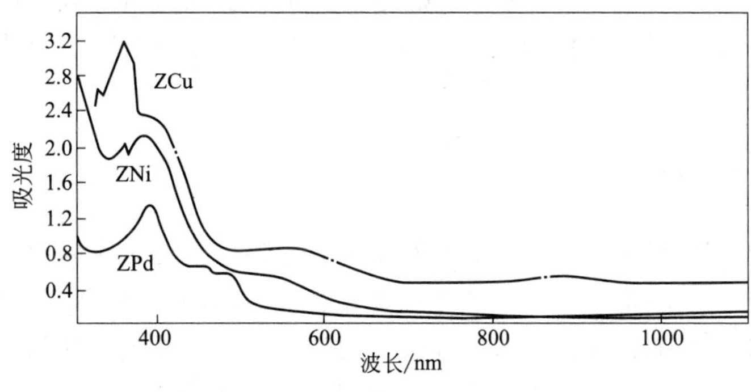

图 6-4 金属配合物的吸收谱

6.5 热分析技术

热动力学分析方法是通过研究物质在高温加热或低温冷却过程中其基本性质和动力学状态的变化，并将此变化分别作为温度或时间关系的函数来系统研究其演变规律的一种技术。目前国际热分析联合会（ICTA）根据其所测流体物理性质种类的不同，将热学分析基本分为以下九类十七种（见表 6-2）。

表 6-2 热分析技术分类

物理性质	技术名称	简称	物理性质	技术名称	简称
质量	热重法	TG	力学特性	热机械分析	TMA
	逸出气检测	EGD		机械热	
	逸出气分析	EGA		动态热	DMA
	放射热分析	—	声学特性	热发声法	—
	热微粒分析	—			
温度	升温曲线测定	—		热传声法	—
	差热分析	DTA	光学特性	热光学法	photo-DSC
热量	差式扫描量热法	DSC	电学特性	热电学法	TSC
尺寸	热膨胀法	TD	磁性特性	热磁学法	—

在所有的技术中，其中应用最广泛的是 TG、DTA、DSC 这三种技术，所以本节主要介绍这几类技术在催化领域中的应用。

6.5.1 热重法（TG）

6.5.1.1 热重法的定义

热重法（thermogravimetry，TG）是一种在程序给定温度状态下，测量固体物质样品的表面质量与外界温度关系的检测技术。数学表达式可为

$$W=f(T\text{ 或 }t) \tag{6-4}$$

许多复杂金属物质通常在加热过程伴随着金属质量变化的情况，这种变化有助于促进人们分析研究复杂晶体物质相变上出现的热熔化、蒸发、升华等物理反应现象；也有助于

科学家进一步研究这些物质表面产生的诸如高温脱水、解离、氧化、还原等表面化学现象。热重法研究技术类型大体分两种：静态热重法和非等温热重法。而静态热重法又分为等压和等温测定两类。目前，虽然静态等温法获得的数据较直观准确，但因实验操作困难费时，所以在我国学术界仍然使用较少。另一种则是非等温（或动态）热重法，它使用较为广泛的原因是实验过程较为简便。

6.5.1.2 影响热重曲线的因素

影响热重分析实验最终结果的因素有很多，其中最直接的是实验中的仪器因素和试样因素。仪器因素包括实验炉子中升温速率的变化、炉筒内的气氛、炉子的形状设计和坩埚所采用的材料类型等；而试样因素包括装样的质量、粒度尺寸大小和相对紧密度等。

在热重曲线性质的分析测定中，升温速率对热重曲线（TG）影响最大。如果实验升温的速率变化过快，试样之间无法及时达到热力学平衡，从而使整个反应的各阶段分不开。一般认为选择 5～10℃/min 这样的实验升温速率就是合适的。我们通常会考虑在动态气氛下进行热重分析，因为它能快速带走反应时放出的气体，从而保证该反应可以顺利地进行。此外，加热炉的加热方式对于 TG 曲线的形状也会产生较大的影响。为了尽量使实验数据能有一个较好的可重复性，试样应处于加热炉中控温较好的区域（即通常所指的均温区）。最后一步就是热分析实验所用到的坩埚材料问题，它要求对各种试样、中间转化产物、最终分离产物和反应气氛都是高度惰性的，既不能有热反应活性，也不能有催化反应活性。

试样因素就是试样用量一定不能过多，否则可能要过较长时间才能达到最终分解温度。试样粒度大小对 TG 曲线面积的影响与试样用量多少的影响极为相似，粒度量越小，单位质量样品的比表面积越大，反应也就能够更快、更有序地进行，使 TG 曲线面上的 T_i 和 T_f 降低或使反应温度区间变窄，从而改变热重曲线的形状。在装入试样时，要求试样颗粒必须装得较薄而又均匀，并在有必要时加以筛分。

6.5.2 差热分析法（DTA）

6.5.2.1 差热分析的定义及原理

差热分析法（differential thermal analysis，DTA）是一类在程序控制温度情况下精确测定待测物质和各参比标物之间存在的热温度差值与热温度关系的另一种新技术。

在 DTA 实验中样品的温度变化可以由反应热的吸热或放热引起，也可能由相变化所致，因此比起 TG 实验，DTA 的结果能够提供更多的信息。DTA 实验技术的测量原理是：样品在加热升温或放热冷却过程中所发生的一系列化学物理变化所引起的样品温度变化可以通过与参比物间的微小温差来直接测量，参比物是一种在可测温度范围内不会发生任何化学反应和物理变化的惰性物质。

6.5.2.2 分析差热分析曲线的依据

(1) 峰的位置

差热分析曲线主要反映热量转化过程中可能发生的热值变化，一般是用起始温度（开始偏离基线的温度）或终止温度（v 达到最大点的温度）来表示峰的位置。不管是相同物质发生不同反应还是不同物质发生相同反应，其对应物质的峰顶温度都会有所不同。因此，我们一般常用峰温作为鉴别某些物质或反映其成分变化的唯一定性依据。

（2）峰的形状

峰的几何形状可能受其他实验因素（如加热速率、灵敏度）的影响，但如果在其他实验物质条件基本确定的情况下，峰的一般形状基本取决于实验样品温度的变化。另外，从峰高、峰宽比和峰长的对称性分析中，我们还可得到很多有关动力学理论的相关信息。

（3）峰的面积

峰的单位面积大小反映热效应大小的变化程度，是精确计算反应热面积的可靠定量基础。实验数据也表明，在规范取样过程中，样品量与峰面积几乎是呈线性关系的。

6.5.2.3 影响 DTA 曲线的因素

差热分析操作过程简单，但有时在仪器的实际操作运行中会发现将同一试样放置在几个不同的仪器上连续测量，或几个不同尺寸的试样放置在同一台仪器上进行测量，所得到的曲线分析结果不同。其原因是仪器的设计结构影响着热量。所以我们要尽可能将试样与参比物上的热支持器对称起来。此外，还需考虑到试样在炉子体系中的分布位置以及其传热损失情况。如果能严格控制仪器的这些外在条件，将会提高差热分析的灵敏度。

（1）升温速率的影响

升温速率会直接影响峰的位置分布、峰的几何形状、峰面积的大小。一般来说，升温速率一旦增加，单位时间内所产生的热效应就会急剧变大，峰就会越陡。一般合适的升温速率是 8～12℃/min。

（2）气氛性质和压力变化的影响

气氛性质和压力变化可直接影响样品化学反应和其他物理性质变化的平衡温度、峰形。对于有些在高温下易氧化分解的试样，我们可以选择在该试样层中通入惰性气体。

（3）试样量的影响

试样用量变化不能过大，否则会使相邻两峰互相重叠在一起，从而降低分辨率。不过峰形太小而无法分辨时，就需要加大试剂的量。但试剂的量最多只能称至毫克。

（4）参比物试样的正确选择

要想迅速获得试样的平稳升温基线，参比物试样的正确选择很重要。一般在热分析时，我们会选择 α-Al_2O_3 和 MgO 作为参比物。

6.5.3 差示扫描量热法（DSC）

差示扫描量热分析（differential scanning calorimetry，DSC）是一种在差热分析（DTA）技术的发展基础上逐步发展起来的热谱分析技术，它可以获得较为准确的热效应。

（1）DSC 基本原理

DSC 实验是在程序给定的温度范围下，测量输送样品和参比物之间的相对功率差与温度的关系。DSC 装置的结构主要是在两侧分别独立装设进行活动的加热控制元件和测温控制元件，并能够各自借助控制系统进行实时动态监控。

（2）DSC 曲线

通常采用样品吸热或放热的转化速率为纵坐标，以样品温度变化为横坐标，记录热流量随样品温度上升的关系，就可以得到 DSC 曲线。

6.5.4 热分析联用技术

单一的热分析研究技术，难以明确解释物质本身的热传导行为。如 TG 只能用来反映固体物质受热中的质量常数变化，而其他特殊性质就无法得知。国际热分析联合会（ICTA）已将热分析的联用技术分为三类：同时联用技术、串接式联用技术和间歇式联用技术。

（1）同时联用技术

同时联用技术，顾名思义就是在同一测试程序温度下，同时采用两种操作方法联合检测的技术对某一个固体试样进行测定。目前，国内最普遍认可的就是 TG-DTA 技术和 TG-DSC 技术，因为这两种技术在某个程序设定的温度范围下，同时可以得到物质试样之间相对质量值与相对热焓值的情况。TG-DTA 技术可以根据其物理、化学变化特性对参与该反应的过程产物的物理参数性质作出大致水平上的综合判断。如对各种高岭土主要成分进行高温热解分析时，仅单纯使用 TG 法或 DTA 法往往不能在短期内得到一些更准确有效的高温热解分析结果，而这时综合采用 TG-DTA 联用技术便可进一步获知各类高岭土组分间的高温热解原理。另外，TG-DSC 联用系统在仪器结构组成和基本操作原理等问题上与常规的 TG-DTA 联用仪器类似，具有定量产热系统和功率自动补偿管理系统。它与常规的 TG-DTA 系统一样，也被广泛应用于热分解过程的研究。

（2）串接式联用技术

串接式联用仪器的基本原理就是指在给定的程序温度要求下，对其中任意一个样品同时连续采用两种样品分析仪器，并且第二种样品分析仪器与第一种的接口串接相连。例如，TG-MS（质谱）联用和 TG-IR 技术仪器的联用。其中 TG-MS 联用技术具有线性好、方便、快捷等优点，在获取样品热失重信息的同时，还可以获得样品热裂解过程中挥发物随热解温度的逸出特性。在工业催化实践中，TG-MS 联用为人们研究催化剂本身的性质、催化性能特征和反应催化机理等方面提供了重要的信息。而 TG-FTIR 联用是指通过计算机连续扫描跟踪试样送入炉床的气体浓度与试样热处理的时间或温度的关系。

（3）间歇式联用技术

间歇式联用技术主要是指在程序控温情况下，仪器间的连接形式与串联联用相同，只是需要第二种联机技术间歇地从第一种联机技术装置中取样。主要包括 TG-GC、DTA-GC 技术的联用。这两种新技术能够在快速得到热分析数据的同时，还可以对热分析过程中的逸出气体进行检测。

6.5.5 热分析在催化研究中的应用

近四十年来，研究航空新材料学科领域中的金属（金属氧化物）原子间的相互作用及高分子材料性能的热力学稳定性及其材料寿命促进了热分析检测技术的进一步发展。目前，热分析检测技术已在催化材料研究方面得到了全面广泛的应用，包括催化剂材料的制备条件选择、催化剂活性参数评价、催化剂活性分子组成及其含量确定、金属活性组分与热催化载体间的微相互作用等诸多方面。可见，热分析检测技术在催化材料研究中起着十分重要的理论基础作用。本小节简要介绍实验室常用的热分析检测技术在催化过程中的应用。

（1）催化剂组成的确定

固体催化剂的理想催化性能，主要取决于它的基本结构和化学组成。为此，在设计制备催化剂的过程中人们常借助其他技术（如元素定量分析、原子吸收红外光谱、X 射线衍射分析技术等）来初步确定固体催化剂的结构组成。由于热分析检测技术可以精确跟踪各种复杂反应情况下物质分子热值和量值的变化。根据有关量值数据的细微变化，可以初步确定出各类催化剂分子的组成。胡远芳等[6] 系统研究了稀土配合物催化剂的热分解反应过程并求算了其分解反应过程中的动力学问题。

（2）催化剂表面的老化和失活机理的研究

引起各类催化剂表面老化和失活的因素有很多，一般大致可归纳为两类：一是指各类催化剂表面杂质颗粒吸附从而造成催化界面失活；二是指催化剂的烧结成型工艺发生变化或结构参数改变，使原有催化剂活性表面下降或直接堵塞原有催化剂内部的超细微孔而间接造成催化剂分子失活。此外，活性组分含量的流失和催化剂价态参数的变化也可能是导致原有催化剂失活的两个主要原因。由于催化剂还存在着老化反应前后热性质方面的差异，故可采用热分析技术通过改变产物热量和质量分布等参数来达到分析催化剂失活的目的。

6.6 拉曼光谱技术

拉曼光谱分析技术是基于印度著名科学家 C. V. 拉曼所发现的一种拉曼散射效应，通过分析入射光频率不同的各种散射光谱，从而得到固体分子在振动、转动速率等方面的各种有关信息，并且它可发展成为分析复杂分子结构特性的有效检测方法。目前，拉曼光谱方法被一些科学家广泛研究并应用于高分子材料、化工、环保和地质等领域。通过对拉曼光谱信号进行分析，人们能够深入了解各种物质表面的机械振动、转动、能级情况，从而可以识别并分析物质的性质。由于与分子红外吸收光谱有所不同，所以不管它们是属于极性分子还是属于非极性分子，均可以形成拉曼红外光谱。后来因为激光器的稳定存在提供了更高强度的单色光，从而在很大程度上促进了拉曼光谱的进一步发展。

6.6.1 拉曼光谱的基本原理

我们可以用经典理论和量子理论来描述拉曼光谱的原理。在经典理论中，电子、原子、分子等散射体以及声子等元激发均模拟为经典的偶极子，光散射过程即为电偶极矩的变化过程。而量子模型实际上是把整个量子散射过程完全看作是由一系列高度量子化的粒子或准粒子构成的，并将这种散射过程看作是一种在光子与其他靶粒子之间发生相互耦合作用的理论基础下，入射的光子、靶粒子和准散射光子之间的耦合产生和相互湮灭过程。

6.6.1.1 经典理论

分子通过直接辐射使入射光发生散射的首要前提是要保证有一束光频率约为 ν_0 的单色光照射到固体样品表面。在光散射的这个复杂过程中，因为大部分光发生光散射只是通过改变其电磁波的传播路径，而散射光的光频率保持不变，仍然与激发光的频率大致相同，我们习惯上把这种光的散射现象叫作瑞利散射；它的强度约占总体光散射强度的 $10^{-6} \sim 10^{-10}$。同样我们把既可改变散射光传播路径同时又可改变散射光频率使其不同于激发光频率的过程，称为拉曼散射。而拉曼散射的光谱又分为大拉曼光谱和小拉曼光谱。以前的书中习惯把距离瑞利散射两侧稍近的分子谱线称为小拉曼光谱，把距离瑞利散射两侧距离稍远的分子谱线称为大拉曼光谱，小拉曼光谱通常只与分子的转动能级有关，而大拉曼光谱与分子的振动-转动能级有关。通常，拉曼光谱仪表面测定的大部分是斯托克斯散射，也就是所谓的拉曼散射。

6.6.1.2 量子理论

经典理论虽然看起来简单直观，但是拉曼散射中的很多问题却无法用经典理论来解释，其中最典型的就是强度问题，比如为什么斯托克斯散射要比反斯托克斯散射强度大得多，而这个问题就需要用量子理论来进行解释。根据量子理论，频率约为 ν_0 的单色光束一般可以直接被看作是能量范围约为 $h\nu_0$ 的光子，h 是普朗克常数。当某光子与分子发生相互作用时，可能会出现弹性和非弹性两种碰撞，在弹性碰撞过程中，光子与分子之间没有进行物质能量交换，光子仅仅只是改变了其运动轨迹，而并不改变其振动频率，这种弹性碰撞散射过程对应于瑞利散射；在非弹性碰撞过程中，光子与分子之间发生了物质能量交换，光子不仅可自由改变其运动轨迹，同时光子中的一部分物质能量传递给碰撞的分子，使其转变为任意一种分子的振动能或转动能，或者光子的能量直接来源于运动分子的某种振动或转动。这种光子能量产生的过程对应于频率增加的反斯托克斯拉曼散射。相应地，光子能量衰减的过程则对应于频率逐渐减小的斯托克斯拉曼散射。在恒定的温度情况下，绝大多数分子处于基态，这也是斯托克斯拉曼散射为什么比反斯托克斯拉曼散射效果强太多的原因。

6.6.2 拉曼光谱的分析方向及特点

拉曼光谱分析一般主要包括物质定性分析、定量分析和结构分析。在用拉曼光谱技术进行样品分析时，我们并不需要预先对分析样品进行各种处理，而且也完全不需要样品的化学制备过程，因此也就自然避免了各种实验误差的产生，并且在检测分析过程中因其操作方法相对简便、快捷、灵敏度较高一直被研究者广泛应用。但唯一的不足之处就是在分析时要避免荧光现象对拉曼光谱造成的背景干扰问题。

另外，还要注意拉曼光谱信号材料的选择，入射拉曼激光的发射功率、样品池厚度大小和拉曼光学系统参数的设置等都能对拉曼脉冲信号强度产生大范围的影响，所以此时我们需要用一些能产生较强拉曼激光信号材料、拉曼峰不与待测拉曼峰有重叠关系的物质或者内标物进行校正。在选择光谱内标物时要遵循的一般原则也与其他光谱分析检测方法大体相同。因此在选择时，我们可以参照其他光谱分析技术，以便能够更准确地对拉曼光谱进行分析。

6.6.3　新拉曼光谱技术

6.6.3.1　表面增强拉曼光谱

拉曼散射光谱实际和红外散射光谱在光学理论本质上一样，都归属于某一种分子结构的振动光谱，所以它们都可以直接被用来研究振动分子的特征结构。但是拉曼散射效应引起的反应过程本身就很弱，它发出的光强仅能占入射光光强的 $10^{-6}\sim10^{-9}$，因此产生的拉曼衍射信号也就很微弱，若想直接用拉曼散射光谱来分析或研究具有吸附效应的物种几乎都要用到一些拉曼增强效应。1974 年，Fleischmann 等通过拉曼激光方法对光滑银电极表面的材料进行了粗糙化的初步处理后，首次获得了单分子层吡啶分子吸附在光滑银电极表面上的高质量的拉曼激光光谱。随后科学家 Van Duyne 及其研究合作者又通过进一步深入研究与观察计算发现：吸附在粗糙银表面上的每个吡啶分子的拉曼散射信号强度，都至少比银溶液相中的吡啶分子产生的拉曼散射信号强度增强约 6 个数量级。由此，我们可以指出它是一种与粗糙银表面相关的光学效应，通常被人们称为粗糙银表面上的表面增强拉曼光谱效应（surface enhanced Raman spectroscopy，SERS），对应的拉曼光谱称为表面增强拉曼光谱。

6.6.3.2　傅里叶变换拉曼光谱

虽然传统的可见变换拉曼光谱已发展得较为先进，被普遍用来研究催化技术的各个分支领域，但荧光干扰问题一直是制约其技术进一步快速发展的主要影响因素，而傅里叶变换拉曼光谱法正好可以被用来有效消除上述的荧光干扰问题。若傅里叶变换拉曼光谱技术采用波长为 1064nm 的近红外激光作为激发光源，则分子内部的荧光将不被光子激发，从而可以避免对许多荧光样品的拉曼光谱出现荧光干扰现象。因此，拉曼光谱越来越广泛受到各国科学家的重视。近年来，傅里叶变换拉曼光谱也开始逐渐应用于催化研究中。

虽然使用傅里叶变换拉曼光谱法能够完全有效地避免许多样品检测中产生的紫外荧光干扰问题，但目前傅里叶变换拉曼光谱技术依然存在较明显的不足之处：因为散射激发光的强度与激发光脉冲频率的四次方成正比，采用发射频率较低的近红外光测量会使检测仪器的灵敏度大幅度降低；红外区的光电探测器目前还不太成熟，与检测可见光信号的红外光电倍增管相比，灵敏度至少差了两个数量级；样品的热辐射对红外波段的拉曼光有很大的干扰；一些稀土金属离子和过渡金属离子的电子态跃迁处于近红外区域，因此仍然无法避开荧光。由于以上原因，近红外波段的拉曼光谱仪的应用受到限制。

6.6.3.3　显微共焦拉曼光谱

从拉曼光谱的本质来说，显微共焦拉曼仪其实与普通的激光拉曼仪并没有明显的区别，只是在光路技术研究中引进了共焦显微镜，然后将被测样品照射点的散射光经过显微镜，通过“共焦针孔”的空间滤波，滤除“非共焦区域”的信号，再经单色仪分光、检出改变波长的拉曼散射光谱数据信号。对样品组分进行三维连续的逐点、逐行、逐层和深入的无损伤微区分析，给出它们在各自相应空间位置下的三维拉曼谱图，对应于被测样品物质组分的三维位置分布。

显微共焦拉曼光谱仪具有如下诸多优点：高扫描灵敏度，可用于较弱拉曼信号源的测量工作；共焦扫描技术的普遍使用则有助于使光学显微镜照射下的激光聚焦在样品上的焦点准确地通过扫描针孔，从而在很大程度上提高扫描的纵向空间分辨率，可研究直径为1nm的样品，用于原位多层材料的测量。同时，共焦显微系统本身还具有较高的水平方向上的扫描空间分辨率，而这一光学分辨率取决于光学显微镜头自身的放大倍数和它所用到的有效激光波长。

6.6.3.4 紫外拉曼光谱

20世纪80年代初期，人们就开始了紫外波段的拉曼研究。用脉冲激光进行机理的研究对于探讨利用紫外光源进行共振拉曼的可行性具有极其重要的意义。它们充分证明了用低于260nm的光源进行激发，荧光就不会再干扰紫外拉曼光谱的测量。90年代末，科学家又采用紫外瑞利散射光学过滤器和单级单色仪分光，克服了传统方法采用的仪器结构复杂而通光效率较低的缺陷，从而使紫外拉曼光谱技术成为当前对固体物质结构成分分析的一种重要研究手段。紫外拉曼光谱的特点为：①避开了荧光的干扰；②具有很高的灵敏性；③具有很好的选择性；④在研究高温物质时具有独特的优势。

6.6.4 拉曼光谱在催化研究中的应用

（1）催化剂积碳失活的研究

催化剂表面出现的积碳物质主要是一些被催化剂高度选择性催化和脱氢转化后获得的各种烃类（如聚烯烃）。因为很难研究这些催化剂物种的形成机理和表面状态条件，并且由于激光对这种表面烃类有较强的荧光干扰，所以很难用一种常规的可见拉曼光谱来对此进行表征。采用紫外荧光激发线，不但会有效增加紫外拉曼光谱中散射光子的截面，而且也会有效避开各种紫外荧光辐射的干扰，从而得到信噪比和质量较好的紫外可见拉曼光谱。

（2）催化剂原位反应的研究

随着催化新技术研究的逐渐深入，拉曼光谱仪也很快被用于催化原位反应的系统研究，拉曼光谱方法用于催化类原位反应的相关研究有其独特的技术优势：气相光谱法受各种外界干扰能力较弱，因而它适合在高温高压工作环境下迅速获得催化剂样品的原位拉曼光谱；可以采用几何形状简单的石英来充当催化剂的样品池；固体吸附剂表面或金属载体氧化物（如氧化铝和氧化硅等）表面的拉曼光谱散射的温度范围一般较低，因而能得到低频区表面典型吸附物种的拉曼光谱图像；当用绿、蓝和紫外区发射的激光束作为激发线时，可以完全避免黑体辐射产生的光谱干扰问题。

6.7 X射线光电子能谱技术

X射线光电子能谱技术（X-ray photoelectron spectroscopy，XPS）是目前用于复杂

电子材料研究与电子元器件结构显微分析的一种相对较成熟的技术，而且同时也是和俄歇电子能谱技术（AES）常常配合使用的一种分析技术。它不但可以直接为化学研究提供分子结构和原子价态方面的信息，而且还能为电子材料研究提供各种化合物的元素组成和含量、化学状态、分子结构、化学键等方面的信息。在分析电子材料时，它还能给出表面、微小区域和深度分布方面的信息。另外，因为入射到固体样品表面的X射线是一种高能光子束，所以对样品的破坏性非常小，这一点对人们分析有机化合物表面结构材料和其他高分子材料是十分有利的。

6.7.1　X射线光电子能谱的基本原理

XPS是用一束高能的X射线去轰击辐射样品，使原子或分子的内层电子或价层电子受激发射出来。X射线光电子的能量在1000～1500eV之间，它不仅可使整个分子层的价电子电离，而且又可以很快把分子的最内层电子激发出来，并且分子最内层电子的能级受分子环境的影响很小。同一原子的内层电子结合能在不同结构的分子中相差很小，故我们认为它是具有量子特征意义的。光子入射到固体表面激发出光电子，利用能量分析器对光电子物质表面进行分析测量的实验技术称为光电子能谱。目前，X射线光电子能谱最常用于分析复杂固体化合物的化学过程，因此也被称为化学分析光电子能谱。

6.7.2　X射线光电子能谱的特点

X射线光电子能谱具有以下特点：①可以分析元素周期表中除H和He以外的所有元素，可以直接测定来自样品单个能级光电发射电子的能量分布，且能直接得到电子能级结构的信息；②从能量范围看，它主要提供一些有关化学键方面的信息，即直接测量价层电子及内层电子的轨道能级，而相邻元素的同种能级间的谱线相隔较远，相互干扰少，所以元素定性分析的可标识性较强；③是一种无损定性分析手段；④是一种高灵敏超微量表面分析技术，样品分析深度约2nm。

6.7.3　X射线光电子能谱法的应用

（1）元素定性分析

各种元素都有它的特征电子结合能，因此在能谱图中就会出现特征谱线，可以根据这些谱线在能谱图中的位置来鉴定周期表中除H和He以外的所有元素。通过对样品进行全扫描，在一次测定中就可以检出全部或大部分元素。此法的唯一特点是谱图简单，并且往往为原位非破坏性测试技术。虽然这种分析技术不是痕量分析方法，但是表面灵敏度却非常高，即使不足单原子层也可以被检测出。

（2）元素定量分析

X射线光电子能谱定量分析方法参考的基本依据是：光电子谱线的光强度（光电子峰的面积）反映了光样品原来的元素含量水平及相对元素浓度。在实际样品含量分析中，采用与标准样品含量相比较的定量分析方法来对各种元素样品直接进行检测，其检测仪器的分析精度最高达1%～2%。但要注意的是，强光电子线的X射线伴峰有时会干扰待测组成峰的测量，因此在测量前必须运用数学方法扣除X射线卫星峰。

（3）表面元素的化学价态分析

表面元素的化学价态分析也是目前 XPS 分析技术里最为重要的一项功能，同时也是构成当前 XPS 谱图解析最烦琐并容易引起错误操作问题的关键组成部分，在进行表面元素化学价态分析前，首先我们要确定如何对结合能进行正确且有效的校准。因为结合能受其周围化学环境的影响较小，而当荷电校准误差处于较大值时，人为很容易标错某些元素的化学价态。另外，自然界还有一些主要元素的化学位移很小，用 XPS 的结合能不能十分有效地对其元素化学价态进行分析，在这种较复杂的情况下，可以尝试从线形结构及伴峰结构方面入手，同样也可以获得其元素化学价态的许多有用信息。

（4）深度分布分析

样品本身的层状结构如镀膜、氧化和钝化等原因导致其在深度方向上化学状态的差异。深度分析主要是研究元素化学信息在样品中的纵深分布。利用 XPS 实验研究深度分布及其规律有好几种分析方法，但目前为止最常用到的两种实验分析方法分别是氩离子剥离深度分析和变角 XPS 深度分析。其中氩离子剥离深度分析方法是一种使用最广泛的深度剖析的方法。其优点是可以分析表面层较厚的体系，而且深度分析的速度较快。人们为了能够快速获得波长大于 10nm 深度的样品信息，必须要在装有带 XPS 分析设备的分析室里用高压惰性气体离子枪直接轰击，对样品表面进行化学刻蚀。为了有效避免刻蚀采用的离子束与被测样品表面发生相互作用，得到高质量的深度剖析测量结果，刻蚀试验过程必须严格控制在高真空环境下。

6.7.4 X 射线光电子能谱在催化研究中的应用

XPS 是催化剂研究的重要手段之一，利用 XPS 技术可以对催化剂的反应机理、组成、结构和活性进行分析。下面将对 XPS 在催化研究中的应用作一简单介绍。

（1）催化剂酸性种类的测定

固体酸化活性部位和催化反应强度的测定是开展固体酸性催化剂活性位相分析研究的一个重要方面。为了能详细系统地阐述它们的反应催化作用，测定出表面 B 酸和 L 酸的含量是一项必要的措施。而如果根据催化反应分析过程中的某种实际要求，有时特别需要能够正确调配出固体催化剂表面 L 酸和 B 酸的相对含量。一般对酸性位的种类利用强碱性气体吸附方法或红外光谱检测等方法加以区分。最近国内也有学者采用类似 XPS 的新技术来区分分子筛内存在的 B 酸、L 酸等分子的相对吸附强度。但由于目前国内所采用的 XPS 法对于区分酸性位及其反应强弱方面还只是半定量型的，所以还需进一步去探索和改进，以提高其对样品分析的处理技术。

（2）吸附行为的研究

吸附位和吸附态的研究是催化剂研究的一个重要方向，它可揭示吸附和脱附的微观过程以及压力、温度等对这些过程的影响。目前电子能谱在这方面的研究多处于模拟阶段。由于吸附发生在样品的最表面，因此吸附态的研究常以紫外光电子能谱法（UPS）和原子发射光谱法（AES）为主，因为它们的采样深度比 XPS 更浅。用 XPS 研究时，应该选择尽可能小的电子起飞角 θ。θ 越小，检测信号越接近于表面组分。

6.8　程序升温表征探索技术

分子在固体催化剂表面吸附或发生表面催化反应过程要经历很多关键步骤，要系统地阐明一种复杂催化反应阶段中各种催化剂的表面作用本质及主要反应阶段各催化剂分子与其表面作用的反应机理，必须要对催化剂表面吸附反应的性能（吸附中心的结构、能量状态分布、吸附分子在吸附中心上的吸附态等）和催化剂的性能（催化剂活性中心的物理性质、结构特点和反应过程分子在其表面上的反应历程等）进行更为深入与全面的调查研究。而程序升温技术则是用来研究其中一些问题的较为简单且可行有效的动态分析技术之一。

常见的程序升温分析技术主要有程序升温脱附（TPD）、程序升温还原（TPR）、程序升温氧化（TPO）和程序升温表面反应（TPSR）。

在催化剂的程序升温过程中，载气（或载气中某组分）可通过与该催化剂表面分子上形成的某种吸附物种边发生反应或边进行脱附。下面我们将分别对上述几种常用的程序升温分析技术进行全面而具体的介绍。

6.8.1　程序升温脱附（TPD）

程序升温脱附（temperature programmed desorption，TPD）技术，又叫热脱附技术，是国内外近年发展完善起来的一种专门研究催化剂表面性质及催化剂表面特性问题的最新方法[7]。此外，TPD 技术还可以从能量的角度来研究吸附剂表面结构和吸附质结构之间存在的复杂相互作用。

6.8.1.1　TPD 技术原理

固体物质加热时，当吸附在固体表面上的分子受热至能够克服逸出时所需要越过的能垒（通常称为脱附活化能）时，就会自然地发生分子脱附。由于性质不同的吸附质与表面上性质相同的吸附中心，或者两种性质完全相同的吸附质与表面上性质不同的吸附中心之间的结合能力存在差别，脱附时所需要的能量也不同。因此，热脱附实验结果不但反映了吸附质与固体表面的结合能力，也反映了脱附发生的温度和表面覆盖度下的动力学行为。

6.8.1.2　TPD 技术的特点

TPD 技术的最大优点体现在：①设备装置操作简单、方便易行；②研究范围较广泛，几乎包括了所有的实用型催化剂（如负载型或非负载型的金属催化剂、金属氧化物催化剂等）；③从能量的角度出发，原位地考虑活性中心和相应表面的反应，提供有关表面结构的众多信息；④能够快速改变各种相关实验条件，如催化剂表面吸附的反应条件、升温速度的快慢以及反应程序等，从而可以获得各种更加详细可靠的试验资料等；⑤对多种催化剂制备的化学参数非常敏感，具有高度的分析鉴别能力；⑥在同一装置中，还可以进行测定催化剂其他性质如活性表面积、金属分散度以及催化剂中毒、再生等条件的研究等。

6.8.1.3 TPD 技术的局限性

程序升温脱附技术虽不用复杂且昂贵的超真空技术，但存在着研究沾污表面的危险。比如，在洁净的 Ag 表面，O_2 的脱附峰只有一个，但如果当这个催化剂表面完全被沾污后，就会开始出现两个脱附峰。因此，用程序升温脱附技术来研究催化剂的表面性质时，必须尽可能保证其催化剂表面的清洁，以避免研究者得出错误的结论。此外还要避免催化剂脱附时引起的再吸附现象。一般来说，应用此方法时最好用其他有效研究方法来加以辅助。

对于当前这种纯理论性的基础研究工作来说，TPD 尚且存在着一些技术上的不足，其应用局限性主要表现在以下这几个方面：①难以研究一级反应动力学问题；②最终氧化所得的实际转化率显著高于按理论模型计算而得的转化率；③加载气对反应有影响时，所得的某些实验结论的可信度下降；④不能用于催化剂寿命的研究。

6.8.1.4 TPD 技术在催化研究中的应用

（1）催化剂表面吸附物种的研究

用于准确表征催化剂表面吸附物种种类的 TPD 测试技术有多种，人们通常普遍采用 O_2-TPD 来研究催化剂表面的吸附性质。O_2-TPD 通过定量比较谱图中脱附峰的面积大小和脱附峰温度的高低来确定催化剂中的含氧量。段雪等[8] 研究团队采用溶液-凝胶法制备了纳米级粒径的纳米 Sm_2O_3 催化剂，并用 O_2-TPD 技术表征了纳米 Sm_2O_3 催化剂的吸附性质（图 6-5），经过分析比较发现，纳米 Sm_2O_3 催化剂的 O_2 脱附反应峰的峰温虽然比常规 Sm_2O_3 催化剂的低，但它的峰面积却比常规 Sm_2O_3 催化剂大很多，此结果说明了纳米催化剂的相对比表面积较大、表面阴离子空位较多，因此更有利于进行催化剂表面的吸附。

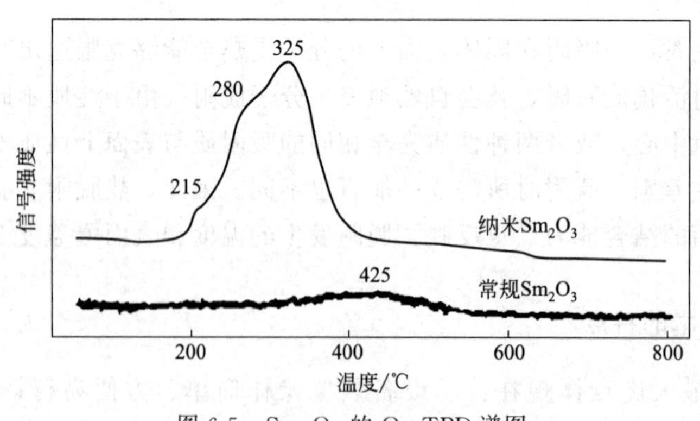

图 6-5 Sm_2O_3 的 O_2-TPD 谱图

（2）固体催化剂表面酸性的研究

在用 TPD 测定固体催化剂表面的酸性时，我们常用氨气和吡啶作为探针分子。其中 NH_3-TPD 在测量弱酸性催化剂时，可以得到较好的实验结果。若从 TPD 谱图中观察到有 1 个脱附峰，则表明该催化剂表面酸中心的酸强度分布较集中。然而当发现该谱图中有两个以上的脱附峰，而且这两个峰的距离分布较远时，则表明该催化剂表面存在强酸性中心和弱酸性中心，并且 NH_3 的脱附峰越高，表明该催化剂的酸强度越大。

6.8.2 程序升温还原（TPR）

程序的升温还原反应（temperature programmed reduction，TPR）最早在 Robertson 的一篇论文中被提及。TPR 技术最初是在程序升温脱附（TPD）技术的理论基础上逐渐发展起来的。它可以帮助提供负载型金属催化剂在金属还原过程中的金属氧化物之间或金属氧化物与催化剂载体之间发生相互作用的有关信息。

6.8.2.1 TPR 技术原理

TPR 检测技术之所以能够迅速提供金属催化剂与载体之间相互作用以及金属催化剂是否能形成合金的有关信息，其分析依据原理为：纯金属氧化物具有特定的还原温度，可以用来进一步表征该氧化物的各种理化性质。当任意两种氧化物混合在一起时，如果每一种氧化物都在 TPR 过程中保持自身还原温度恒定不变，则证明两者之间没有发生相互作用；反之，如果两种氧化物发生了固相反应的相互作用，氧化物的性质发生了变化，则其初始的还原温度也会发生变化，而这个特性用 TPR 检测技术能清楚地观察到。

6.8.2.2 TPR 技术在催化研究中的应用

（1）催化剂中氧活性和数目的研究

在 TPR 谱图中，我们可以通过谱图中还原峰的数目、峰温以及峰面积的大小来定性了解催化剂中氧的活性和数目。一般，若观察到谱图中还原峰的数目越多，峰的初始温度越低，峰的相对面积越大，则证明该催化剂中氧的活性越大。目前，利用 TPR 这种有效的技术研究催化剂中氧的活性和数目，给我们带来了极大的方便。

（2）金属氧化物之间的相互作用

在金属催化剂理论的系统研究中，双金属催化剂体系是目前的重点研究课题。其中双金属组分如何能构成合金（金属簇）是近年来受到人们重视并研究最多的核心理论问题。对于负载型双金属催化剂的金属组分含量极低（只有千分之几）的这种情况，我们一般会首先想到用 XPS 去测量，但是 XPS 技术却无法使我们得出确定的结论。后来通过用 TPR 技术测定，我们发现得出的结论相对准确，这可能是因为 TPR 比 XPS 灵敏度高。

6.8.3 程序升温氧化（TPO）

6.8.3.1 TPO 技术原理

程序升温氧化过程（temperature programmed oxidation，TPO）在原理上和程序升温还原相类似，是指在保持一定升温速率的状态下，通入高温氧化反应气体来对催化剂表面物种进行升温氧化处理的氧化过程，一般可用于催化剂表面积碳生成机理的初步研究。在程序升温过程中，气相中的 O_2 在某温度时与碳物种发生反应，不同种类的碳在不同的温度段被氧化，由此可得到 TPO 图谱。

6.8.3.2 TPO技术在催化研究中的应用

在烃类反应中，烃原子被高温选择还原分解为碳单质后直接沉积固定在该催化剂表面的反应叫积碳，由于积碳，该反应的催化剂活性急剧下降。因此，研究积碳反应的动力学和反应机制对于减少积碳的发生和延长催化剂寿命具有极其重要的理论意义。TPO可以较灵敏跟踪催化剂积碳形态特征及氧化还原性能指标间存在的一些内在相互关系。它其实是通过利用催化剂在不同形态碳物种中具有不同氧化反应程度的化学特性，使氧气能够长期保持恒定流速而顺利通过催化剂样品，并能够同时通过热导池检测器连续测量出各种不同反应类型的碳物种经氧化后生成的二氧化碳气相色谱图，从而快速准确地对二氧化碳表面积碳特性进行定性判断和定量研究。

TPO技术不仅可以用于研究催化剂的积碳情况，而且还可用于研究催化剂的吸氢性能、氧化性能以及钝化、再生活性等，从而获得包括助剂、载体、杂质、制备方法、使用条件等对催化剂产生影响的重要信息。

6.8.4 程序升温表面反应（TPSR）

程序升温表面反应（temperature programmed surface reaction，TPSR）技术主要是指一种在程序升温反应过程中研究程序如何才能同时兼顾研究表面反应过程与脱附反应过程的专业技术。TPSR的目的就是进一步把程序TPD技术和催化表面吸附反应有机系统地结合起来。TPD技术理论只能局限于研究催化剂中单一组分或双组分催化剂的表面吸附物种，因此至今也不能完整准确地得到在各种活性条件下有关催化剂表面吸附物种存在的所有重要信息。而TPSR方法则有效弥补了我们现有TPD方法的一些不足，为更加全面和深化了解催化表面效应中的某些微观本质机理提供了一种有效可靠的手段，所以近年来，TPSR技术越来越得到研究者的广泛应用。

6.8.4.1 TPSR技术的具体实验操作

TPSR技术的具体实验操作包括：①催化反应的化学预处理，包括催化剂在抽真空条件下进行加热、通氢还原或其他任何化学毒物所致的催化剂中毒过程等步骤；②对某一吸附质分子的化学预吸附试验或表面吸附反应过程；③通过室温下抽真空试验或直接用惰性载气进行吹扫，以彻底除去在气相上或催化剂表面上物理吸附的物种；④通过以惰性气体或以催化剂某一反应组分为载气来进行程序升温表面吸附反应；⑤通过跟踪来检测催化剂尾气排放中的有毒产物。TPSR测定是一种用来表征催化剂吸附性质好坏的灵敏测量方法，需要严格控制各种催化剂吸附的预处理工艺条件才能快速获得极其准确、清晰稳定的TPSR谱图。载气的吹扫时间也应以其能否连续把气相吸附和其他物理因素吸附后的被吸附材料基本脱除干净为标准。在接近常压或几个大气压以下的工作压力下进行TPSR，难免会发生再吸附现象。只有当载气流速超过某一定值后，T_m值的微小变化才可以直接进行忽略，此时就可以明确认为再吸附现象已经完全被抑制掉了。

6.8.4.2 TPSR在催化研究中的应用

在某些生物表面催化过程中应用TPSR技术可以获得以下这几种相关重要信息：可

提供某些复杂催化反应条件下催化剂对某几个特定物种的吸附态数量、表面吸附态强度、表面均匀性状态及界面结构的一些重要信息等；它同时可以分析表征催化剂分子上的活性吸附程度及吸附态选择性，鉴别分析那些对化学反应活性程度起主要作用的吸附态含量。TPSR 技术可以直接观察催化剂单组分吸附物种间存在的催化剂脱附情况的差异；可以分别定量测定催化剂上不同反应活性位点之间的反应动力学参数；可以进一步揭示反应前催化剂系统的活性性质并据此深入研究催化剂分子的催化性能和催化反应机理。

(1) 催化剂活性中心性质的研究

在我国催化剂活性中心性质的研究方面，利用 TPSR 技术初步研究 Pt/Al_2O_3 催化剂用于正庚烷脱氢芳构化（DHA）的活性中心是较典型的一个例子（图 6-6）[9]。图 6-6（b）出现两个峰（T_{m1}=330～340℃，T_{m2}=430～450℃），而图 6-6（a）只出现一个峰，并与图 6-6（b）的 T_{m1} 峰相对应，说明只在室温状态下吸附的低温中心在 330～340℃就完全具有脱氢环化活性，而高温中心只能在高温环境下吸附正己烷，而且它只有在 430～450℃之间才具有完全的脱氢环化活性。

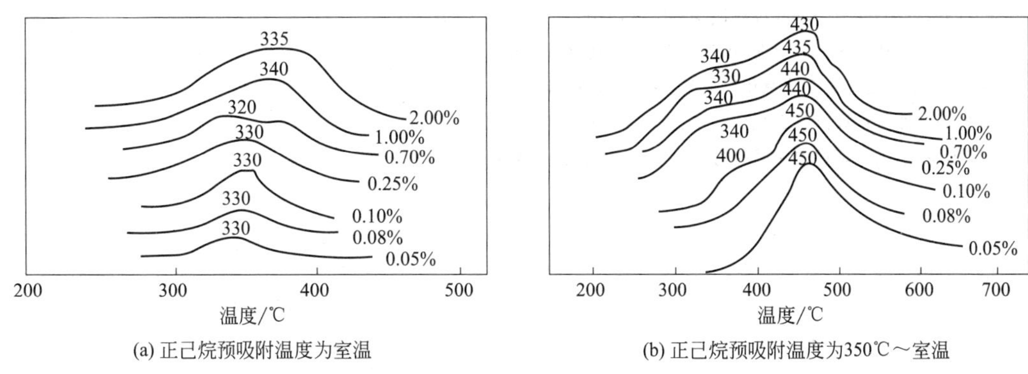

图 6-6　正己烷在 Pt/Al_2O_3 上的 TPSR 谱图

(2) 催化反应动力学的研究

TPSR 技术还可用于催化剂表面反应动力学问题的分析研究。如果两个反应物同时被吸附在一种催化剂的表面，而且这两个反应物还会在室温下发生氧化分解反应。那么此时谱图中 TPSR 峰的相对位置范围和峰形特征将由参与该催化剂反应条件的各种动力学参数所决定。

6.8.5　小结

程序升温分析技术，从本质上来讲是一种温度谱，可以准确检测特定区域的探针分子或反应物分子与催化剂表面特定反应部位之间的复杂相互作用，为科学家系统研究复杂催化过程的本质提供了较为充分的实验信息[10]。近年来，随着新型同位素技术的迅速引入和检测手段的不断改进，它的应用方面也变得更加完善。但是由于它本身的技术引入条件和应用要求对传统分析检验方法特别是在高效分离液相色谱、高分辨液相质谱、灵敏度测量和快速连续定量检测上提出了更严格的要求。因此，进一步提高和改进各类现代分析仪器的性能将是我们目前应该重视的方面。

目前，利用 TPSR 技术还需借助于对催化剂脱附性质的定性检测和定量检测分析手段来间接推断该反应的吸附动力学过程以及催化剂表面吸附态结构的主要构造方式和组成。由于红外光谱法能够直接对催化剂表面吸附物种的状态加以测定，所以，若能将质谱分析技术与红外仪进行完美结合，将对我们进一步系统了解表面吸附态化合物的化学形成过程以及充分发挥出 TPSR 技术作为研究表面催化反应作用的一种重要探针工具的潜能，具有很好的推广意义。

参考文献

[1] Alejandre A，Medina F，Rodriguez X，et al. Applied Catalysis B：Environmental，2001，30（1/2）：195-207.
[2] 薛用芳．电子显微学报，1990，9（3）：212-212.
[3] Herrmann C，Haas J，Fetting F. Applied catalysis，1987，35（2）：299-310.
[4] 胡勇仁，张兰新，辛勤，等．物理化学学报，1995，11（7）：636-641.
[5] 程培红，张新安，王玉华，等．发光学报，2004，25（5）：580-584.
[6] 胡远芳，王艳，胡卫兵．武汉科技学院学报，2005，14（6）：53-55.
[7] 王幸宜．催化剂表征．上海：华东理工大学出版社，2008.
[8] 段雪，王琪，高正中．北京化工大学学报（自然科学版），1985（4）：34-46.
[9] 赵地顺．催化剂评价与表征．北京：化学工业出版社，2011.
[10] 辛勤，罗孟飞．现代催化研究方法．北京：化学工业出版社，2008.